国家自然科学基金项目（71073119）成果
湖北省学术著作出版专项资金资助项目

大 数 据 环 境 下 的 信 息 管 理 方 法 技 术 与 服 务 创 新 丛 书

国家创新发展中的
信息服务跨系统协同组织

Cross-system Collaborative Information Service in National Innovation Development

胡昌平 等 著

WUHAN UNIVERSITY PRESS
武汉大学出版社

图书在版编目(CIP)数据

国家创新发展中的信息服务跨系统协同组织/胡昌平等著.—武汉：
武汉大学出版社,2017.10
大数据环境下的信息管理方法技术与服务创新丛书
ISBN 978-7-307-17185-5

Ⅰ.国… Ⅱ.胡… Ⅲ.情报服务—研究—中国 Ⅳ.G358

中国版本图书馆 CIP 数据核字(2015)第 271827 号

责任编辑:韩秋婷　　　　责任校对:李孟潇　　　　版式设计:马　佳

出版发行:**武汉大学出版社**　　(430072　武昌　珞珈山)
　　　　　(电子邮件:cbs22@ whu. edu. cn　网址:www. wdp. com. cn)
印刷:武汉中远印务有限公司
开本:720×1000　1/16　　印张:26.5　　字数:378 千字　　插页:2
版次:2017 年 10 月第 1 版　　2017 年 10 月第 1 次印刷
ISBN 978-7-307-17185-5　　定价:58.00 元

国家自然科学基金项目（71073119）成果

国家创新发展中的
信息服务跨系统协同组织

项目负责人　胡昌平

项目承担者　胡昌平　张李义　曾子明　邓胜利

　　　　　　　赵　杨　胡吉明　赵雪芹　张耀坤

　　　　　　　刘昆雄　瞿成雄　万　华　严炜炜

　　　　　　　张　晶　胡　媛

著作撰写者　胡昌平　严炜炜　胡　媛

前　言

　　创新型国家的建设与发展，离不开信息化环境，需要在现代条件下重构面向自主创新的社会化信息服务体系。根据国家创新发展的需要，国家自然科学基金"国家创新发展中的信息服务跨系统协同组织"项目（71073119）针对创建与创新型国家相适应的信息服务体制与信息保障体系中的跨系统信息服务的协调组织问题，进行机制、模式、架构和全方位信息保障的实现研究。

　　从需求上看，国家创新发展中的开放式知识创新强调多元化、相互依赖和多向交流的信息服务作为保障，要求在分布、异构和动态的资源与技术环境中，实现跨系统的信息服务协同。因此，本书的研究，对于我国跨系统信息服务的协调发展，保证创新中信息流、数据流和知识流的畅通，促进创新价值链各个环节的互动，提升国家创新信息保障能力，具有现实意义。本书研究所形成的跨系统协同服务组织理论，对于信息管理与服务领域具有学科理论价值。

　　20世纪90年代中期以来，信息化建设和国家创新发展，不仅提出了面向自主创新的信息服务体制变革要求，而且营造了网络化发展环境。面向国家创新的信息服务组织，一是在国家发展规划下，进行信息资源共享，以此强化创新服务基础平台建设；二是推进基于网络和数字技术的社会化服务转型，实现服务的跨系统协同。展望未来的发展，在创新型国家建设中，面向自主创新的信息服务正从基于系统分工的文献资源共建共享向基于分布结构的信息资源整合和服务集成发展；在面向国家创新发展的全程化信息服务实现上，要求充分发挥各专业信息服务系统优势的同时，确立系统间的合作和协调机制，以此推进知识信息的社会化共享和全程服务的开展。从服务组织上看，国家发展中面向知识创新主体的信息服务理应是跨系统的，信息服务协同环境创建和面向创新活动、成果转移与应用环节的服务协同已成为必然趋势。这说明，在信息服务的跨系统协同组织中，多层面探索和系统性研究的开展是必要的。

基于此，本书从国家创新发展信息需求分析出发，研究面向多元创新主体的跨系统协同信息服务体制和基于知识创新价值链的信息服务协同模式，根据现代条件下信息网络、载体形式、传播方式、组织技术和形态的变化，进行跨系统信息服务平台构建，在实证中优化跨系统协同服务模式，在国家创新信息服务规划、组织和实施上，推进成果的应用。

在项目研究理论和应用成果基础上完成的本书，从国家创新发展中知识创新价值链的形成出发，揭示了基于价值链的跨系统协同创新和协同创新中的信息需求变革规律，按协同创新需求导向原则进行了面向国家创新发展的跨系统信息服务体系构建、资源配置、平台建设，通过实证推进了服务协同和集成组织成果的应用。全书分为11章，内容包括：信息化环境下国家创新与基于价值链的创新协同；协同创新中用户的跨系统信息需求与服务要求；协同创新导向的信息服务协同与跨系统平台建设；信息服务的跨系统合作与联盟组织机制；面向用户的跨系统协同服务平台建设；基于服务共享的信息资源协同配置；跨系统信息服务平台的技术支持；基于平台的跨系统信息服务协同推进；面向用户的协同服务融合与拓展；国家创新发展中的跨系统协同服务评价；结语。

"国家创新发展中的信息服务跨系统协同组织"项目由胡昌平

主持完成，项目组成员张李义、曾子明、邓胜利、赵杨、胡吉明按分工承担了课题研究任务，在用户信息需求分析、知识创新协同化发展、跨系统协同信息服务机制、协同服务平台建设与服务组织实施研究中取得了相应的成果；同时，项目实施中按博士生参加科学研究的原则，赵雪芹、张耀坤、刘昆雄、瞿成雄、万华、严炜炜、张晶、胡媛参加了项目研究，成果包括相关论文和以子课题为基础的博士论文。在项目成果基础上，胡昌平、严炜炜、胡媛等进行了拓展研究和内容提炼，最终完成了本书的撰写。另外，本书的完成还得到了中国科技信息研究所、湖北省科技信息研究院、中国科学院文献情报中心等的支持，实际工作部门的参与为应用成果的拓展创造了条件。在此特致谢意。

本书于 2014 年完成了初稿，2015 年定稿由武汉大学出版社安排出版，此后纳入 2017 年全国高校出版社主题出版选题，最终于 2017 年正式出版。

胡昌平

2017.9

CONTENTS 目　　录

1

引　言

创新型国家的建设与发展，离不开信息化环境，需要重构面向自主创新的社会化信息服务体系。在分布、异构和动态的资源与技术环境中，创建与创新型国家相适应的信息服务体制与信息保障体系，实现跨系统信息服务的协同组织。国家创新发展中的信息服务跨系统协同组织既是国家创新发展中信息服务系统性变革的需要，也是信息服务社会化和开放化的要求。

从信息服务组织上看，国家创新发展中的开放式知识创新强调多元化、相互依赖和多向交流的信息服务作保障，要求在分布、异构和动态的资源与技术环境中，实现跨系统的信息服务协同。因此，本书的研究，对于我国跨系统信息服务的协调发展，保证创新中信息流、数据流和知识流的畅通，促进创新价值链各个环节的互动，提升国家创新信息保障能力，具有现实意义。

跨系统协同信息服务组织需要从多层面展开：在需求层确立面向国家创新发展需求的协同服务形态，在资源组织层变革信息资源配置模式，在服务推进层进行协同构架下的服务集成，在机构管理层建立跨系统协同服务体制。从服务机制上看，信息服务的跨系统协同组织研究，需要从信息管理、技术支持、平台实现和资源保障角度进行。

创新型国家建设在改变科技、经济和社会发展模式的同时，对面向国家创新发展的信息服务提出了重组要求。20 世纪 90 年代初以来，信息服务的社会化、协调化已引起国际和地区性组织的关注，信息服务合作与整合，已成为集中研究的课题。2005 年，美国国家科学基金会(National Science Foundation，NSF)启动了"国家科学、技术、工程、教育数字图书馆计划"(National Science，Technology，Engineering，and Mathematics Education Digital Library，NSDL)，通过多机构参与，构建社会化的合作信息保障体系。与此同时，以若干信息服务中心为枢纽，通过整合多层资源，英国建立了全方位的公共信息服务平台，由国家信息服务系统（NISS）负责其运行；法国在面向研究机构、行业中心、企业的信息服务系统定位中，强调相互配合；日本在政府支持组建的行业性机构中，着手于社会化推进。在理论研究方面，2005 年，凡妮莎·巴斯·丹能（Vanessa Paz Dennen）等研究了远程学习平台中的协作知识创新机制①。2006 年，根据面向创新的信息服务发展需要，约翰·卡伦（John H. Caron）等从企业联盟角度，探讨了产业集群中的信息资源自组织演化机理②；针对信息协同服务的组织，彼特·韦伯斯特（Peter Webster）提出了包括书目利用、联合编目、谷歌学术（Google Scholar）和公共图书馆资源合作在内的信息服务协作组织方式③；2008 年，阿特金斯·丹尼尔（Atkins Daniel）构建了硬件、软件、服务、人员和机构的协同配置模型，旨在推进基于网络的定制信息服务业务拓展④；拉若斯·马修森（Lars Mathiassen）等针对信息服务的组织，利用权变理论探索了协同服务的实现机

①　Dennen V. P. ，Paulus T. M. Researching Collaborative Knowledge Building in Formal Distance Learning Environments［C］. Proceedings of the 2005 Conference on Computer Support for Collaborative Learning，2005：96-104.

②　Caron，J. H. ，Pouder，R. W. Technology Clusters Industry Cluster：Reosurces，Networks and Degional Advantages［J］. Crowth and Change，2006，37（2）：141-171.

③　Webster，P. Interconnected and Innovative Libraries：Factors Tying Libraries More Closely Together［J］. Library Trends，2006，54（3）：382-393.

④　Daniel，A. Revolutionizing Science and Engineering through Cyberinfrastructure：Report of the National Science Foundation Blue-Ribbon Advisory Panel on Cyberinfrastructure［R/OL］. ［2013-10-20］. http：//dlist. sir. arizona. edu.

理，强调了标准化建设和异构信息处理对信息服务协同组织的重要性[1]；穆罕默德·艾德（Mohamad Eid）和阿蒂夫·阿拉姆里（Atif Alamri）分析了动态 Web 服务组合系统的参考模型，旨在提高信息系统调用的自动化水平[2]。2009 年，阿格沃尔（R. Agarwal）在对网络合作服务创新能力建设研究的基础上，进行了基于动态合作网络的跨系统信息服务研究[3]；茨图克（Chituc）等在协作网络环境下探讨了支持异构分布式信息服务系统间的互操作实现过程[4]；美国斯坦福大学数字图书馆探讨了从整合系统走向协同性信息服务的技术应用，主要包括：跨系统连接（Cross Systems Link）、数字资源整合（Context Sensitive Link Services）、协同控制技术和用户统一认证（User Authentication Services）[5]。2010 年，寇森堂（Hsien-Tang Ko）和卢希鹏（Hsi-Peng Lu）开发了有助于企业协同服务的核心创新力的工具，并在此基础上研究企业协同创新能力[6]。2011 年，费边·亚伯（Fabian Abel）等进行了社交网站跨系统用户建模研究，为提升社交网站服务提供指导[7]；沙伊特豪尔

① Mathiassen, L., Sørensen, C. Towards a Theory of Organizational Information Services[J]. Journal of Information Technology, 2008, 23(4):313-330.

② Eid, M., Alamri, A. A Reference Model for Dynamic Web Service Composition Systems[J]. International Journal of Web and Grid Services, 2008, 4(2):149-168.

③ Agarwal, R., Selen, W. Dynamic Capability Building in Service Value Networks for Achieving Service Innovation[J]. Decision Sciences, 2009, 40(3):431-433.

④ Chituc, C. M., Azevedo, A., Toscano, C. A Framework Proposal for Seamless Interoperability in a Collaborative Networked Environment[J]. Computers in Industry, 2009, 60(5):317-338.

⑤ Develop Systems that Support Digital Library[R/OL]. [2013-02-20]. http://www.library.fudan.edu.cn/old/news/zhangjia_ ILS _ repository.

⑥ Ko, H. T., Lu, H. P. Measuring Innovation Competencies for Integrated Services in the Communications Industry[J]. Journal of Service Management, 2010, 21(2):162-190.

⑦ Abel, F., Araújo, S., Gao, Q., Houben, G. J. Analyzing Cross-system User Modeling on the Social Web[J]. Web Engineering, 2011, 6575:28-43.

（Scheithauer, G.）等探讨了服务工程和描述的要求，提出跨系统信息共享环境（ISE）框架和工作台的构架和功能[1]。2012 年，罗德里格斯（Rodriguez）和涅托（Nieto）从理论与实践角度探讨了创新在知识密集型产业服务的协同合作和国际化发展战略中的作用，通过分析 2003—2005 年西班牙知识密集型产业服务的发展状况，发现创新、合作对知识密集型业务服务产生积极影响[2]。2013 年，许议金（Hsu I-Ching）提出了一种使用模型驱动架构和 UML 进行 Web 2.0 服务协同融合的可视化建模方法[3]；费边·亚伯（Fabian Abel）等评估了不同信息推荐系统中跨系统用户的建模策略，并论证了他们所提出的建模策略的有效性[4]。国外在研究内容上主要侧重于系统信息服务协同框架与模型构建，与此同时，探讨了技术方案，通过实证，研究协同服务的实现。

在面向知识创新的跨系统信息服务的实践中，美国、欧盟等尝试利用信息服务结构调整和体系重构，并构建面向知识创新的信息服务系统，拓展信息服务业务功能，为创新发展提供保障。作为具有明显创新优势的创新大国，美国将科技创新作为基本战略，全面推进面向科研发展与知识创新的信息服务保障。美国国家科学基金会联合国会图书馆、国家技术与标准研究所等组织于 2001 年开始共同资助数字图书馆联盟研究和应用实践、智能信息系统集成管理

[1] Scheithauer, G., Voigt, K., Winkler, M., Bicer, V., Strunk, A. Integrated Service Engineering Workbench：Service Engineering for Digital Ecosystems[J]. International Journal of Electronic Business, 2011, 9(5)：392-413.

[2] Rodriguez, A., Nieto, M. J. The Internationalization of Knowledge-Intensive Business Services：The Effect of Collaboration and the Mediating Role of Innovation[J]. Service Industries Journal, 2012, 32(7)：1057-1075.

[3] Ching, H. I. Visual Modeling for Web 2.0 Applications Using Model Driven Architecture Approach [J]. Simulation Modelling Practice and Theory, 2013, 31：63-76.

[4] Abel, F., Herder, E., Houben, G. J., Henze, N., Krause, D. Cross-system User Modeling and Personalization on the Social Web [J]. User Modeling and User-Adapted Interaction, 2013, 23(2-3)：169-209.

等重大项目，并确立了面向科学研究与发展的信息服务平台共建模式。2003 年 1 月，美国国家科学基金会（NSF）发布了"先进知识整合网络基础设施计划"（Advanced Cyberinfrastructure Program，ACP）报告，计划每年持续投入 10 亿美元建立大规模跨系统的知识基础设施。在此基础上，由美国国家超级计算应用中心（National Center for Supercom-puting Applications，NCSA）开发并部署的 Cyberinfrastructure 以存储、计算和数据传输技术为依托，将分布的计算机、信息资源和通信网集成起来，以数据、信息、工具、人员等方面为科研和教育服务提供知识信息网络保障。Cyberinfrastructure 提供高性能计算服务、数据集成服务、信息融汇服务、可视化服务等①。服务将按照不同学科领域和不同项目的应用实现客户化，从而建成一个面向科研、工程、教育等不同应用领域的知识环境。美国国家科学、技术、工程、数学教育数字图书馆项目由美国国家科学基金委员会 NSF 于 2005 年启动，其采用多代理结构，通过元数据共享，建设学习环境和资源网络，力求构建社会化的保障体系②。NSDL 项目中的核心集成系统实现了 NSDL 分布式资源集合和服务协调，并根据服务功能和适用对象，将门户分为通用门户、特色门户和个性化门户，确立了 NSDL 门户机制，个人和团体用户均可利用集成各领域的信息检索服务动态地调用多种数字学习资源，并对其进行个性化处理，为数字资源的合作学习提供保障网络③。

除美国之外，欧盟也正逐步建立联盟区域内的促进自主知识创新的信息保障制度，主要从体制改革、扩大对外合作、确立自身优势和强化自主服务等角度来对其社会化创新发展信息保障与服务体系进行完善。目前，欧盟大多数国家均以图书馆和国家信息服务机构为核心，以较具特色的信息服务中心为枢纽，在整合多层资源的

①　曾民族．知识技术及其应用［M］．北京：科学技术出版社，2005：3.

②　NSDL Library Architecture：An Overview［EB/OL］．［2013-09-11］．http://nsdl. comm. nsdl. org/docs/nsdl_arch_overview. pdf.

③　NSDL Orientation Handbook［EB/OL］．［2013-09-11］．http://nsdl. comm. nsdl. org/docs/orientation_handbook. pdf.

基础上构建全方位、多层次的知识信息服务平台，从而为本国面向国家创新的信息保障体系构建奠定基础。

在面向创新发展的知识信息服务推进中，欧盟于 2004 年启动了欧洲高效电子科学网络工程（EGEE），其本质是给欧洲科研机构提供共享数据和计算资源的测试计算架构。此计划十分重视促进知识化区域建设的信息服务平台支持创新活动和处于基础保障地位的面向研究与发展的知识信息服务，并通过网络全球化开放将服务范围大大扩展。欧盟的平台化服务中，具有代表性的如英国的 e-Science 计划[①]。英国是第一个开发全国范围 e-Science 的国家，e-Science 网格使英国科学家对计算能力、科学数据仓库和实验设施的访问如 Web 信息的访问一样容易。英国 e-Science 采用了统一平台协调发展模式，通过对科学数据的处理、存储和可视化提供，使科学领域的知识信息得以共享，从而极大地提高英国科学和工程的产出率，现已成为提高英国科学研究能力的基础性知识信息保障系统。德国同样十分重视知识信息资源整合与服务规划，其在制定和实施信息化发展战略时，强调政府和民众之间的互动，提出了以社会需求为导向的服务组织原则。2005 年联邦政府在线计划以应用为主导、以用户为中心，加强大型基础数据库和地方数据库建设的力度，进行信息系统的整合和服务集成。其中，德国社会科学信息中心开发的社会科学数据库 Gesis 联合体就是一个典型的面向社会的服务中心[②]，该中心建有科学家名录数据库（FORIS）、科研论文数据库（SOLIS）、社会科学研究机构数据库（SOFO）、专业杂志数据库（ZEITSCHRIDTEN）和网址数据库（SOCIEGEITE），这些数据库资源利用开放合作方式，并通过网上数据查询系统（Infoconnex）提供数字资源保障。

---

　①　科技部国际合作司 . e-Science 研究在英国全面展开［J］. 中国基础科学，2002（3）：45-49.

　②　张新红，魏颖 . 德国信息资源开发利用的经验与启示——"赴德信息资源开发与利用培训团"考察报告［J］. 电子政务，2005（1）：110-121.

跨系统信息服务的协同组织问题也引起了我国的关注，国内学者围绕"信息资源共建共享""信息服务的组织协调"和"网络信息整合"等问题展开研究。其中，2004 年，霍国庆在企业信息资源的集成机制研究中，通过企业信息资源分布配置与集成利用的关系分析，提出了信息资源配置中的协调问题①；2005 年，张晓林在"从数字图书馆到 E-Knowledge 机制"研究中，针对数字环境下的信息资源整合和利用障碍，完成了系统合作模式探讨，提出了从数字信息资源共享到知识服务整合的发展构想，其研究成果在中国科学院信息服务系统重构中得到了应用②；2006 年，我们承担的国家社会科学基金重大项目"我国建设创新型国家的信息服务体制与信息保障体系研究"，从创新型国家制度及信息服务体制变革的角度研究了现代信息环境下面向国家自主创新发展的信息服务体系构建和社会化信息服务协调管理问题，提出了信息服务转型思路；张智雄等对中国科学院国家科学图书馆信息资源共享进行了分析，完成了基本的协作框架③；针对协同信息服务系统设计和技术推进问题，张付志认为面向服务的体系结构（SOA）、对等网络（P2P）和网格技术的发展，为实现数字图书馆从静态服务整合到动态服务集成的转变带来了新的机遇④。2007 年，李楠、吉久明在国外信息服务协作组织模式研究的基础上，提出了系统协调信息服务的机构合作模式、任务流驱动模式和知识协作模式⑤。2008 年，依托语义 Web 服务相关标准，刘敏等构建了基于面向集群知识创新的企业

①　王能元，霍国庆．企业信息资源的集成机制分析［J］．情报学报，2004（5）：531-536.

②　张晓林．从数字图书馆到 E-Knowledge 机制［J］．中国图书馆学报，2005（4）：5-10.

③　张智雄，李春旺等．中国科学院国家科学图书馆跨系统信息资源共享服务机制的建设［J］．图书馆杂志，2006（10）：52-57.

④　张付志，胡媛媛．下一代数字图书馆的体系结构及其信息访问技术研究［J］．情报学报，2006（5）：540-545.

⑤　李楠，吉久明．任务流驱动的研发服务平台协同解决方案［J］．情报杂志，2007（2）：44-47.

间业务协作服务系统框架①；在信息服务协同组织框架构建问题研究中，刘昆雄等提出了面向创新型国家建设的信息服务系统运行框架模型，从管理、技术和人机的角度分析了信息服务协作推进策略②；任树怀和盛兴军从服务功能集成和战略联盟的角度提出了基于信息共享空间的信息服务拓展问题③；胡潜从实现信息资源的整体化、社会化和全方位配置出发，研究了信息服务组织中的信息资源跨系统整合平台建设问题④。2009 年，肖红等采用 SOA 架构和工作流技术，提供了一个异构信息服务系统整合方案⑤。2010 年，赵杨等在分析我国分部门资源配置问题的基础上，提出了基于行业的信息资源配置体系重构方案，着重于行业信息资源配置系统架构分析，按面向创新需求和资源效益的导向原则，探讨了我国行业信息资源配置系统重构的协调实现⑥；李春旺则以国家科学图书馆为例，探讨了用户工作流的协同服务、面向知识聚合的战略情报集成研讨服务以及面向融汇服务环境的协同服务中的关键技术⑦。2011 年，赵国君分析了行业信息资源的不平衡不匹配问题，以系统论和资源配置理论为依托，构建了行业信息资源共享机制，以提高行业

①　刘敏，严隽薇．基于面向服务架构的企业间业务协同服务平台及技术研究［J］．计算机集成制造系统，2008，14（2）：306-314.

②　刘昆雄，杨文奎．面向创新型国家的知识信息服务系统协同运行研究［J］．图书馆学研究，2008（11）：70-73.

③　任树怀，盛兴军．信息共享空间理论模型建构与动力机制研究［J］．中国图书馆学报，2008（4）：34-40.

④　胡潜．信息资源整合平台的跨系统建设分析［J］．图书馆论坛，2008（3）：81-84.

⑤　肖红，周朴雄．簇群企业信息协同服务平台研究与设计［J］．情报杂志，2009（5）：183-186.

⑥　赵杨，胡潜，张耀坤．创新型国家的信息服务体制与信息保障体系构建（4）——国家创新发展中的行业信息资源配置体系重构［J］．图书情报工作，2010（6）：18-22.

⑦　李春旺．数字图书馆协同服务技术与实践——以国家科学图书馆为例［J］．医学信息学杂志，2010（1）：16-20.

内信息资源的利用效率①；在《创新型国家的知识信息服务体系研究》一书中，胡昌平以面向知识创新的国家学位论文跨系统服务平台为案例进行了具体研究②。2012 年，牛亚真等对个性化服务中的跨系统用户建模方法进行了总结与归纳，分析了跨系统用户建模的发展趋势③。

在国内相关服务平台建设实践中，我国跨系统信息资源共享与协同服务最初体现在图书馆的馆际互借和文献传递服务的实现上。为了消除数字鸿沟、解决信息资源重复建设问题，我国现已建设具有跨系统特征的信息资源保障平台，如国家科技图书文献中心（NSTL）、中国高等教育文献保障体系（CALIS）等。

NSTL 根据国家科技发展需要，通过跨部门的信息资源共建共享，完整地收藏国内外科技文献信息资源，构建国家层面的科技文献信息资源保障平台，为全国科技人员提供文献资源共享服务，适应了社会化的创新信息需求，为国家创新发展提供了开放服务保障④。NSTL 系统平台提供多种类型的文献信息整合服务，分类目次浏览、联机公共目录查询、文献题录数据库检索、网络信息导航、专家咨询服务和专题服务等。同时，NSTL 还制订了数据加工标准、规范，提供多层次服务保障，以推进科技文献信息资源的开放利用。

作为国家科技基础条件大平台建设的文献信息保障平台，资源与服务平台推动了信息集成与服务保障的实践工作。在国家相关部门的支持下，平台实现了全国科技信息文献系统、国家图书馆系统、中科院文献情报系统、高等院校图书与信息系统、国家专利文

①　赵国君．行业信息资源共建共享的机制研究［J］．现代情报，2011（12）：74-77.

②　胡昌平．创新型国家的知识信息服务体系研究［M］．北京：经济科学出版社，2011：373.

③　牛亚真，祝忠明．个性化服务中跨系统用户建模方法研究综述［J］．现代图书情报技术，2012（5）：1-6.

④　国家科技图书文献中心［EB/OL］．［2013-03-10］．http：//www.nstl.gov.cn/index.html.

献系统、国家标准文献系统等系统科技信息资源跨系统整合服务，有效地整合了教育、科技、文化等系统内部的资源，为跨系统信息服务的开展奠定了基础①。上海市文献信息资源共建共享协作网是共建共享服务平台的代表，其由上海地区公共、科研、高校和情报四大系统的 19 个图书情报机构共同组建了跨系统信息资源共享与协同服务平台，其协作网成员通过协议的方式，各协作单位开展了广泛的外文采购协调、联合网上编目、网上联合知识导航站建设等为代表的系列资源整合与共享服务活动。

　　虽然国内外在信息资源整合、平台建设、共享服务和体制改革研究中，不断取得进展，然而对于面向创新发展的跨系统信息服务的协同组织研究，尚缺乏系统性和普遍意义的成果，以国家创新发展需求为导向的信息服务跨系统协同组织理论尚未形成，对协同信息服务的体制和组织模式缺乏可资利用的成果。从总体上看，当前研究成果大多偏重于应用协同技术解决系统内的资源建设与服务组织问题，未能揭示信息服务跨系统协同组织的整体运行机制，未能针对跨系统问题展开系统性研究。由此可见，国内外相关研究为本书研究奠定了基础，而现有研究的不足则是本书研究的切入点，由此提出了本书的基本研究任务与要求。

　　2010—2013 年，我们在项目实施中从国家创新发展信息需求分析出发，研究面向多元创新主体的跨系统协同信息服务体制和基于知识创新价值链的信息服务协同模式，根据现代条件下信息网络、载体形式、传播方式、组织技术和形态的变化，进行跨系统信息服务平台构建，在实证中优化跨系统协同服务模式，在国家创新信息服务规划、组织和实施上，推进成果的应用。本书立足于国家创新发展的信息资源集成需求和跨系统、全方位信息服务要求，在信息网络化、数字化技术环境下，针对信息资源整合和服务集成中的系统协作障碍，根据信息服务的转型发展规律，研究服务于国家创新的信息服务跨系统协同体制，在国家创新发展中的信息服务机

---

　　① 张敏. 跨系统协同信息服务的定位及其构成要素分析［J］. 图书情报工作，2010（6）：64-68.

制和全方位信息整合与全程化跨系统信息服务理论研究中取得突破。同时，以国家创新发展需求为导向，构建面向用户的协同服务模型，提出跨系统服务协同组织理论，在信息服务跨系统协同实现中，以协同模型为基础，研究协同服务的平台方案，解决异构系统信息的交互共享问题和服务集成问题，通过实证（着重于跨系统的服务平台构建与服务组织）推进成果的应用。其要解决的关键问题是：在创新型国家的制度变革中，研究跨系统信息服务的协同机制，揭示科技信息机构、经济信息机构、公共信息机构和行业机构，从按系统组织向跨系统协同组织的发展规律，确立协同服务体制；在技术上，面对信息系统异构和系统技术的差异，解决信息组织与服务技术标准的动态化管理问题，以便实现基于跨系统协同平台的系统互操作，提供跨系统服务保障。

1 信息化环境下国家创新与基于价值链的创新协同

信息化环境下的知识创新和基于知识创新的科技、经济与社会发展，不仅改变着产业结构和经济发展方式，而且突破了部门、系统、行业之间的界限，形成了基于价值链的创新协同格局。科学研究机构、企业和发展部门结合，致使知识创新从部门组织向社会化组织发展。

1.1 信息化环境下国家创新模式转变与创新价值链形成

经济全球化与创新国际化环境下，在创新型国家建设中，知识创新的社会化和跨系统发展已成为一种趋势。社会化知识创新不仅需要实现科学研究、技术进步和产业发展的协调组织，而且需要实现整体化的跨系统协同创新。进入 21 世纪，这种跨系统知识创新的发展导致国家知识创新网络的形成，随着经济发展和以知识创新为依托的产业经济与社会发展需要，我国的各行业信息服务存在着跨系统协同问题，而这种协同的基本依据是知识创新跨系统发展的信息机制及其对信息服务组织的基本需求与要求。

在创新型国家建设中，知识创新需要各系统的协同，以此为基础构建新的知识创新体系。从价值链活动上看，国家创新主体之间需要进行跨系统合作，实现知识创新的开放化和社会化。这种体制变革和跨系统发展不仅体现在知识创新模式变化与开放发展上，而且体现在社会化的国家知识创新网络的形成和基于网络的创新机制变革上。

1.1.1　知识创新模式变化与创新开放化发展

知识创新是一种以发现、发明为前提的知识创造过程，以及新知识的传播、转移、应用过程。这种连续的价值实现过程构成了如图 1-1 所示的线性结构。

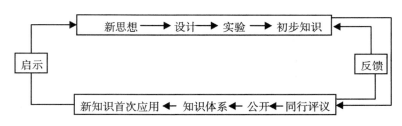

图 1-1　知识创新的线性结构模型

图 1-1 反映了知识创新的连续过程。在科技和产业的融合发展中，新技术、新产品、新设计必然以新的思维和启示为先导，在发现、发明基础上进行实践，形成应用于产业发展的知识，进而在应用中形成公共知识体系，进行知识交互和传播，通过应用实现知识进化。

美国学者艾米顿（D. M. Amidon）在《创新高速公路：构筑知识创新与知识共享的平台》一书中提出了知识创新的五阶段，描述了构成知识创新系统的构成要素及其系统演变过程①（见表 1-1）。

从艾米顿的描述中，可以看出知识创新是一个多阶段行为过程的有机联系，它包含知识产生、知识组织、知识交流、知识转移和知识应用。在这一线性过程中，知识应用来源于知识转移成果，而

---

① ［美］德伯拉·艾米顿．创新高速公路：构筑知识创新与知识共享的平台［M］．北京：知识产权出版社，2005：27.

表 1-1　　　　　　　　产业发展中的知识创新关系

项目	人员	目标	过程	绩效
V 知识产生	科学研究与发展机构、高等学校和企业研发人员等	以科学研究和社会实践为基础的知识生成	知识产生于科学研究与发展，以及管理和各种社会活动之中	获取科学技术和社会科学新知识，形成促进社会发展的动力
IV 知识组织	知识信息专门机构和服务机构	知识资源的组织与知识系统构建	知识组织包括知识积累，以及知识系统构建和服务	实现知识的有序化，进行知识资源的深层开发
III 知识交流	知识传播系统、扩散与交流机构和相关人员	知识的社会化交流与扩散	知识交流包括研发机构之间以及社会成员、组织之间的交流	进行创新知识的社会化扩散，实现社会的知识化发展
II 知识转移	包括知识产权交易以及知识成果转移交易的部门和人员	面向产业的实用知识转移	知识转移包括知识成果的扩散以及定向应用转移	通过创新知识的转移进行市场化交易
I 知识应用	各产业部门、企业和应用创新知识的人员	以知识创新为基础的产业发展	知识应用包括创新知识的实际应用以及以知识创新为基础的产业发展	通过知识创新推动产业和经济发展

知识转移又以知识交流活动为前提，社会化知识交流系统中的内容是实现知识的有序整合和知识资源的社会化开发的基础，其创新知识资源最终产生于科学研究和社会实践。从承担机构上看，知识产生由专门的研究机构和企业等承担，知识组织除这些机构外还包括专门的社会组织机构，知识交流主要由承担知识信息服务的机构来完成，知识转移与知识应用紧密结合，不仅包括知识创新机构之间的转移，而且包括知识的应用性转移和知识生产力的形成。

信息化环境下的知识创新是一种社会化的创新活动，知识创新主体具有跨系统的组织和协同关系。因此，在知识创新服务组织中也应与这种组织关系相适应。这说明，知识创新已从部门组织向开放化、社会化组织发展，开始重构国家知识创新大系统①。在国家创新发展进展中，我国跨系统信息服务在信息资源共享与协同组织中已得到充分体现，表现为信息服务的平台化和基于平台的信息服务协同组织的实现。

知识创新包括科技创新、管理创新和制度创新等方面的创新，由此形成了具有交互结构的知识创新网络。在交互网络中存在着相互关联的价值链活动，这种价值链关系体现了知识产生、演化、交流和应用中的关联作用关系，其价值链活动在于促进经济发展和社会进步②。创新价值链活动中的信息服务理应围绕创新价值链活动展开，其关键是将分系统信息服务组织转变为跨系统的网络平台服务。在服务模式转变中，有效开发和利用信息资源直接关系到国家的科学技术创新能力和国际竞争力的提升。这说明，国家的国际竞争力和综合国力的衡量标准越来越依赖于信息服务的跨系统发展水平。从客观上看，知识创新的跨系统组织和协同发展特征决定了信息保障的跨系统和社会化基础上的平台服务发展。

知识创新的模式选择，不仅取决于创新主体活动，而且取决于创新环境。从总体上看，科技创新、管理和制度创新，最终必然体现在社会经济发展上。因此，考察企业创新模式的转变具有现实性。企业创新发展中，围绕产品和技术研发进行，往往以独立研发新技术、设计新产品，独占研发成果作为创新竞争目标，从而在技术上保持领先优势。在这种态势下，企业创新往往基于本体企业而展开，创新合作关系仅限于企业之间和与企业有利益关系的组织之

① 胡昌平. 信息服务转型发展的思考 [N]. 光明日报（理论版），2008-6-10.

② Howard J. Knowledge Exchange Networks in Australia's Innovation System：Overview and Strategic Analysis a Report to Department of Education, Science and Training [EB/OL]. [2013-02-10]. http：//www. dest. gov. au/NR/rdonlyres/E929FA3D-0F29-40E4-A53B-65715083C54D/8489/KENReportFinal. pdf.

间进行，其创新价值链活动并不完整。随着科学技术的发展和创新环境的变化，市场需求的不确定性和市场竞争的日益增强，企业产品更新换代的速度加快，使得技术创新活动变得日趋复杂，从而需要改变传统封闭式的创新模式，实现具有价值转移关系的协同创新。对此，美国学者亨利·切斯布鲁夫（Henry Chesbrough）在总结施乐、朗讯等公司的创新经验后提出了"开放式创新"（Open Innovation）的理念，其本质是在外部资源的获取和利用上构建完整的价值链体系，即企业同时利用内部和外部相互补充的创新资源实现协作创新，通过对内外创新资源的整合，提高创新速度，强调组织间的优势互补与相互合作①。

图 1-2 以企业产品与技术开发创新为例，分析了创新组合关系，从客观上归纳了社会化创新模式。值得指出的是，当企业着眼于发展新技术时，创意不再仅限于企业内部单向流动，而是与外界互相渗透，创新的源头有可能来自内部，也有可能来自企业外部。对此，企业可以通过与高等学校和科研机构进行合作研发、购买外部技术许可、与其他企业技术并购等方式经济有效地获得适合本企业经营业务的技术知识，降低创新的成本和风险。显然，在企业研发、技术开发、产品投放市场的各环节中，需要跨系统的信息服务来支持。与此同时，开放式创新不仅要求创新主体之一的企业要开放，主动进入市场开展合作创新活动，同时也要求高等学校、科研机构等知识创新主体与外界主动合作。

在产品和技术创新中，创新主体日益多元化，部门、系统、组织之间的创新活动相互渗透，从而推动了创新组织形式从"部门组织"向"社会化组织"发展。创新模式随之从相对封闭的线性创新转变为开放联合和协同创新②。采用这种模式的企业如亚马

---

① Chesbrough, H. Open Innovation, the New Imperative for Creating and Profiting from Technology［M］. Boston：Havard Business School Press，2003：183.

② Chesbrough, H. , Vanhaverbeke, W. Open Innovation：Researching a New Paradigm［M］. New York：Oxford University Press，2006：15.

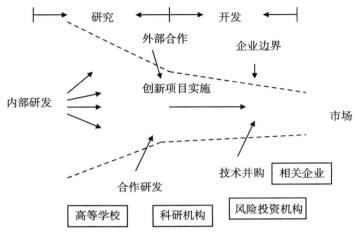

图 1-2 产品和技术创新的开放组织模式

逊、宝洁、英特尔、宝马、波音等①。这些企业作为开放式创新的实践者，在改进创新发展战略中，逐渐强化了与外界的创新合作关系②。由于其开放创新适应了经济全球化和创新国际化的发展环境，因而取得了相应的发展优势③。我国的协同创新具有自身的组织优势，如载人航天工程实施中的协同创新，其协同单位在千家以上，它们的协同合作保证了项目的成功实施。社会化的协同创新在高新技术领域已成为一种必然趋势，在经济发展方式的转变中，线性模式的创新日益被集成化、开放化的网状创新所取代。从"封闭创新"向"开放式创新"的转变中，创新产业链也从国内逐步延伸到国外，从知识创新的源头到知识的转移、扩散直至应用的全过程，由此形成了开放性的创新价值链。开放式创新与传统封闭式

① Papalambros, P. Y. Design Innovation［J］. Journal of Mechanical Design, 2008（4）：138.

② Hippel, E. V. Horizontal Innovation Networks—By and for Users［J］. Industrial and Corporate Change, 2007, 16（2）：293-315.

③ Alexander, B. Web 2.0：A New Wave of Innovation for Teaching and Learning?［J］. Educause Review, 2006, 41（2）：32-44.

创新的比较如表 1-2 所示。

表 1-2　　　　　**企业封闭式创新与开放式创新的比较**

创新模式 实施比较	封闭式创新	开放式创新
创新主体活动	企业内部研发组织	内部研发部门和外部协同组织
知识创新投入	企业自主投入	按协同创新关系投入
创新组织边界	完全封闭	边界可渗透，动态开放
创新组织方式	纵向一体化，内部严格控制	垂直一体化，动态合作
创新盈利模式	自行研发，在企业内部将技术成果转化为产品，推向市场	利用组织内外的研发资源合作创新，进行产业化、市场化

传统的企业知识创新是一种"串行"创新，企业技术知识创新从构思的产生，经过研究开发部门的研究、制造部门的生产、营销部门的营销到达市场，获取效益，知识处于一种单向流动的状态。这种串行式的企业技术的缺点在于限制了知识创新思想的来源，知识创新来源应不仅仅限于企业的研究开发部门，事实上，企业的制造、营销和市场部门在业务过程中都有可能产生新的创意，同时组织环境也是一种基本的知识创新作用"源头"。知识创新关系转变成包含社会环境、政府、高校、科研机构和产业界之间构成的多重、复杂的新型关系。

1.1.2　知识创新价值链的形成

知识创新价值链的形成是封闭式创新模式向开放式创新模式转变的过程中，创新主体间多角度、多层次相互作用的结果，其形成机制源于主体之间竞争合作、资源依赖关系和知识溢出效应。分析创新价值链的形成机制将有助于培植和完善创新价值链，加快创新价值的实现进程。

（1）基于竞争合作关系的创新价值链形成

传统竞争理论强调企业之间的竞争的排他性、追求垄断地位和独自利益的获得，一方利益的获得必然意味着另一方利益的损失。随着经济全球化的发展，产业之间的交互关系日益增强，任何一个企业必然存在对竞争对手的某种依存关系，其单一的竞争关系逐渐被新型的竞争合作博弈关系所取代。在开放式创新环境下，现代企业的竞争方式和规则的变化，需要企业在保持自身竞争优势的前提下，与相关企业发展新型合作关系，即形成竞争—合作关系。耶鲁大学管理学院的巴里·奈尔伯夫（Barry J. Nalebuff）和哈佛商学院亚当·布兰德伯格（Adam Brandburger）在《竞合》一书中首先界定了竞合（Co-opetition）关系①。他们认为："创造价值是一个合作的过程，而攫取价值自然要通过竞争，这一个过程不能孤军奋战，必须要相互依赖。企业就是要与顾客、供应商、雇员和其他相关人员密切合作。"正如IBM总裁杰克·库尔勒所说：认为我们知道每件事是一种危险的想法。简单地讲，竞合就是在竞争中求合作，在合作中有竞争，竞争和合作是不可分割的整体，实现共存共荣、一起发展，通过合作获取竞争优势。竞合是一种全新的思维模式和科学发展观念，这种观点认为，组织始终处于竞争和合作的氛围，组织间同时存在着竞争和合作的关系。竞争并不排斥合作，有时合作更有利于提高竞争效率。两个组织间可以同时从合作和竞争两个方面获益。基于此，企业只有参与创新价值链，将自身作为价值链的一个节点，与其他节点企业或者高等学校、科研机构等组织进行合作，通过合作实现创新资源共享，这样才有可能将研发、生产和服务的周期缩短，提高产品创新性和生产效率，在市场竞争中获取优势地位。同时，创新价值链上企业之间的创新合作还能够迅速提高企业对市场需求的反应能力，加快知识技术扩散和推广的速度。因而，越来越多的企业与供应商、客户、高等学校、科研院所

---

① Nalebuff, B. J., Brandburger, A. Co-opetition［M］. Harper Collins Publis-hers Ltd., 1996：20.

甚至竞争对手建立战略合作伙伴关系，在这种环境下，已经没有绝对的竞争对手可言，企业参与创新价值链能节约在资源方面的投入，降低研发和生产成本，使得企业将更多的资源投入到其具有核心竞争力的业务上来。

（2）基于资源依赖关系的创新价值链形成

资源依赖理论的基本假设是，没有组织是自给的，所有组织都在与环境交换，并由此获得生存，在与环境的交换中，环境为组织提供关键性的资源（稀缺资源），没有这样的资源，组织就不能运作，由此，对资源的需求构成了组织对环境的依赖①。任何组织的知识创新资源和能力都是有限的，尤其对于企业而言，面对市场需求的迅速变化，产品生命周期缩短，唯有加强与高等学校、科研机构、中介服务机构、金融服务组织等知识创新主体的协同合作才能保持竞争优势。资源依赖理论强调组织的生存需要从周围环境中吸取资源，需要与周围环境相互依存、相互作用才能达到目的。它包括三层含义：组织与周围环境处于相互依存之中；除了服从环境之外，组织可以通过其他选择，调整对环境的依赖程度；环境不应被视为客观现实，对环境的认识通常是一个行为过程。

对于生产、研发和服务等组织，资源是指组织所控制和能使用的，用以提高组织效率和效益的所有资产、资本、物资、信息和知识。艾兰德·希尔（Ireland Hill）将组织资源看成是异质资源的集合，组织绩效的差别与组织资源的差异有关，持续的资源异质是潜在竞争优势的源泉。组织拥有资源的价值体现在目标活动之中。其中，有价值的、稀缺的、独有的资源构成了竞争优势的基础。然而，在迅速全球化的市场上，单个组织难以拥有在多个市场有效竞争所必需的全部资源，而且由于资源具有不完全移动、不完全替代的特性，由此加剧了组织之间相互的资源依赖，只有通过合作才能获得以前无法获得的资源、信息、技术和市场，由此引发了联合开发新的资源的需求，在这种需求的促动下形成了基于资源依赖关系

---

① Hill, I. Alliance Management as a Source of Competitive Advantage [J]. Journal of Management, 2002, 28（3）：413-446.

的创新价值链。

（3）基于知识溢出效应的创新价值链形成

随着全球竞争环境的变化，企业竞争力的基础正由资产资源转向知识资源，组织越来越依赖知识的累积与发展，知识被视为企业最重要的资源。一般来说，知识分显性知识与隐性知识两种类型。显性知识通常以语言、文字、图像等结构化的形式存储，是能够以系统的方法来表达的、正式而规范的知识，如制定共同的产品生产标准、生产工艺的技术规则、生产管理制度等，组织之间只需要简单沟通即可进行知识转移和扩散。隐性知识则是指隐含在组织或者个人头脑中高度个体化的、难以编码显现或就其进行沟通交流、难以与他人共享的知识，隐性知识通常以技术要领、个人经验、团队默契、组织文化等形式存在，只有通过实际应用和实践运用才能外显并获得，实现其价值。实践证明，创新更多需要的是隐性知识，这意味着隐性知识在创新中比显性知识发挥着更重要的作用。知识创新价值链上的各种创新主体聚集在一起的最终目的是为了获得尽可能多的隐性知识。罗默认为，知识具有非竞争性和部分的排他性特征，企业通过努力所创造的知识，不能被该企业所独占的部分必然产生溢出效应。知识溢出是指某一组织的知识尤其是隐性知识，在同一地区、行业内不同组织之间的扩散、传播、转移和获取[1]。知识溢出的实现往往通过技术的非自愿扩散而形成，组织之间通过知识溢出效应能够促进区域内技术和生产力水平的提高。这是知识外部作用性的一种表现，如图 1-3 所示。

图 1-3 所示的关系表明，在高新技术产业中，如果企业之间发生雇员流动，就会产生溢出效应，这里的人员流动可以是人员在不同行业、不同岗位、不同区域上的流动[2]。企业、政府、高等学校和科研机构之间创新价值链的形成，有助于知识在创新主体之间的

---

① Rabelo, R. J., Gusmeroli, S. A Service-Oriented Platform for Collaborative Networked Organizations[EB/OL]. [2013-09-30]. http://www.gsigma.ufsc.br/publications/files/2006_ 3PaperIFAC-Cuba-FinalVersion2.pdf.

② 梁意敏. 打造双向创新链 [D]. 广州：暨南大学硕士学位论文，2007：34.

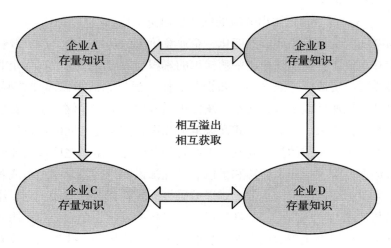

图 1-3　企业之间的知识溢出效应

流动。如高等学校知识的外溢，使得区域内的企业能够以最大程度、最低成本在最短时间内获取所需要的知识，以提高企业的知识积累水平和创新能力。例如珠三角地区的中小企业密集，这些企业家通过与具有先进管理经验的外资企业合作，能够近距离地借鉴管理经验，利用技术资源取得发展优势。显然，知识创新价值链上不同行业和企业背景的组织协同，有助于获得溢出效益，从而提高整个创新价值链的创新能力和创新效率。

（4）基于知识创新结构关系的价值链形成

知识创新是一个由多个主体参与，由知识生产、传播和应用有机结合的过程，是各类组织在认识和改造客观世界与主观世界的实践过程中获得新知识、新方法的过程。其创新包括科学发现和创造、技术发明和市场价值实现等一系列活动①。创新过程的每个阶段都具有投入、产出关系，前一阶段的产出往往是后一阶段和后若干阶段投入的一部分，因此具有价值链的特征。从关系上看，其创

---

① 高长元，程璐．基于灰色关联分析的高技术虚拟产业集群知识创新绩效模型研究［J］．图书情报工作，2010（9）：72-75.

新链如同企业供应链中的从原材料供应商到产品制造商，再经分销商和零售商，直至将产品或服务传递到最终用户手中，实现产品价值增值的过程一样。可见，知识创新价值链也存在从知识的源头到知识扩散、应用的增值过程①。

　　知识创新价值链是指围绕某一个创新的核心主体（一般是企业），以满足市场需求为导向，通过知识、信息和技术在各个创新环节中的流动、转化和增值效应将相关的创新参与主体连接起来以实现知识的经济化过程的网链结构模式。知识创新价值链的概念是知识创新与价值链概念的有机结合，是对价值链的知识视角的解析，它意味着知识创新活动的价值创造和增值过程及与之相应的组织结构形式，反映着创新过程中价值的转移和创造，代表了创新活动的价值属性②。同时，价值链关系反映了各创新主体在整个过程中的衔接、合作和价值传递关系。它可以是单个企业内部运作的自身价值链体系，也可以是多个创新主体共同运作的价值创造系统。

　　通过对高新技术开发区的一些企业创新价值链形成过程的调查，可以发现单靠某个企业内部实现知识创新的时代已经过去，企业追求"大而全""小而全"的知识创新模式与开放式创新的环境已不相适应。这说明，企业的知识创新实现过程更多的是一种包含了高等学校和科研机构在内的相关主体联结而成的网链结构活动。这种活动体现了"系统优化"的思想，通过资源整合和协调发挥整体优势，实现价值链上各节点的价值最大化，如图1-4所示。

　　图1-4所示的链式结构从高等学校和科研机构的基础研究开始，经过应用研究、试验发展，在中介服务部门的创新扩散作用下，向以企业为核心的技术创新主体进行知识转移。企业在对科学技术知识进行转化吸收后形成新产品，开展工业生产形成商品，最后通过市场满足用户需求，实现规模经济的目标。这一过程是将知

---

① 黄钢，徐玖平，李颖. 科技价值链及创新主体链接模式 ［J］. 中国软科学，2006（6）：67-75.

② 张晓林，吴育华. 创新价值链及其有效运作的机制分析 ［J］. 大连理工大学学报（社会科学版），2005（9）：24-26.

识创新从科学理论转化成市场价值的过程。价值链上的创新主体包括企业、高等学校、科研机构、投资机构、服务机构等，它们分别在不同的创新环节发挥着作用。创新价值链理论的核心思想是基于知识链关系的系统工程，不论是价值链上的企业或者其他组织都是价值链系统的一个组成节点。随着知识创新价值链的形成和延伸发展，可以预见，发展的竞争不再是在单个企业之间展开，而是企业所在价值链之间的群体竞争与合作。

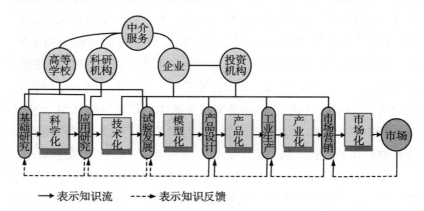

图 1-4　基于知识创新结构关系的价值链形成

1.2　基于价值链关系的知识创新主体及其活动

创新模式从封闭式到开放式的发展中，经历了线性到网络化的演变过程。知识创新价值链具有交互关系和网络结构特征，这意味着多个价值链可能形成交叉，某一价值链中的活动主体在参与创新活动的同时有可能参与其他价值链活动。这种相互关联的创新价值链，通过知识在上下游之间流动扩散，形成了基于知识创新价值链的协同网络。

1.2.1　知识创新价值链中的主体活动

从知识创新价值链的内涵来看，它反映了一个知识流动的过程。知识流动体现了共同参与创新活动的组织之间的交互作用关系，实现主体之间知识优势的互补与融合，知识流动的规模和效率直接影响着知识创新价值链的结构和运行效率。知识创新价值链从整体上看存在着上下游的互动关系，具有内在的不可分割性，任何创新主体都不是孤立封闭的，任何创新成果的取得都是多主体间协同创新的产物，个体创新能力的发挥在很大程度上依赖于整个链条的创新能力。因此，如何从整体上将创新体系内的各种机构和制度有效组合起来，以增强整体的创新能力，是实现创新价值的重要途径。同时，创新价值链体现了一个连续动态的创新过程，它将相关的创新主体连接起来并将各相关要素进行组织配置，从而将知识转化为有价值的商品。

创新价值链强调环节之间的反馈，形成"创新链环"模式，即创新的上游阶段（与技术相关阶段）和下游阶段（与市场相关阶段）形成反馈循环，"创新链环"强调的是创新过程的交互性，即重视反馈作用在创新的上游阶段和下游阶段所扮演的重要角色，以及发生在企业内部和企业之间的科学、技术和与创新相关的活动之间的大量的交互作用[①]。知识在创新价值链中流动，创新主体之间建立起多条知识价值链，多条知识价值链相互交织形成知识价值网络[②]。创新价值链构成的基础条件是不同主体间的动态作用条件，包括科研机构、高等院校和产业部门与顾客等其他主体之间的相互作用条件，条件保障实质是知识得以创造、扩散与转移。孤立的创新价值链是不存在的，创新价值链中的任何创新主体均与其他众多主体之间发生知识流动关系，每个主体都是链中的一个节点，每个节点都有可能同时归属于不同的创新价值链，众多价值链交织成复杂的网链式结构。创新知识就是在这种复杂的网络结构中流动和增值的，主体之间的联系越紧密，知识流动越通畅，流动水平越

① 顾晓敏. 突破政策瓶颈 形成"创新链环" [J]. 上海人大月刊，2009 (8)：20.

② 王晰巍，靖继鹏，范晓春. 知识供应链的组织模型研究 [J]. 图书情报知识，2007 (3)：83-87.

高，创新价值就更容易实现。

从国家创新发展的宏观组织上看，按照创新价值链环节上主体的作用，政府部门、企业、研发和服务机构的创新活动具有不同分工：

（1）政府创新活动

政府是创新价值链上的制度创新主体，负责国家总体创新发展战略、制度、政策、法规的制定。政府既是创新活动规则的制定者，也是创新活动的直接参与者，政府通过在价值链上发挥制度创新作用，提高整个创新系统的效率，促进知识在其他主体间的生产、传播和利用。政府直接地通过宏观调控手段对创新活动进行干预，引导其他创新主体实现创新目标。在知识创新价值链的基础研究和应用研究环节，必须依靠政府的组织和政策支持，其他社会组织在知识创新价值链上所形成的成果，才能通过有效的知识流动机制传递到下游，继而通过市场机制配置技术资源。其中，所牵涉的制度安排、市场建设、服务中介和创新价值的市场化延伸具有关键作用。显然，这些问题的解决都需要在政府的宏观管理、政策引导和财政扶持下得以实现。另外，政府部门通过组织国家级科技攻关课题研究和重大科技工程，对知识创新项目进行财政资助，对高新技术企业实行信贷优惠和税收优惠，通过产业倾斜政策和知识产权保护直接参与创新活动。政府在创新价值链中的作用如图1-5所示。

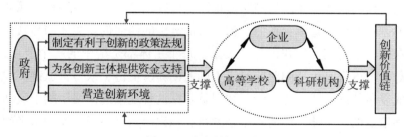

图1-5　政府创新活动

（2）企业创新活动

从熊彼特的企业家创新理论，到罗默的新经济增长理论，其共同点是把企业的创新作为推动经济增长的杠杆来对待。事实上，企业在知识创新价值链中承担着技术创新和知识应用的任务，始终位于市场竞争最前沿，把握着技术创新的最新动向。现代环境下，企业已经成为技术创新的核心主体，企业的创新活动在创新价值链体系中占据核心地位，是将知识成果进行产业化、市场化的价值实现主体。知识创新体系中所有主体的功能发挥、互动关系的确立及最终目标的实现，都要通过企业这一核心主体实现①。高等学校和科研机构的基础研究、应用研究成果向企业扩散，企业在获得政府政策支持后，通过融资获得资金，启动成果转化、新技术、新产品的开发工作。知识创新价值链上的主体和部门都围绕着企业的经营进行运转，通过各主体和各部门的密切合作，最终实现企业的创新目标和整体创新。企业在创新价值链中的创新活动如图1-6所示。

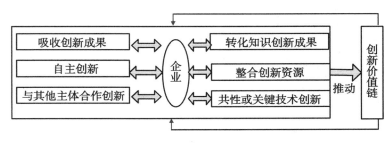

图 1-6　企业的创新活动

（3）高等学校和科研机构的创新活动

高等学校和科研机构从事知识创新、知识传播和人才培养活动。科研机构与研究型大学的工作主要处于创新价值链的上游，承担着为社会提供科研成果的任务，同时向社会输送创新人才。高等学校和科研机构通过基础研究和应用研究成果向企业提供科学理论和技术，为企业进行技术研发奠定基础。高等教育的发展以及机构研究能力的提高，使得知识由以前富集于企业研究部门和科研单

---

① 王建华．技术创新主体多元化及其互动合作模式［J］．广西社会科学，2007（6）：37-41.

位，转变为广泛分布于产品价值网络中的各个节点，知识的自然配置打破了只有富裕的企业和富裕的国家才能开展创新的垄断局面。鉴于高等教育和科学研究的国际化合作发展，高等学校已成为知识创新的重要基地，不仅在知识创新上起着引领作用，而且在知识转化为生产力方面起着孵化器和辐射源的作用。当今世界，许多国家的高科技产业发展都是依托高等学校的，例如，美国依托斯坦福大学建立的硅谷高技术工业园区就是典型的例子。斯坦福大学雄厚的科研基础和创新成果、创新人力资源为硅谷的科技发展提供了知识来源。当前，我国高等学校和科研机构创新成果的产业化，与企业技术创新的衔接，已成为科技成果高效地转化为生产力的关键。高等学校和科研机构的创新活动如图 1-7 所示。

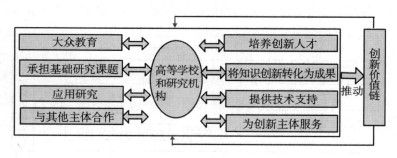

图 1-7　高等学校和科研机构的创新活动

（4）中介及创新服务机构的创新活动

中介及创新服务机构是系统中的服务创新主体，包括科学协会系统、行业协会、技术产权交易所、管理咨询机构、生产力促进中心、国家各级科技信息研究所、图书馆、档案馆等，作为服务提供者为其他主体的创新活动提供如信息交流、科学技术评估、信息参考咨询等支撑性创新服务活动。这些活动对于政府、企业、高等学校、科研机构与市场之间的知识流动和技术转移、扩散发挥着关键性的促进作用①。中介及创新服务机构的活动能降低创新成本，促

①　王建华．技术创新主体多元化及其互动合作模式［J］．广西社会科学，2007（6）：37-41.

进其他创新主体间的联系和合作，降低创新过程中的不确定性和风险，加快科技成果的转化，提高创新效率等。因此，中介及创新服务机构是创新价值链体系中不可缺少的组成部分，是促进主体间相互联系、交流合作的桥梁与纽带。中介及服务的创新发展将改善创新网络中的总体支持结构，加强创新主体之间的有机联系，加快技术和知识转移的速度和效率，保障创新活动的高效进行。中介及服务机构创新桥梁的功能从创新系统的角度来分析，加强了系统内各主体间有效联系的强度和频度，促进了知识转移和扩散。这类机构从高等学校、科研院所、政府等创新主体吸收知识和信息，服务于企业等创新的核心主体，因而其具有特殊的地位和作用，其吸收和扩散能力显得更为重要。信息服务机构等创新服务系统本身也是国家创新价值链中的一种重要主体，同时它们又为其他各级各类创新主体服务，如为政府部门充当智囊团，支持决策，为企业推送市场信息和技术信息，为高等学校和科研院所提供所需要的学术资源等。通过创新服务系统对国家创新系统的资源整合功能，为知识创新价值链上的多元主体的创新发展提供全方位的信息保障。中介及创新服务机构的创新活动如图 1-8 所示。

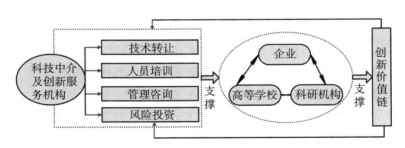

图 1-8 中介及创新服务机构的创新活动

1.2.2 价值活动关联

任何一个主体的创新能力在很大程度上依赖于内部知识的生产以及与外部组织合作的开展，主体之间的联系必须有相应的事物作为纽带，借此来交换或交易和合作，在创新价值链中，价值活动就是这样的纽带。创新活动是创新主体在创新环境中通过研究、探索和实践，获取新知识并实现创新价值的活动。价值活动伴随着知识的产生、传播与应用的全过程，创新价值活动同时也是有关主体配置资源和发挥资源价值作用的载体，它不仅为资源流动提供场所，形成一系列连接企业的供应方、需求方、对外供给链、营销的价值增值环节，而且作为主体间相互联系的纽带，连接着价值链主体活动①。

政府、企业、科研机构、高等学校、科技中介等创新主体既有分工又有合作，从而形成了从知识原创、知识应用、知识转化、知识产业化到知识创新服务、管理与保障的完整价值创新体系。在创新价值链体系中，大多数创新行为包含多主体的参与，主体创新活动之间存在关联关系，存在着相互结合和互动发展问题。任何单个企业无法掌握其所涉及的技术领域内的全部知识，这说明任何企业进行创新都需要其他企业和机构的支持。产业内相关企业、高校、科研机构、中介机构在一定程度上的合作，企业之间、企业与供应商及用户之间、企业与中介机构、企业与科研机构、高校之间的相互合作都可能成为新的创新源泉，这种合作使主体之间形成了既有分工又有互动合作的创新价值链系统。在创新价值网络内实现技术合作可以和其他创新主体共担技术创新的成本和风险，快速提升研发能力，提高应付复杂情况的能力，共享资源、技术及隐性知识等，可以使创新主体各方达到创新资源和技术的优化组合目的，从而不断提高整体创新能力，实现创新效益的最大化。

创新价值链中各主体间存在如下的互动关联关系：创新主体企业、科研机构和高等学校、技术中介服务机构、政府部门等按照创新分工进行功能定位、协作与优化组合关系；保证知识、信息和技术在主体间自由流动，实现创新增值的关系。在开放式创新环境下，所有创新主体围绕创新产业化实现，相互联系与合作，实现协同知识创新，完成从新思想的产生到产品设计、试制、生产、营销

---

① 张继林. 价值网络下企业开放式技术创新过程模式及运营条件研究 [D]. 天津：天津财经大学博士论文，2009：62.

和市场化的完整的知识创新过程。

创新主体之间通过创新活动进行关联互动，表现为不同主体之间的相互合作：

①企业与高等学校、科研机构之间的互动与合作。在知识创新系统实现全过程中，创新价值链上的企业、高等学校、科研机构由于各自拥有的资源优势不同，它们之间开展的互动与合作，一般是通过知识资源从高校和科研机构向企业进行扩散，弥补企业在科学研究方面的不足，充分利用高校、科研机构的研发资源，提高价值链整体的竞争能力和创新效率。

②政府机构与科研机构、高等学校、企业和技术中介机构之间的合作。政府机构在知识创新价值链上发挥制度创新的作用，具备组织者、管理者和宏观调控者的功能，从宏观上对企业、高等学校和科研机构、技术中介机构创新活动进行协调和管理，而其他创新主体在政府的政策引导和扶持下，通过技术、知识、信息、资金和人才在彼此之间的相互作用，也会对政府的工作产生积极的反馈作用①。因而在创新组织中政府机构与其他主体的合作是重要的，它体现在创新体系构建和国家创新目标的实现上。

③企业之间的互动与合作。企业之间的互动与合作大多指的是同行业的企业之间正式的或非正式的经济技术联系与交流，多个企业依托自身优势资源和业务，组成虚拟企业联盟，协作共同完成产品开发设计等工作，技术和知识在企业间流动，实现创新价值②。如芬兰 ICT 创新价值链系统中有很多企业，它们侧重的业务各不一样。ICT 企业充分认识到单靠自身的知识创新已无法生存，因此它们愿意付出成本来促使知识在企业及部门之间的流动。在这一背景下，芬兰 ICT 创新网络的存在，使得知识可以跨越不同的 ICT 企业，为企业构建出一条从知识到创新成果的通道。在创新网络中，

---

① 王建华．技术创新主体多元化及其互动合作模式［J］．广西社会科学，2007（6）：37-41.

② 孟琦，韩斌．企业战略联盟协同机制研究［M］．哈尔滨：哈尔滨工程大学出版社，2011：65-67.

ICT 企业之间进行创新合作的现象很普遍，比如艾丽萨公司（Elisa）与沃达丰（Vodafone）和挪威电信公司（Telenor）是合作伙伴；诺基亚（Nokia）的分销商有贝尔罗斯（Perlos）和艾科泰（Elcoteq），很多公司都和自己的上下游公司有长期的合作关系等①。

目前，对于很多组织而言，创新仍然来自于组织内部的研发部门。组织内部的研发部门承担了从资源整合到实际研发的全部过程。对于很多以创新为主导的企业，内部研发在其早期成长阶段虽然起到了很大作用，但是，在企业进入快速发展阶段之后，持续增长的速度必将越来越慢。以宝洁为例，按每年保证至少 40 亿美元的增长规模，面对日益激烈的竞争市场，这样的增长规模是不易实现的。因此，宝洁将其产品研发战略从过去依赖高能研发团队转变到利用一种新的模式，即"联发"模式②。在经济全球化潮流中，许多主体关联创新突出了内外创新需求的关联性，反映了知识创新协同组织的趋势，即通过创新合作互动和创新资源共享形成稳定开放的创新价值链系统。

1.3 基于产业链的知识创新与组合发展导向

创新价值链中的主体按照不同的模式进行组合创新，下面从基于产业链的知识创新发展、产业链的延伸与创新组合发展导向角度来探讨创新组合关系。从总体架构上看，这种知识创新组合发展导向决定了产业链的延伸和基于创新价值链关系的产业集群发展。

1.3.1 基于产业链的知识创新发展

协同知识创新过程经过相关关联的系列过程实现，如基础研

---

① 柳婷. 芬兰信息通讯技术创新网络研究 [D]. 武汉：华中科技大学硕士学位论文，2008：53.

② 创新网络：从公司外部寻找创意和构想 [EB/OL]. [2013-03-12]. http：//mkt. icxo. com/htmlnews/2008/01/11/1240632_ 1. htm.

究、应用研究、试验发展、产品设计、试制改进、规模生产、市场价值实现等多个环节的有序结合，构成科学研究与发展中的知识创新环节。在知识创新组合中，各个环节发挥着各自不同的功能。在这一价值实现过程中，创新本身相当于供应链中的商品供给，上游主体是下游主体的创新供应者，下游既是创新需求方，又会对创新作出反馈，促使上游根据反馈不断改进，形成二次创新思路。任何企业的资源相对于整个外部市场来说都是有限的，因而在企业内部总有一些部门的功能由于受到资源限制而显得弱一些，有时甚至会形成功能"真空"，企业借助外部具有优势的某一方面功能资源与自身资源相结合，以弥补自身某一方面的功能不足。例如，有的企业技术开发力量强大，却缺乏规模化生产的条件；有的企业生产条件优越，却没有完善的营销机构。这就需要创新的开放组合。

在开放创新环境下，一个企业可以与其他企业实施功能组合，即借用外部力量来改善劣势部门的功能，使之能与其他企业优势部门相配合。这种创新组合形式在以信息技术为核心的"第三次浪潮"冲击下，逐渐形成了网络信息技术支持下的知识创新协同模式。例如，许多信息技术开发商已融入 IT 核心技术研究和产品的研发环节，这些掌握了 IT 核心技术的技术开发商因而处于价值链的上游，它们可以通过委托代工生产的方式把创新知识传递给生产制造商，由制造商负责生产计算机硬件组件。然后，生产制造商在生产过程中把从技术开发商企业获得的创新知识物化成新产品，交由营销服务商推向消费者。通过技术—生产—营销等功能业务的相互合作和促进，使得创新价值链的实现越来越多地出现在跨企业的合作中。美国杜邦公司庞大的信息技术业务部门原有 4000 多人，它在全世界有 6.5 万台计算器在运行，在美国有两个服务器中心，在德国有一个服务器中心，它还建立了自己的局域网和广域网，用以连接它在全球各地的员工[①]。IBM 公司通过与全球上百家企业合作，整合各自的优势资源，发挥核心专长，由计算机硬件生产供应

---

① 胡昌平等. 网络化企业管理［M］. 武汉：武汉大学出版社，2007：120.

商转化为基于知识创新发展的创新型企业。国内的协同创新推进，如上海张江生物医药科技产业基地就集聚国内外 400 多个生命科学领域企业、科研院所及配套服务机构，从技术研发、产品设计生产到市场开拓，已经形成一个以研发为中心、生产为重点的完善的价值链条。其中，创新环节之间相互联动、相互制约，在技术上具有一定的关联性。上游、中游、下游环节之间存在大量的物质、信息、价值方面的转换关系，形成了完善的生物医药创新产业链，其创新产业链上的组织机构关系如图 1-9 所示。

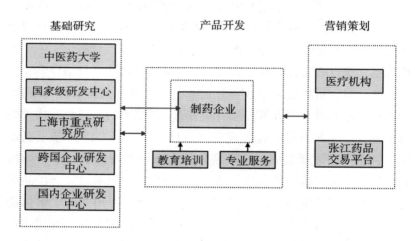

图 1-9 上海张江生物医药产业链结构

从知识的产生到知识价值实现的过程，知识创新主体的关联关系发生了变化，朝着多主体合作互动、资源共享、优势互补的方向发展。

1.3.2 产业链的延伸与创新组合发展导向

由于创新过程和创新知识组织的复杂性，企业为了克服外部资源利用的约束，在创新过程中越来越重视与外部组织的联系和合作。产业发展背景下的创新已从同一产业内合作向跨产业合作方向发展。同一产业内，尤其是以高新技术产业为代表的新兴产业内，企业、高等学校、科研机构等创新主体之间相互协作，需要发挥各自优势，围绕产业创新发展，形成产、学、研相结合的创新产业链。在创新合作发展导向下，企业根据市场需求和政府政策导向，从高等学校获得所需的人力资源和科学研究成果，与科研机构合作研发获取最新的研发成果或技术，向服务机构寻找技术中介和服务，从金融投资部门获得资金支持；在此基础上产业内的相关企业参与产品开发、生产、营销等多个创新环节，价值链上的企业在分工合作中实现利益共享，从而推动整个产业的创新发展。美国硅谷就是围绕信息产业的发展，在政府的创新政策引导下，吸引美国国内外优秀人才，形成创新资源协同供给。在运作中，企业与高等学校和科研机构结盟，创建科技园区，为知识创新提供了源源不断的动力；创新服务机构则在促进产业内知识转移和扩散中发挥作用，通过服务加快科技成果向企业的转化，同时，诸多风险投资公司被吸引到硅谷，为创新注入了所需资金，以加快产品商业化进程。正是在这些创新主体围绕产业协作创新，才能促使知识、信息和技术在产业链上流动，使得硅谷的产业处于世界领先的地位[①]。

在跨行业的创新合作中，创新价值链的构建围绕市场发展需求进行，其中，科技含量高、产业关联度强的一系列主导产业成为核心。在创新联盟运作上，以创新为纽带，从上游产业向下游产业延伸的产业创新链，是实现具有产业链关系的创新组合的一种新的形式[②]。

如图 1-10 所示，跨产业的创新链由核心产业链节点、分支产业节点和末端产业节点等组成。中心产业节点 C_0 是主导产业和创新源头，为相关产业提供技术和知识资源，分支产业节点 $(C_1, \cdots, C_n)$ 是以核心产业为基础，围绕其创新过程延伸出来的

---

① 饶扬德等. 创新协同与企业可持续成长 [M]. 北京：科学出版社，2012：83-84.

② Rui, M. J., Liu, M. Y. A Literature Review about Integration of Industry Chain [J]. Industrial Economics Research, 2006, (3)：54-56.

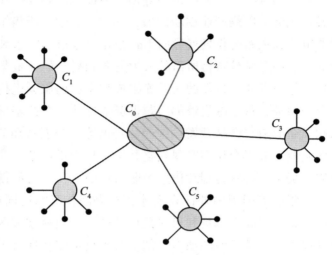

图 1-10 以核心产业为主导的创新价值链结构

一些具有并列关系的产业群，一般为核心的技术产业、知识成果应用产业和扩展产业；末端产业节点则是细化到不同领域内产业的再次细分。例如，光电子材料行业产业链可以触发新的创新产业的形成，其中心节点 C_0 为光电子研发企业，具备研发能力；分支节点有光学功能材料业 C_1、光电信息产业 C_2、光电集成材料产业 C_3 等需要采用光电子技术进行创新的多个产业；末梢节点产业分别是化工业、建材业、纺织业、电子元器件、插件生产企业、光电信息通信企业、光电子微型电机系统企业、光电子微传感器生产企业等。产业链上企业相互关联，发挥各自的优势，不断延伸和整合创新资源，使得整个产业群得以创新发展。

1.4 社会化创新推动下的知识联盟创新组织

随着经济发展方式的转变，基于知识创新的国家发展已成为各国发展产业经济的基本策略，这意味着知识创新已从部门系统之间的合作向社会化创新联盟方向发展。我国高新产业发展区的布局和区域的协同创新发展，不仅从产业基础结构上为经济发展方式转变奠定了基础，而且提供了创新组织联盟活动的开放平台①。在这一大环境下，知识创新的社会化推动、创新联盟活动的开展和基于价值链的联盟创新发展已成为一种必然趋势。

1.4.1 知识创新的社会化推动与创新联盟活动

随着创新全球化发展，创新价值链从企业内部延伸到外部，从国内延伸到国外。全球经济一体化的环境下，整个世界日益成为紧密联系的经济体。从创新的社会化推动机制上看，知识创新联盟在一定的地域和行业中进行，其创新联盟可分为以下几种组合形式：

①企业内部不同的创新环节之间的空间地域联系。如美国微软的研发基地遍布世界各地，从美国西雅图到硅谷，再到爱尔兰的都柏林、印度的班加罗尔、中国的北京和上海等地。它的制造基地，则分布在美国、中国、印度等国家。日本的索尼、松下等电器公司，其在中国市场上销售的产品基本上是由马来西亚、新加坡、泰国等劳动力成本较低的国家生产的，而公司总部则集中进行新产品的开发和营销战略的实施。瑞士雀巢公司每年的销售额有98%是在本国以外产生的。据有关专家估计，全球有300家最大的跨国公司占有世界外贸生产的90%②。

②企业与企业之间的空间联系。如英特尔公司将IC设计业务放在美国硅谷的企业；台湾新竹高新技术产业园区的台积电和台联电等则专门从事IC代工业务，宏基、联想等在中国内地与台湾地区的PC制造业务；日本东芝在法国本地与汤姆森公司合作生产电子产品，在美国当地生产彩色阴极射线管、显像管时，则与西屋公司合作，在电子材料与器件生产领域，与德国西门子公司合作，提供DRAM技术。这些企业之间基于核心竞争力和合作关系建立了空间联系。

---

① 孙新波. 知识联盟激励协同机理及实证研究 ［M］. 北京：科学出版社，2013：33-35.

② Shachaf，P. Cultural Diversity and Information and Communication Technology Impacts on Global Virtual Teams：An Exploratory Study ［J］. Information & Management，2008，45（2）：131-142.

③企业内外复合型空间联系。这种联系的基本环节如产品的设计、开发、生产组装直至推向市场，这些创新环节分布在企业内部和外部的不同空间地域，根据企业研发、设计与生产销售等业务流程，每个环节上发挥作用的企业和机构在空间上分散分布，如图1-11所示的某高新技术产品创新价值链的空间结构就是如此。

④区域之间的空间联系。不同的区域创新能力所呈现出来的梯度分布格局：一方面，区域创新能力呈现"内高外低"的"正态分布"，其中核心区拥有的创新资源最多，创新能力最高，近核区次之，边缘区最低；另一方面，知识创新成果的转移和扩散也是由核心区向边缘区方向移动的。拥有核心竞争力、自主知识产权和自有品牌的"龙头"企业聚集的区域往往就是空间上的创新核心区域，处于知识创新的源头，其创新发展能带动附近区域的发展①。

以上几种方式从地域上看，具有跨地域组合的特征，这种产业组合特征的跨地域行业组合关系如图1-11所示。图中所显示的虽然是某产品研发中的跨地域组合创新关系，然而这种模式却具有普遍性。因此，各地已普遍采用这种产业链模式，通过核心企业的扶持，实现基于延伸产业链的协同创新。

我国区域创新发展中，在政府政策支持下，结合地区的经济发展，形成了以区域资源整合为基础的地域结构，如以上海浦东新区为核心的长三角经济带、以天津滨海新区为核心的环渤海经济圈、武汉"1+8"城市圈、成渝两江经济带等具有核心竞争力的创新区域。武汉获批建设"1+8"城市圈后，形成以武汉为圆心，包括黄石、鄂州、黄冈、孝感、咸宁、仙桃、天门、潜江周边8个城市所组成的城市圈。城市圈的重点是推进基础设施建设、产业布局、区域市场和城乡建设的"一体化"。周边8个城市与武汉市的产业进行分工协作，引进武汉的产业资本和科研智力资源，如黄石企业主动与武汉的汽车、空调、冰柜等大企业配套，生产压缩机、离合器等数汽车配套产品。周边城市有的企业将总部或研发中心、销售中

----

① Hansen, M. T., Birkinshaw, J. The Innovation Value Chain [J]. Harvard Business Review, 2007, 85（6）：1-13.

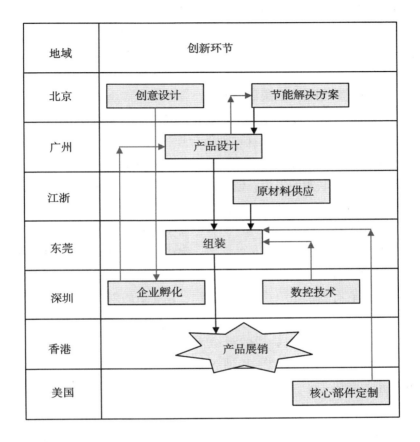

图 1-11 某高科技产品创新价值链空间结构

心放在武汉，而将生产基地放在周边，如楚天激光、红人集团等一批武汉企业纷纷到周边开设生产基地；另外，如潜江制药、广济药业等周边企业则将总部或研发中心移到武汉，成功实现了区域产业结构的优化。

1.4.2 基于价值链的协同关系的联盟创新组织

创新价值链不仅是一个个创新环节的连接，同时更是一个价值实现和价值增值的链条。产业创新发展的一个重要条件就是创新链条中各个主体的创新活动的价值要能得到充分体现和实现。从实质上看，知识创新过程促进了知识在创新主体间的快速流动，实现了知识在价值链主体间的合理流动与充分利用，从而达到多赢的目的。从创新组织上看，知识创新主体间的合作创新通过多形式、多角度、多层面协调工作来实现，具体包括虚拟创新联盟形式、产学研合作形式和创新产业集群形式。

传统创新竞争中，创新主体需要通过组织之间的合作和配合增强自身的创新能力，然而这种创新合作，由于存在组织间的障碍，其创新效率与效益往往受到限制。对于各种限制，通过自主创新网络构建和知识联盟的组织，创新主体可以采用契约方式与其他组织结成基于网络的动态联盟[1]。借助网络的协同效应，可以使创新联盟成为一个有序的协作整体，即在创新主体间实现知识、技术、条件的整合，以增强联盟成员的实力，完成单个组织无法实现的创新计划。由此可见，创新主体活动的网络化是以创新整合为基础的组织创新，它有利于组织获得社会资源、建立新的创新优势。创新主体活动网络化，不仅是应对全球范围内日益复杂的创新竞争的需要，而且是追求更加灵活的组织形式以提高创新效率的内在要求[2]。网络化的知识创新，使创新主体在资源交互与合作中建立相对稳定的联盟关系。创新竞争与合作是知识创新发展的必然趋势，单个创新主体在自主创新竞争中往往无法取得综合竞争优势，因而越来越倾向于与其他创新主体建立创新价值链体系，通过优势互补，结成动态网络创新组织，以加强整体的创新竞争实力。

虚拟创新联盟可以是企业、高等学校、科研机构等创新主体，在促进知识创新系统形成和追求共同利益的基础上所形成的与其中某一核心组织为中心的跨组织联盟。由于这种联盟具有异地结构特征和网络化组织特征，因而被视为一种虚拟的组织结构。一定时期内（生命周期内）的这种虚拟创新联盟在法律约束的协议或者合

---

① 张少杰，等．面向知识联盟的网络化协同研发工作平台构建与知识协同管理［J］．情报科学，2013，31（8）：32-36.

② 朱勤．国际竞争中企业市场势力与创新的互动——以我国电子信息业为例［M］．北京：经济科学出版社，2008：116.

同保障下组建，合作各方贡献自身的优势资源，形成一种优势互补、资源共享的虚拟合作组织形式。在实际运行中，创新联盟可以分为技术协作模式、契约合作模式和一体化模式①，如表 1-3 所示。

表 1-3　　　　　　　　　　**虚拟创新联盟的组织形式**

模式	组织形式
技术协作模式	知识创新主体之间由科学技术的产生源头进入生产环节的技术扩散进行合作。一般表现为高等学校、科研院所的科学技术创新成果通过有偿转让的形式转让给企业，使企业在实际生产之中应用新的技术创新成果
契约合作模式	参与合作的各创新主体通过契约的形式联系在一起，以共同投资或者技术入股等方式进行合作
一体化模式	科研机构、高等学校、企业之间紧密结合形成统一的合作联合体，形成合作创新实体

　　虚拟创新联盟是知识创新价值链中最主要的创新合作模式之一。虚拟创新联盟这种合作方式具有其他组织形式所不具备的诸多优势：①能将结盟各方获得的知识信息、技术信息和市场信息快速汇合在一起，增强各方的应变能力；②能通过结盟成员的互助开拓新的市场；③能通过结盟各方技术、资金等资源的合理搭配，实现产业升级，分散技能风险，提升综合市场竞争力。如微软的最初业务发展就实施了"视窗"与 IBM 公司联盟战略。"视窗"面向对象的用户友好界面具有良好的应用前景，IBM 则是久负盛名的 PC 制造商，双方在联盟中得以在技术研发上共赢②。又如，美国波音与日本三菱、富士和川倚重工结成国际战略联盟，共同出资 40 亿

---

① 赵杨. 国家创新系统中的信息资源协同配置研究［D］. 武汉：武汉大学博士论文，2010：92.

② 胡昌平，等. 网络化企业管理［M］. 武汉：武汉大学出版社，2007.

美元，开发波音 777 客机与欧洲空中客车进行竞争。日本的大规模集成电路技术创新联盟（VLSI）、美国的半导体制造技术创新联盟（SEMATEACH）、中国 TD-SCDMA 产业创新联盟、中国龙芯产业联盟等国内外创新联盟都是由业内具有强大影响力的企业和研究机构合作组成的。

我国采取了一系列措施推动虚拟创新联盟的发展，在不同的行业组建了一批以企业为主体、市场为导向的虚拟创新联盟，通过促进企业、高等学校等机构之间的虚拟合作，在我国的知识创新发展中起到了积极的作用。如我国 2007 年以来的钢铁循环生产组合、新一代煤化工、农业装备、煤炭开发利用等产业技术创新联盟就是创新联盟的成功案例。在高等学校与企业联盟中，如浙江大学成立的工业技术研究院作为区域性的工业技术研究与开发中心，集聚了专业科技开发与推广团队，在光电工程、汽车及零部件、生物制药、智能绿色建筑、文化创意产业等领域与产业界展开合作，以虚拟联盟方式进行协同创新和产业发展。

产学研合作指的是社会经济机构中的产业（以企业为主）、高等学校和科研机构，以共同的发展目标为基础，按照一定的机制或规则进行结合，形成某种合作研发关系，不断进行知识生产、知识传递、知识扩散、知识转移等非线性活动的创新合作活动。产学研合作创新的实质是产、学、研创新资源的整合，它以共同创造创新价值为目标。广义的产学研合作还包括政府部门、金融机构、中介服务等机构的参与。在创新资源（信息、资金、人力、设备等）的全球化转移和应用中，建立以产学研合作为核心的价值网络、分享创新资源已成为创新发展的最好选择之一。产学研合作的基础是优势互补，产学研合作创新的这种互补需求，显示出合作对知识创新、技术交流、知识成果转化为生产力的实际作用。成熟的产学研创新合作通过创新优势互补，以企业为核心主导搭建起创新价值网络，包含知识创新、技术创新、市场创新的全部内容。在合作中，企业和高校、科研院所，通过某种机制达到风险共担、利益共享，以保证各方建立长久而稳定的合作关系，通过长期合作形成的创新价值网络，共同获取市场利润，取得最大的创新效果。

产学研合作主体之间的关系如图 1-12 所示。

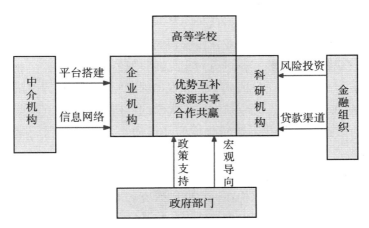

图 1-12 产学研主体之间的合作关系

产学研合作的基本模式包括以下几种：

①企业委托高等学校或科研机构进行研究开发。这种合作模式是由企业提出需求并提供资金支持，高等学校负责研发，产权归企业所有，企业得到了知识和技术，学校也获得了科研经费，各取所需。如中关村的海鑫科技公司在成立之初注册资本只有 100 万，企业创新能力不足，自主研发的投入成本巨大且风险高，于是委托清华大学模式识别与图像处理实验室研发指纹识别系统的核心算法，海鑫科技提出需求并提供研发经费，清华大学组织课题组进行研发工作，企业享有知识产权。通过这种合作模式，企业能以较低的成本开展核心技术的研发，形成技术积累，实现企业迅速增长，目前海鑫科技净资产已经达到 5 000 万，成为国内生物识别技术产业化的领军企业。

②高等学校或科研机构与企业联合建立研发机构。企业具有资金、生产设施、工艺和成果产业化的优势，高等学校和科研机构则具备人才、科技成果、先进实验设备等资源，与知名科研机构共建联合实验室是国外大企业通行的做法。这种合作方式使企业能够对院校专业领域的技术创新进行持续投入，也使高校的科研更贴近市

场需求，能为企业储备技术和人才，同时缩短产品推向市场的周期。当前，这种方式正在被越来越多的企业和科研院所接受和采用。如中关村的威讯紫晶科技公司是一家从事短程无线网络设计及相关标准研发的高科技企业，该公司与北京大学、北京航空航天大学组成联合虚拟实验室，进行短程无线收发器芯片开发，企业的研发人员与高等学校研发团队一起开发出国际领先的芯片，威讯紫晶科技利用北京大学、北京航空航天大学的科研成果，在其企业平台上进行改进、试验并迅速转化成商品推向市场，销售到国际国内市场。

③高等学校或科研机构向企业转让科研成果所建立的合作组织。高等学校和科研机构在进行基础研究和应用研究过程中积累了大量的科研成果，长期以来面临不能将其转化成生产力的问题；而企业由于受技术条件和经济实力的限制无力进行自主研发。鉴于这一现实，所以可以通过技术转让的方式，由企业出资从高等学校或科研机构购买现成的科研成果，再由企业进行技术转化，这样可以在短时间内产生经济效益。数据显示，科研机构和高等院校输出技术项目已成为企业创新的重要源泉，其输出技术交易额上升远高于产业自主创新增长速度。由于这一需要，高等院校和企业在开展基础研究的同时，已开始注重应用技术的合作转移和合作机构的建设，由此形成了基于转移成果的研发应用格局。

④企业与高等学校或科研机构联合创办经济实体。这种模式是产学研合作中较有成效的形式，已经有许多企业与高校和科研机构共建了股份制经济实体，探索利益共享、风险共担、共同发展的合作方式。如武汉武大弘元股份有限公司是由武汉大学发起，由武汉东湖创新科技投资有限公司、武汉三镇实业控股有限公司、湖北宏鑫实业有限公司和自然人等设立的高新技术股份制企业，注册资本5000万元。公司以代表世界前沿的武汉大学氨基酸技术成果，立足生物工程领域，以氨基酸及其衍生物产品为基础，以武汉大学氨基酸研究所的技术成果为依托，在其他合作企业的资本支持下，将生物技术领域的高新技术产业化，实现价值增值。这种共同创建经济实体的方式需要在成果权益和经济利益分配方面明确各方的责、

权、利，从而保证合作的顺利进行。

产学研合作创新的价值实现模式表明，在创新环境的影响下，创新体系各要素的利益关系不是孤立的，而是协同的。创新体系各要素需要在良好创新环境的支持下，不断提高自身价值活动的质量和效率，促进与其他主体的协作，才能实现彼此利益的最大化。在创新联盟中，这种体系价值链已经超越企业内部价值链的功能，而将各要素的活动融入整个创新体系的范围，从而引导和促进各要素从整体上产生价值。这种各施所长的创新协同使得创新成果的效益从各要素局部和创新整体达到效益最大化，从社会层面上说就是节约资源消耗、提高创新成果的获取效率和社会使用价值。

值得指出的是，创新产业集群在创新发展中的重要作用必然通过产业链、价值链和知识链联盟活动来实现①。以此形成的战略合作，不仅提升了整体经济效益，而且提升了知识溢出效益。它所具有的技术—经济网络特征如图 1-13 所示②。

图 1-13 展示了创新产业集群构成要素，集群的竞争力由核心网络（包括企业、大学和科研机构）、生产要素（包括人力资源、知识资源、资本资源、基础设施）、环境要素（市场和政府）及辅助网络（创新中介服务机构）决定。创新集群的发展依托于四种影响因素及各构成要素的运动状态。这些因素通过相互作用形成了创新集群系统，也共同决定了创新集群的发展水平。高新技术产业沿价值链构筑聚集网络，通过上下游产品的配套及技术与销售渠道的共享来获得规模经济和范围经济，高新技术企业通过技术、质量、供应等方面与供应商、生产商和用户进行合作，形成了专业化分工且相互关联和牵制的产业集群合作模式。

在创新价值实现过程中，企业内部和相关企业之间形成动态联盟式协作，能够联合多个企业的知识、资源和能力共同创造某种产

---

① 张哲．产业集群内企业的协同创新研究［M］．北京：人民交通出版社，2011：22-24.

② 钟书华．创新集群：概念、特征及理论意义［J］．科学学研究，2008（2）：178-184.

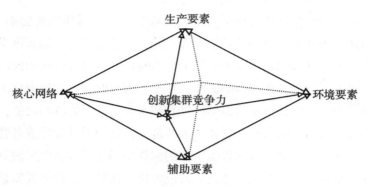

图 1-13　创新集群构成要素及关系

品或服务，增加了价值创造的机会。通过合作，还可以获得难以通过市场交易但能创造价值的隐性知识。如美国硅谷的大小企业比邻密集，围绕核心产业建立，企业与高校相互之间进行频繁交流、沟通，发生思想和观念的碰撞，产生了令人难以想象的综合集聚创新效应，知识创新价值得以实现。又如芬兰的通信产业集群、印度的班加罗尔软件产业集群、中国台湾新竹 IC 芯片科学园等，都是世界成功发展的案例。在区域联盟的推进中，通过对天津滨海高新技术产业开发区的航空航天产业链进行调查发现，园区在成功引进空客 A320 总装项目之后，带动了上下游相关产业的蓬勃发展，一大批生产飞机涂料、飞行训练器、飞机座椅的企业入驻园区，围绕空客项目进行配套生产。同时，火箭、直升机、航天器等航空航天项目相继在滨海落户开展，产业集群逐渐形成和发展。

2 协同创新中用户的跨系统信息需求与服务要求

跨系统知识创新具有基于创新价值链的协同组织特征，同时对信息网络具有依赖性，由此决定了基于网络的跨系统信息需求。事实上，具有价值链融合关系的各系统用户，其信息需求正经历着依赖于所属系统向依赖于社会化网络的结构变化，这不仅体现在知识获取的社会化、开放化、集成化和高效化上，而且体现在跨系统创新价值链活动中的信息需求引动和需求形态的变革上。

2.1 协同创新中的信息流与用户跨系统信息交互

知识创新与社会生产、应用的紧密结合而形成的创新价值链活动，体现了国家创新发展中的知识价值创新增值过程。通过增值，有助于提升国家的创新竞争力，推动国家经济、社会发展。目前，知识创新的发展经历了从自发产生到社会化组织的过程，从协同角度看，存在于知识创新网络中的创新主体协作问题。某一创新主体如果与其他主体的创新活动产生关联，必然存在跨越所属系统的信息沟通行为，因而会引发相关的信息流动。

2.1.1 协同创新中的跨系统信息流动

信息流是指各种社会活动和交往中的信息定向传递与流动。就流向而言，它是一种从发送者到使用者的信息流通。研究知识创新的机制不难发现，知识创新价值实现的过程就是一个信息流动的连续过程，通过信息的流动，将相关的创新主体和创新要素连接起来。这种联系贯穿于创新价值链的全过程。因此，不同创新行为以及不同创新主体之间的互动总是伴随着信息的流动和扩散。信息交流是知识创新的基础，创新活动的开展源于主体之间的信息交流，没有主体间广泛的信息交流，知识创新就不可能最终实现。从信息的观点来研究知识创新过程，可以发现知识创新就是主体在自身信息存量的基础上，从外部客体中获取信息并对其进行分析、判断、加工、利用、输出，形成新知识的过程①。只有当国家的产业政策法规、相关科学技术成果、市场的需求反馈等信息有序地在创新主体与市场之间流动时，创新过程才能正常进行。知识创新中的信息流动如图 2-1 所示。

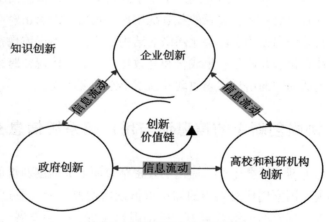

图 2-1　知识创新中的信息流动

包括知识创新在内的知识生产与物质生产的实质区别在于，知识生产主要输入和输出的都是知识信息，在生产活动中只有充分利用现有的有关知识、掌握最新信息，才可能生产出具有创造性的新

---

① 陈喜乐．网络时代知识创新与信息传播［M］．厦门：厦门大学出版社，2007：66.

成果和新知识。信息的流动是系统的负熵流，作用是促进整个系统环境趋于动态的良性发展。这些信息源可能是其他企业、研究机构、高等学校或技术转移机构，可以是地区性的，还可以是全国性和国际性的。这表明，信息流是知识生产的主流。这种信息流对社会各部门的作用可以概括为信息的微观社会作用机制。现代社会运行中的信息流宏观作用机制是在一定社会体制和环境下信息微观社会作用的总体体现。事实上，包括生产企业、科研机构、商业、金融、文化等部门在内的社会组织，在各自的社会业务活动中都存在内、外部信息的流动和利用，由此构成了纵横交错的社会信息流。在知识创新参与主体之间存在如下几种主要的信息流动方式：企业之间的信息流动，企业、高等学校和科研机构之间的信息流动，知识与技术向企业的扩散，人员流动。

（1）企业之间的信息流动

企业是技术创新的主体，是知识创新价值链上实现创新价值的核心。企业之间的信息流动由企业研发、生产、经营过程中交互获取、吸收和扩散信息的活动引发，反映了生产资料、技术资源、市场管理等相关信息的流动和分享，这是创新价值链中最主要的信息流动之一。现代经济条件下，创新活动已突破单个企业的限制，正迈向联合研发的协同组织。在实现企业协同创新过程中，因此需要知识信息在企业间的流动[①]。经济合作与发展组织（OECD）在研究大多数国家的创新发展时指出企业间通过开展技术合作联盟的形式进行的研发合作越来越普遍，这种联盟不仅在一个国家内存在，而且跨国合作也不断涌现。其在生物技术和信息技术等高新技术产业中表现得尤为明显。对于这些产业的发展需要大量的研发资金和高精尖的人才来保证，单个企业很难同时具备这些条件，于是某一企业与其他企业的合作便成为首选。企业间的交流与合作能够带来丰富的技术和知识积累，获得知识资源和技术资源互补协同效应。企业之间的合作形式包括与同一产业内的企业合作，与上下游供应

---

① 李翠娟，宣国良．集群合作下的企业信息流动分析［J］．情报科学，2006，24（5）：659-662.

商企业合作等。通过竞争企业合作可以共享知识和技术经验，减少知识获取成本和分散风险，通过与供应商的合作，有助于采用最新的技术和构建技术发展的资源基础。同时，通过了解客户的需求并将其整合进自己企业的信息系统，能够从根本上保证产品的市场竞争力。

（2）企业、高等学校和科研机构之间的信息流动

某一企业的技术创新和多个企业形成的创新集群都需要知识创新的持续支持，知识创新在保障知识成果应用的同时，为技术创新提供信息源和技术源。因而，企业需要来自高等学校和科研机构的科技信息。一方面，科学技术要转化为现实生产力必须经过市场化阶段。通常，这一转化阶段需要一定的周期，尽管这个周期存在越来越短的趋势，但有远见、有实力的企业仍倾向于走联合研究、共享专利、共同发展的道路。这样不仅可以获得科研成果的长期受益权，而且可以进一步缩短创新在市场上取得成功的时间。通过合作，高等学校和科研机构也可由此来争取研究课题和经费，使研究与市场实际需要结合得更加紧密，从而使知识创新与科技创新的成功机会相应增大。另一方面，各高等学校和科研机构也可以通过优势互补来开展合作研究、联合培养人才以及承担其他形式的创新合作项目①。例如，海尔集团以项目牵头，通过与国际知名大公司、科研机构、高等学校进行合作研究开发，先后成立了 48 个联合研究中心，同时还在欧盟和日本设有 6 个联合开发研究所②。

（3）知识与技术向企业扩散的信息流动

知识与技术的扩散是创新系统中一种典型的成果信息流动。企业的创新活动越来越依赖于外部信息和知识，通过将外部信息与内部信息结合并应用于实际生产经营中产生创新效益。创新发展中相关的技术和知识来源是广泛多样的，存在于客户、上游供应商、下

---

① 徐仕敏．略论国家创新体系中的信息流动 ［J］．图书情报工作，2001（4）：18-20，24.

② 李征，冯荣凯，王伟光．基于产业链的产学研合作创新模式研究 ［J］．科技与经济，2008（2）：22-25.

游销售商甚至竞争对手中。创新成果在给成功实施创新的企业带来超额利润的同时，也会因"溢出效应"而惠及整个产业。溢出的途径主要有专利许可、专利转让、技术转让和机器设备的销售。创新扩散使创新的知识和信息传播到广阔的社会之中，这是创新成果由提高创新实施主体的劳动生产率向提高社会劳动生产率转化的必然。知识创新体系中最大规模的信息流动就是以这种方式进行的。例如，在传统的制造行业中，由于行业特点，这些企业很少独立从事研发和创新活动。在这种情况下，技术扩散变得尤为重要。其中，政府需要通过颁布一系列科技政策和计划，采取优惠政策，向这些产业扩散技术和知识，可以通过建立制造业的行业研发中心、项目示范中心和培养技术经纪人等来实现。

（4）人员流动引发的信息流动

人力资源发掘与利用是创新成功的关键，人员（尤其是技术人员）在企业内部和企业之间的流动直接推动了知识和信息在知识创新体系中的流动。一方面，技术人员本身是知识和创新信息的载体；另一方面，由于隐性知识的大量存在及其在知识创新中的重要性，人员之间的流动还可以将创新过程中的许多经验信息带到新的工作中去，而这些隐形知识在创新实施和创新扩散过程中能够发挥关键的作用。

在知识创新中，信息流顺着创新价值链从创新源头向终端传递，经过基础研究、应用研究、试验发展直至商业化的知识成果转移过程。信息流在各创新主体之间自然地流动，发挥作用，促进创新成果的价值实现①。由于知识创新中的人员流动存在隐性知识的转移问题，因而可将其视为一种隐性知识的跨系统流动。

2.1.2 基于创新价值关系的信息流作用

在知识创新各环节中，每个节点之间不断地流动着各种形态的

---

① Sturdy, A., Handley, k., Clark, T., Fincham, R., Robin. Re-thinking Potentials for Knowledge Flow ［J］. Management Consultancy, 2009, 3 （21）: 73-93.

信息。以创新系统中某信息流为例，可以分析信息对创新的作用过程。当信息输入到某一创新主体时，该主体获取到信息后，必然与自身的存量信息进行匹配，继而有选择地存储，然后将信息传递给其他主体，一旦创新主体接收到恰当的信息，受到刺激，便会产生新的认识、观点、判断或结论，即创造了新知识，实现了飞跃。同时，信息和知识受到价值补偿或其他机制的作用，会继续被输入、传播、加工处理和利用而实现下一次飞跃。由此可见，创新信息由创新价值驱动，通过信息的流动，创新主体能方便地获取、利用所需信息，并且能创造新的信息和知识，从而实现创新的价值①。

信息的传播、获取与流动是构建知识创新系统的关键。创新主体间的信息流动是促使创新活动开展的必要条件②。信息作为一种重要的资源，为创新提供了条件，而创新必须依赖信息的流动。创新过程受到多种诱发因素的影响，而任何因素都要经过创新主体的感知、判断、决策等思维活动，才能产生更多的知识信息。

从国家宏观层面对知识创新价值链构成主体进行分析，可以构建如图 2-2 所示的信息流动模型。这是一种"产—学—研"联动的信息流动模型，它表明知识创新价值链按照信息流动循环理论所形成的闭环回路，是一个整体的集成系统。模型中间的重叠部分描述了合作伙伴之间的内在联系和互动关系。从本质上看，信息流动是维持知识创新价值链体系高效运作的重要保证。加强信息交流在于将各成员单位拥有的研发信息，以最快的速度在创新网络中传递，使研发成员能够迅速掌握组织内部的研发情况和外部的技术发展趋势，从而提高创新价值链体系的整体运作效率。其作用主要表现在以下方面：

①减少创新主体创新活动的不确定性。知识创新本身就具有高风险性和不确定性，而且随着创新程度的加强，这种不确定性和风

---

① Agarwal, R., Selen, W. Dynamic Capability Building in Service Value Networks for Achieving Service Innovation [J]. Decision Sciences, 2009, 40 (3): 431-475.

② 高景祥. 面向创新活动的信息交流模式研究 [J]. 情报资料工作, 2008 (4): 48-51.

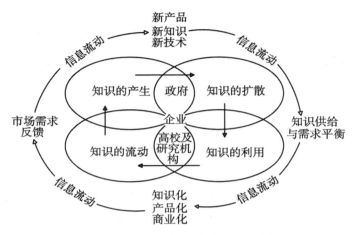

图 2-2 信息流动对知识创新的作用

险性也越高。从信息作用上看，这种不确定性和风险性主要来自于创新主体信息的缺乏，尤其是能满足其创新需求的有用信息的不足和不对称。高质量的信息能够对创新主体的知识结构产生深远影响，通过改善其知识结构，提高决策和管理执行能力。信息流动能够改善主体创新资源的结构（包括物质结构和人员结构），改进创新活动可利用的工具和手段，提高创新活动的效率和最终知识产出水平，促进价值链的形成和不断完善，实现知识创新①。如此看来，信息流动一方面降低了各创新主体创新活动的不确定性，提高了其决策和行动的质量；另一方面又将知识创新系统中的各个创新主体联系在一起，使创新主体的个体活动同时具有社会性，为其创新成果的市场实现准备了条件，从而提高了作为系统整体的知识创新体系的创新绩效②。

②聚集知识创新中的其他资源。知识创新在很大程度上是创新

① 苏靖．关于国家创新系统的基本理论、知识流动和研究方法［J］．中国软科学，1999（1）：59-65.

② 徐仕敏．略论国家创新体系中的信息流动［J］．图书情报工作，2001（4）：8-20，24.

主体建立在原有知识结构和存量知识的基础上的，即组织和个人原先所拥有的知识量越多，创新越容易实现。通过信息在主体之间的流动和增值转化过程，可以增加每个组织和个人的知识量，从而加速知识创新的进程。从关联作用上看，信息的纽带作用强化了知识创新活动各个环节之间及其与外部环境之间的有机联系，同时，知识资源集聚作用可以保证知识创新要素在主体之间的优化组合。有效的信息能够使知识创新主体实现在一定领域或某一创新项目上的聚集，形成知识在这一领域或者项目的相对集中态势。这种集中达到一定规模，即会产生规模效益并且发挥辐射作用，将更加吸引人力、资源、资金向其汇聚和投入。正是由于知识创新的成功实现需要信息，所以在创新价值链中信息能力强的创新主体就具备较大优势，通过这种在信息利用上的优势有利于吸引其他创新资源向其聚集①。

③解决知识创新中的系统失效问题。随着科学技术的不断发展和社会的进步，市场需求变化莫测，对创新提出了更高的要求，创新活动的复杂度也越来越高，创新价值实现过程中涉及的组织、人员、知识、设备、政策法规等资源越来越多，创新活动的管理变得复杂。在知识创新体系中存在系统失效问题，主要表现在科技、教育与经济的脱节上，各个系统内部组织之间的相互联系和合作较差，具体表现为企业与科研机构、企业与高等学校以及企业与企业之间合作、联系和知识流动不足，国家资助的基础研究方向与产业界的应用和开发研究不匹配，高等学校不能培育企业迫切需要的具有强烈创新、创业意识的人才，金融机构回避创新、创业风险，技术转移中心等中介在促进信息流动方面未能发挥应有的作用。同时，政府作为知识创新系统的推动者，应对知识创新进行有效的保障和整体协调。因而，通过信息在主体之间的流动，能够有效解决系统失效问题，改善和加强知识创新体系内各组织部门、各种角色之间的相互联系和信息沟通，有利于充分发挥信息的桥梁作用，使

---

① 陈喜乐. 网络时代知识创新与信息传播 [M]. 厦门：厦门大学出版社，2007：66.

知识创新得以适时实现并转化为竞争能力和经济绩效。

2.1.3 协同创新中的跨系统信息交互

信息在知识创新中发挥着重要作用，创新主体、创新环境、创新要素之间的交互关系是建立在信息流动的基础上的，信息是"黏合"创新个体形成聚集效应的关键。基于此，提出创新主体间建立以信息为中心的协同关系，通过信息将主体创新活动进行关联。知识创新中的信息协同关系从创新主体间的合作关系中体现出来，具体表现在以资源共享为中心的协同和以业务合作为中心的协同。

知识创新的价值实现过程是具有复杂反馈机制的循环反复的过程。信息在不同创新主体间的流动和作用使得创新资源随其在价值链中自然地配置，发挥创新作用，作用到创新的各个环节。在当前创新国际化的背景下，信息的全球化流动已日益频繁，通过创新资源共享进行合作是各类组织创新发展的必然选择。

以创新信息资源共享为中心的协同关系中，信息资源作为知识创新活动的中心，创新主体和信息服务机构关注的是信息资源的建设与管理，强调信息资源的重要作用，知识创新各个环节产生创新资源，创新主体之间通过对知识资源的占有和获取实现创新，信息协同关系如图 2-3 所示。

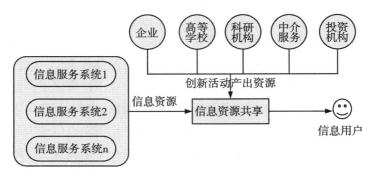

图 2-3　以信息资源共享为中心的信息协同关系

知识创新价值链上的创新主体所拥有的资源各异，只有实现互相补充，协同作用才能促进创新活动的顺利开展，高等学校和科研机构在人才和智力资源方面具有其优势，能够从源头上为企业的技术创新提供知识资源保障，而企业在将科学研究成果转化为生产力这一环节发挥着巨大的作用，企业能够敏锐地捕捉到市场需求信息，从高等学校和科研机构获得的科研成果消化吸收，通过对自身技术能力进行考察和审视后，与供应商、销售商等进行联系沟通，争取政府的政策支持和金融机构的投资，进行产品研发，最终将产品或服务推向市场。事实上，无论是位居世界 500 强的大型跨国企业集团，还是处在发展中的中小企业，都在积极整合企业内部和外部的信息资源，将其作用于创新过程，通过资源优势互补努力提高自身的创新实力。企业除了从政府、高等学校和科研机构等组织获取知识创新的资源外，在生产运营中与相关企业的信息交流也是实现创新的重要因素。如汽车整车厂在开发新车型时，同样需要汽车供应链上各伙伴企业的全力协作，整车厂需要在车型、外观设计、发动机动力和底盘等核心部件进行创新，零部件的设计、生产则由配套企业来完成，包括汽车钢板强度的改进，电子控制系统、空调系统等的改进等，各配套企业需要围绕整车的核心设计，在相关零部件的改进中贡献自身的专长，各方沟通协作、不断改进，才能保证新车型的成功，实现协同创新。

首先，知识创新网络的主体构成、创新活动以及环境对创新主体活动的关联，决定了一定环境下的知识创新行为和创新信息活动机制。其次，环境要素之间的关联作用决定了信息获取中的信息交互和多元流动机制。这说明，知识创新协同中的业务合作，除内部作用外，还受创新环境的影响。创新信息流存在于社会之中，社会信息环境的变革对信息服务业的影响是多方面的，它不仅作用于信息的存在形式、资源分布、开发与利用，而且作用于以信息为对象的服务组织机制。信息环境是人类社会环境的一个重要方面，随着社会信息化发展，信息环境在社会系统中的地位和作用日益显著。

从社会发展的历史进程中不难看出，各类社会主体与其所创造和拥有的信息、信息技术以及信息政策等影响人类信息活动的有关因素是紧密联系在一起的，这些因素相互联系、相互作用，最终形成了整体信息环境。从广义上看，信息环境（Information Environment）是指收藏、加工和传播信息的个人、组织和系统的集合①。就实质而论，信息环境是一个系统，是指与信息活动有关的一切自然因素和社会因素的关联作用系统。其中，用户、信息、信息技术、信息政策和法律等是信息环境的基本作用要素：作为知识创新主体的用户，是信息环境系统的主导性要素，对信息环境系统起着能动作用；信息是构成信息环境的基础，是信息环境系统的对象要素，包括社会赖以生存与发展的各种信息资源；包括信息传输、信息组织、信息开发与利用的各种信息技术及信息基础设施在人与信息的作用中起着条件保障作用，是信息环境形成的必备要素；信息法律与信息政策协调着信息环境中的其他要素，使之形成一个整体上的关联关系。

知识创新的系统实现过程是多主体、多部门交互作用的结果，用户的跨系统信息交互决定了信息服务系统间通过业务合作使得信息在知识创新中发挥作用，实现协同创新。以信息服务系统间业务合作为中心，面向用户的跨系统信息交互应着重于水平协同交互服务和垂直交互服务的实施：

①水平协同交互。水平协同是某一主体机构根据自己的特点和发展方向，同其他机构在业务方面开展合作的协同模式。这种合作是在一个平面上进行的，合作的内容是综合性的，一般是以各自的优势或需要加强的项目同其他机构进行业务协作，以便共同配置、开发、利用信息资源，优化资源结构，开发基于资源共用的项目业务，提高知识水平。在这种模式中，各机构可以有着不同的隶属关系，彼此间的合作需要多方面的关系协调，因而这种合作模式多用于同领域的机构之间。如在上海市行业情报服务网的建设中，针对中小企业在知识创新中的立项、研发和产业化的创新过程，在生物、软件、光电、石化、机电和海事等行业建立机构之间的合作，

① Information Environment［EB/OL］.［2013-04-15］. http://usmilitary. about. com/od/glossarytermsi/g/i3089. htm.

这些机构既有传统的部门，也有新型的商业公司，还有民营的企业，同时专业的科研院所、行业协会等也会加入到合作之中。

②垂直协同模式。与水平协同模式相比，垂直模式是机构为了满足某一特定群体特定需要而进行的业务协作。这种合作是在同一系统或同一业务链上进行的纵向整合式合作。利用这种方式进行资源的集成共享，其内容集中且深入，能够专注于某一领域，并能长久地进行专业信息资源的建设，全面利用。垂直合作多用于产业链的上下游组织机构之间。在网络环境下，系统将业务链条从产品的生产向产品研发延伸，其业务范围已然跨越传统信息链中产品的生产与研发的分工界限，业务产业链的各个产业环节之间在信息利用内容与服务模式上逐渐形成交叉与融合的态势。针对这一需求，信息内容提供商和信息资源开发商进行了合作，一些网络信息的内容提供商的业务扩展模式已从单纯经营信息产品的生产与信息传输，向集信息的网络化采集、信息组织、信息检索与原文提供于一体的信息服务模式过渡，并逐步建成以信息资源的开发为基点，依赖公共信息网络为信息管理平台构筑信息服务网络，在对各类信息资源实施全面整合的基础上形成信息产品体系，以网络链接形式覆盖了包括原始文献、文献检索工具等不同层次的信息产品。

2.2 跨系统知识创新中的用户信息需求变革

跨系统知识创新中的各系统用户所具有的协同创新价值关系和信息交互关系的形成决定了信息需求的跨系统变革，这种变革体现在基于多维需求的跨系统信息的开放获取、资源的集成利用，以及基于价值链关系的需求形态变革上。

2.2.1 基于多维需求的信息开放获取和资源的集成利用

在国家创新发展中，已形成知识创新的社会环境和网络。知识创新活动的交互和创新成果的社会化转移与应用，使创新模式随之发生变化，从而提出了多维信息需求导向下的信息服务组织问题。

显然，这种组织涉及知识发现、收集、创造和分享等基本环节，这种基本环节的社会化展示如图 2-4① 所示。

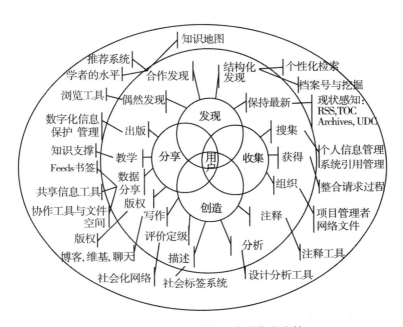

图 2-4　知识创新的多维信息支持

　　跨系统协作创新中的信息用户，尽管属于不同的部门，承担着不同的创新任务，但都存在着创造发现中的信息收集和分享需求。随着社会化创新系统的网络化发展和数字信息环境的改变，其多维需求呈现出信息的开放获取和资源的集成利用的特点。

　　①信息需求的社会化与信息的开放获取需求。多维信息需求由跨系统网络化创新所引发，从实质上看，跨系统网络本身就是一种社会网络，支持网络运行的是来源广泛的信息。在信息组织中，用户需要通过各自的系统实现社会化的网络连接，以便获取来自跨系

　　①　The University of Minnesota Libraries. A Multi-Dimensional Framework for Academic Support：A Final Report ［EB/OL］. ［2013-03-09］. http：//conservancy. umn. edu/bitstream/5540/1/UMN_Multi-dimensional_Framework_Final_Report. pdf.

统合作单位和相关主题的信息。这种需求的满足显然需要实现社会化的跨系统信息组织合作。

跨系统创新是一种突破系统之间的界限，实现系统间开放合作的创新过程。这种开放不仅需要在国内突破基础研究、应用研究，技术研发和产业与经济发展部门之间的界限，实现跨越这些部门的信息获取；同时也需要跨越国家、区域之间的界限，实现知识创新的全程开放。这种开放创新模式导致了信息需求的开放化。

②信息的高效利用与资源的集成需求。传统的文献信息资源在传播中受到了其自身载体的极大限制。用户对数字化、网络化的信息资源需求愈来愈强烈，要求从信息中提取知识、情报和直接可用的信息。其用户，尤其是科技人员要求通过数字化图书馆、数字化期刊、网络杂志等基于网络的方式发表和直接访问全部科研成果。

知识创新是一种高效化的社会活动，这是由于创新知识的生命周期越来越短，一种新的技术很可能在成长期就被另一种技术所取代，因而信息获取的时效性越来越强。这种实时信息需求要求以高效化的信息提供作保障，从服务组织上需要进行面向用户的业务拓展和变革。

2.2.2 跨系统创新价值链活动中信息需求形态演化

跨系统知识创新组织中，其创新活动的开展需要充分的信息保障。从面向用户的信息服务组织上看，创新主体的信息需求必然由基于价值链的创新活动所引发，即国家创新价值链引发了基于创新价值链的信息需求，如图 2-5 所示。

从价值链活动环节上看，其引发出的信息需求在于信息服务的跨系统获取与融合利用。从实质上看，跨系统知识创新价值链活动决定了新的信息需求形态，而这种形态变化最终提出了基于跨系统需求形态的服务机制确立问题。

①经济体制与创新战略决定了信息需求基本形态。从经济发展关系上看，各国经济已从资源型和劳动密集型转变为依托于知

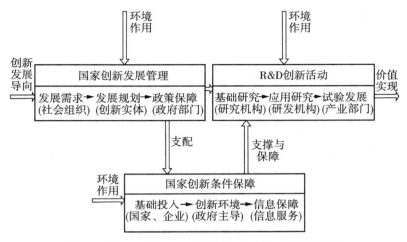

图 2-5 跨系统知识创新价值链活动中的信息需求引动

识创新的产业发展型。这种基于知识创新的产业发展决定了基本的信息需求形态。从需求引动上看，需要将各系统信息资源进行面向知识创新为基础的社会化整合，以此突破用户获取信息的系统障碍。

②开放环境下的创新组织决定了信息意识形态。分系统部门的创新具有一定的封闭性，我国的科技经济与产业系统，由相应的国家部门进行管理，用户主要依托系统内服务满足其信息需求。开放环境下用户进行知识创新的信息需求，由跨系统目标实现决定，因而需要进行主动的信息获取和多种来源的信息识别与利用。这种形态变化可归纳为开放化的信息获取与利用意识。

③跨系统创新中的交互作用决定了信息需求关系形态。在跨系统创新过程中，创新主体之间存在着相互依存的交互关系。这是由于知识生产、组织、传播与利用具有相互衔接的关系，因而主体间需要交互利用各自的信息。这种信息交互需求的关系形态提出了与用户交互关系相适应的信息资源协同分配与配置要求。

④信息流动状态与分布决定了信息需求结构形态。跨系统创新中的信息交流是一种基于社会网络的交流，其信息获取主要通过信

息资源网络进行。很难设想离开了信息网络创新活动还能得以实现。这意味着创新网络与信息网络发展具有同步性，在信息需求结构上体现了网络结构形态关系。

2.3 跨系统合作创新中的信息需求结构

我国跨系统创新主体包括政府、研究机构、高等学校、各类企业和服务机构等，在跨系统创新的实现中构成了一个相互联系的主体结构体系。国家创新战略的推进和创新环境的变化不仅推动着信息需求的进一步演变，而且决定了基本的信息需求结构与分布。

2.3.1 自主创新主体的信息需求内容与类型结构

在国家自主创新活动中，不同的创新主体有着不同的信息需求，呈现出明显的信息需求异构。只有准确把握各创新主体的信息需求类型、内容，才能更有针对性地开展信息服务，提高主体的自主创新能力。总体需求的分析，应从我国政策制度、经济结构、专业技术水平、市场发展及国际竞争环境等不同层面进行归纳。在跨系统协作创新中，各主体不仅需要本系统信息作保障，而且需要来自各方面的信息，在结构上体现了信息需求的全方位和交互化。表2-1归纳了社会化协同创新中企业创新信息的总体需求结构。

表 2-1   协同创新中企业信息需求结构

需求类型	需求内容	作用
政策制度	与创新相关的政策文件 国家法律法规	完善创新制度建设 为自主创新提供制度激励
经济结构 环境	经济结构调整，产业升级信息 高新技术产业信息 科技投资信息等	优化和调整经济结构 促进国家经济发展 为自主创新提供良好的经济环境

需求类型	需求内容	作用
专业知识	技术标准 专利信息 科技发展与创新相关的信息	追踪创新发展前沿 把握创新方向和基础 增强自主创新能力
市场信息	市场竞争信息 用户需求信息	明确创新目标 激发创新思路
国际竞争环境	国外创新信息 国外专利信息 国外制度法规政策信息	跟踪国际创新形势 增强国际竞争实力 制定国家创新发展规划

根据创新主体的总体需求,结合我国创新型国家建设现状与创新主体分工,我们在跟踪和抽样调查的基础上,分析了各类创新主体的信息需求类型与内容,如表2-2所示,以便为面向创新的信息服务组织提供参考依据。

表2-2　　　　　**自主创新主体及其信息需求内容结构**

自主创新主体	创新分工与信息需求引动	信息需求类型	信息服务需求	信息保障系统需求
政府:国家创新体系的管理者,包括国家政策、法规制定者	通过国家的制度基础来减少创新过程中的不确定性,为其他创新主体营造一个稳定、有序的创新环境	整个国家创新体系的宏观信息需求,涉及社会经济总体运行、国家自然资源、人力资源和信息资源等多方面需求	政府需要企业、大学和科研机构创新的现状和需要等信息,尤其需要技术标准、管理规程、统计数据、知识产权等方面的信息服务保障	国家信息中心、各省市信息中心、国家图书馆、各种专家系统以及其他各种能够为政策、法规的制定和实施提供智能支持的信息机构

续表

自主创新主体	创新分工与信息需求引动	信息需求类型	信息服务需求	信息保障系统需求
专门科学研究机构：包括中国科学院系统部门，及行业和地方科研机构	科学院承担基础与应用研究领域项目，面向高新技术产业和重点发展领域提供创新成果支持；部门、行业机构、地方机构面向部门和区域发展推进 R&D 承担产业化创新任务，由此引发以项目和成果为中心的信息需求	信息需求具有针对性和完整性，所需信息以会议文献、期刊文献、学位论文、专著为主，同时需要研究进展、学术研究动态信息、机构信息；从载体上看，对专业数据库和专业文献需求突出	需要专门机构为其提供内容全面、类型完整的信息服务，需要进行网络化信息检索、数据库服务和咨询服务；在服务内容上，要求从信息组织层面，向知识组织层面发展；在服务组织上，需要进行国际化合作，进行开放化的信息服务	对本部门、系统和单位的信息服务机构有依赖性，同时要求各系统实行服务协同，主要支撑机构包括 NSTL、中国科学院文献信息机构、公共图书馆、国家和地方科技信息中心等
高等学校科学研究机构：包括教育部属高等学校和地方高等学校中从事科学研究与发展的机构（高等学校工业园区机构和合作机构等）	高等学校研究机构实现产、学、研整体化发展，承担基础与应用研究创新和面向国民经济发展的产业化创新成果转移任务，科学研究与发展既涉及基础研究，也包括技术研发和产业化成果推广，由此决定了综合性、全方位的专业信息需求	信息需求具有综合性，所需文献以期刊文献、会议文献、报告文献、标准文献、专利文献、学位论文、项目成果报告等文献为主，此外，还包括科技政策、产业发展、科技成果应用等方面的文献；同时，对专业数据库、基础和应用研究动态信息具有迫切需求	在信息服务上，需要实现高等学校信息资源共享和开放化的社会服务。随着高等学校研究发展的开放化，除高等学校图书馆服务外，还需要国家、地方、行业层面上的信息服务，其目的在于为项目研究、成果应用和面向社会的创新服务提供保障；此外，在服务安排上，要求实现教学、科研整体化信息保障	首先，依赖于全国高等学校文献保障系统（CALIS）作支持机构，各院校图书馆服务作基本保障。其次，国家、地方图书馆，科技信息机构、行业信息机构提供信息共享服务；同时有针对性地利用专门信息服务

自主创新主体	创新分工与信息需求引动	信息需求类型	信息服务需求	信息保障系统需求
企业研究发展机构：包括大中型企业中的R&D部门，其他企业的技术与产品研发机构，分布在科技工业园区的企业研发机构，以及其他企业的研发部门	企业研究发展是自主创新的最终体现，表现在以创新为基础的核心竞争力形成和发展上；由于企业创新的最终形式是技术创新和新产品研发，由此需要科技成果、应用技术和产品市场信息，需要围绕专业化问题进行信息保障	企业研发机构的信息需求内容由研发和技术产业化发展需求决定，其信息需求具有前沿性、预测性及时性等特点，其需求类型主要包括市场信息、技术信息、竞争信息、人才信息、管理信息、政策信息和资源所有者信息；所需信息包括项目成果信息、新产品信息、专利文献信息等	需要提供产业发展、市场、客户、资源、政策、法规等方面的专门信息，在R&D环节上，要求提供全方位的信息保障；需要行业信息中心、国家经济信息机构、国家科技信息机构、有关高等学校系统和公共信息服务系统，为其提供形式多样的服务；要求围绕技术、市场、产品经营提供数据库服务和咨询服务	行业信息服务机构和企业联盟是重要的支持机构，国家信息中心、地方系统为企业市场经营提供信息保障；对NSTL、CALIS和公共信息机构的服务，要求参与共享；此外，信息咨询和市场化服务作为专门服务支持

2.3.2 创新主体所需信息的来源与跨系统需求的引发

我国的自主创新发展，要求各创新主体不断提升原始创新能力，增强集成创新和引进消化吸收再创新能力，以及知识技术转移、转化和规模产业化能力。在这一目标下，我国自主创新主体的结构、任务和运行机制不断调整，从而引发了主体所需信息来源结构的变化，主要表现在以下几个方面：

①从系统内需求向跨系统需求发展。国家创新价值链的跨系统结构和自主创新主体的社会协作决定了创新信息需求的跨系统特性。在传统的科学创新、研究与发展中，各创新主体主要依赖于各自的系统，开放环境下的跨系统创新则需要交互利用具有价值链关系的系统信息。由于创新涉及的要素众多、关系交错、结构复杂，

这就需要全方位信息源组织作保障。

②从信息客体需求向综合需求变革。相对封闭环境下的知识创新，是一种与外界关系明确的创新，一般而言只需要向其提供所需的信息内容；开放环境下的知识创新是一种与外界具有复杂关系的创新，创新主体的多元关系结构和自主创新活动，从客观上提出了信息获取工具、处理工具和内容管理工具的需求，体现为需求的综合化。

③从信息共享需求向个性化需求拓展。跨系统创新和创新的开放化不仅体现了知识创新组织形态的变化，而且反映了创新的组合特征和核心创新能力的培育要求。在这种背景下，社会化的共享服务已不能满足不同组合特征的跨系统信息利用要求，这就需要以个性需求为导向进行信息共享环境下的面向用户的信息资源集成和服务融合。

④从静态信息需求向动态需求转变。创新价值链的延伸和创新领域的拓展，使创新活动日渐成为一种广泛的社会活动，从而促进了创新需求的动态演变。与此同时，信息技术的发展和互联网应用的普及，使信息传播、更新速度得到了质的提升，从而促进了知识创新效率的提高，加快了我国自主创新主体信息需求的动态扩展。

对信息需求的引发机制进行分析，就是对信息需求的引发因素和关系进行分析。在知识创新中，知识创新主体处于整个价值链实现的核心，需要为其提供保障服务的信息来源；同时知识创新的最终目的是进行知识生产、传播和利用，各类用户活动必然伴随着反映知识创新过程和成果的信息产生，因而引发出反映创新活动及成果的信息组织需求。这说明，知识创新主体既是创新活动的主体，同时在其内部系统中又存在大量丰富的信息资源。从总体上看，外部引发因素是知识创新的大环境，包括社会政治制度、知识经济发展水平、市场技术创新需求等；信息服务机构提供服务的动力是知识活动中的信息需求，外部动力是来自外部的知识创新需求。由此可见，知识创新主体的信息需求引发机制是"他产生机制"和"自产生机制"的结合，即外部推动力和内部创新需求的有机结合，如图2-6所示。

在以科学研究与发展为核心内容的知识创新中，形成了从基础研究、应用研究到技术与产品开发的知识创新价值链，构成了从创新源头、科技成果转化到应用于企业经营的发展体系。研究知识创

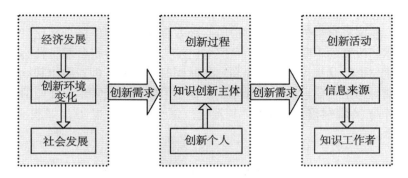

图 2-6　创新环境下的跨系统信息需求引发

新实现环节的信息需求，具有重要意义和价值，突出表现在能为信息服务机构战略规划提供有关服务客体的基础数据和决策依据，为信息服务机构资源采集和采购策略的制定提供依据，为信息服务机构服务系统改进提供依据，指导信息服务机构重新审视和调整自身服务项目、服务模式，更好地体现为用户创新服务的宗旨，帮助信息服务机构发现目标用户和重点用户，为寻求更广泛的合作和协同提供依据。

2.4　跨系统创新需求导向下的信息服务协同组织要求

20 世纪 90 年代中期以来国家创新和信息化建设的全面展开，不仅提出了面向自主创新的国家信息服务体制与保障体系建设要求，而且营造了新的环境，为面向国家创新的信息保障制度的确立创造了条件。国家创新环境下，信息保障制度确立是信息服务顺利开展的前提。当前，创新型国家建设和社会化跨系统创新的发展推动了信息服务的社会化转型和跨系统协同。

2.4.1　跨系统信息服务制度建设要求

国家信息化建设和跨系统创新发展是相辅相成的，因此跨系统信息服务制度的建立和变迁也必须与国家创新体制变革保持一致。在国家创新体制下，需要将跨系统协同创新纳入创新型国家建设战略，立足于科技与产业融合、信息化与工业化融合，不断完善跨系统信息服务机制。

在国家自主创新战略推进中，随着我国科技、经济、文化、教育体制改革的不断深入，信息服务已深入渗透到各行各业，社会信息化与资源共享程度日益提高，与此同时，政府、创新主体和社会公众对跨系统信息服务与保障制度提出了新的协同需求，促使信息服务与保障制度建设朝着多元化、综合化方向发展，如表 2-3 所示。

表 2-3　　　　面向跨系统知识创新的信息协同保障需求

需求主体	需求引动	需求内容
各级政府部门及行业协调管理部门	配合国家体制改革和创新制度建设引发的需求	服务于国家创新体制建设和科技、经济、文化、教育体制改革以及其他创新制度建设的信息保障制度
包括研究发展机构、高等学校和企业在内的创新主体	开展各类创新活动时引发的制度保障	创新过程中的信息资源投入、配置、共享、开发、利用等配套性保障制度
创新发展环境下关联者、用户及公众	信息资源的社会化开发利用引发的制度保障	促进信息服务社会化、开放化发展的保障制度
公益性信息服务机构和商业信息服务机构主体	开展各项信息服务业务时引发的制度需求	促进信息机构规范化发展、提高信息服务质量与信息保障效率的制度

针对创新型国家建设中社会化知识创新体系变革和跨系统创新机制不断完善的需求，我国协同信息保障制度建设应立足于当前社会信息化建设目标，着眼于国家创新发展的长远趋势，为各项创新活动提供政策引导和制度安排。在建设过程中，国家应采取行政、法律和经济等综合手段去发挥政府的主导作用，由中央政府统筹规划，协同各行业、各部门、各系统，实现部门、系统服务向社会化协同服务的转变和体制的平稳过渡。同时，还应引导其他各创新主

体共同参与、协同建设。我国信息保障制度建设的内容如图 2-7
所示。

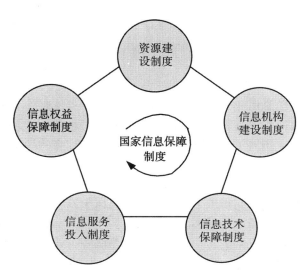

图 2-7 我国社会化跨系统信息服务与保障制度建设内容

具体而言，我国社会化跨系统信息服务与保障制度建设应从以
下几个方面着手：

①在资源建设制度完善中，突出国家统一规划下的跨系统信息
资源整合和以社会化信息资源共享为目标的信息资源协同配置，充
分考虑各系统的自主性和开放服务的客观要求。

②在信息机构建设制度中，国家科技与经济信息服务系统的协
调发展已成为必然趋势，因此在推进信息服务机构制度改革中，应
进一步明确信息机构之间的协同关系和协作运行关系。

③信息技术支持制度建设中，针对各信息机构在信息系统和服
务平台建设方面尚缺乏统一的技术标准的现状，从制度层面进行规
范，实现信息技术的规范化应用，在制定标准化政策和认证制度方
面力求与国际通用标准接轨。

④在信息服务投入制度建设中，以政府为主导，建立多元化投
入机制，引导社会机构的参与，针对信息服务投入和服务利用之间
的各种矛盾和问题，规范各主体的投入、资源利用和服务组织
行为。

⑤在信息权益保护制度建设中，构建适于知识创新社会化发展环境的信息权益保护体系，健全信息服务权益保护法律、法规；对信息服务组织和利用中的各方权益进行认证，寻求适于未来发展的权益保护制度。

2.4.2 跨系统信息服务与保障制度下的信息服务组织要求

跨系统信息服务是基于信息内容发掘的全方位服务，它是以灵活的服务方式提供高智能增值服务。首先，跨系统信息服务在信息服务的基础上拓展了信息服务的范围，通过对信息的深层次开发和组织，使信息资源得到系统化、综合化、专业化的价值提升。其次，随着信息技术的发展，跨系统信息传播的时效性与共享性得以体现，因而服务空间得以不断拓展。从总体上看，社会化跨系统信息服务在国家创新中的基本要求包括：

①促进创新成果的转移和应用。信息服务行业一直是我国科技事业的重要组成部分，肩负着信息资源管理、服务与保障的任务。跨系统创新信息服务作为信息服务的核心业务，是国家知识创新的保证。创新主体开展创新活动的基础是知识利用，从创新流程上看，知识创新不仅需要科学研究部门进行知识生产和创造，更需要专门的信息服务机构进行信息的收集、加工、传递和提供，目的是通过加快信息的流动带动创新成果的转移、推广和应用。

②实现信息资源的跨系统优化配置。信息服务机构以创新主体的需求为导向所进行的信息资源的配置，是各类创新用户利用信息的基础性工作。调整、改进国家创新体系中的知识和信息资源的分布结构与配置预期，对于国家知识创新来说是重要的。目前的关键工作是实现信息资源配置的系统协调。在此基础上促进信息在国家创新体系中的合理聚集、利用和扩散，从而维系创新体系的运作与发展。

③加强创新主体间的联动。创新主体间的相互作用直接影响着创新型国家的建设。在信息服务中，服务机构间为了满足创新主体多元化、全程化的信息需求，需要建立以资源互补、共建共享为目标的多元合作关系；与此同时，信息服务机构与创新主体间也要建立资源供给关系，以便围绕知识创新活动进行信息的开发与利用互动，在相互适应中实现联动与协同目标。

在创新全球化环境下，创新主体间的交互关系日趋复杂，由此引发了创新主体信息需求的变革，给信息服务的发展带来了新的挑战。与此同时，网络云计算和知识组织等技术的发展，为信息的网络传递、智能开发和集成应用提供了不断更新的手段，使信息服务的变革成为可能。值得指出的是，信息服务的社会化、专业化、全程化、集成化和智能化需求导向应专门予以重视，以求确立需求导向的服务发展要求。

跨系统知识创新信息服务体系的建设，需要面向整个社会提供跨系统、跨行业、跨地区的综合性服务，从而使信息服务与国家创新发展相适应。

知识创新是一个持续发展的过程，无论是原始创新、集成创新，还是消化吸收基础上的再创新，都必须依靠信息服务提供支撑和保证。网络环境下创新主体的信息需求已经发生根本性变化，出于职业工作的需要和知识积累、更新的要求，它们迫切需要信息服务机构提供创新活动所需的内容全面、形式多样、来源广泛的信息资源。因此，应围绕知识创新的具体环节，从知识创新源头到最终的创新成果应用，提供全程化的信息服务。

3 协同创新导向的信息服务协同与跨系统平台建设

由于知识创新具有价值实现上的关联性，在突破部门、系统界限的基础上，科学研究机构、高等学校、各行业企业与社会服务机构结合，重构了知识创新系统。这意味着，创新主体多元化，知识来源多渠道，使得知识创新成为跨系统的交互活动，"研发互动式"的开放创新逐渐成为主流创新模式。开放式知识创新强调信息服务的多元化和社会化，要求实现跨系统、跨部门、跨时空的信息提供，保证创新系统中数据流和知识流的通畅，从而促进创新价值链各个环节的耦合和互动。

3.1 信息服务系统变革与协同组织动因

为信息服务提供支持的系统建设已从早期的分离建设发展到今天的网络建设。当前，国家的科技创新以及与此相关的国际竞争力提升，越来越依赖于信息资源的有效开发和利用，信息服务的发展水平已成为国家综合国力和国际竞争力的重要标志之一。从客观上看，知识创新的协同化推进决定了信息服务系统的变革和发展取向。具体而言，基本因素的影响决定了信息技术发展、信息资源配置和信息服务的组织变革。

3.1.1 信息技术的发展与应用

信息资源的开发和服务取决于信息技术，网络技术的进步为数字化信息资源组织与服务发展奠定了新的基础。在信息组织上，内容开发已从点、线、面发展到思维空间的组织深度。在信息处理上，数据挖掘、知识发现、联邦、融合等内容开发技术取得了实质性进展。

信息技术的进步和信息网络的发展使得面向国家创新的信息保障的平台化发展成为现实。信息组织和处理的数字化、标准化，为面向国家创新的服务平台构建提供了良好的技术支撑。信息技术的发展为提升信息交流和信息资源开发利用与服务水平提供了保障，特别是信息集成技术以及相应的信息处理技术的发展直接推动了信息资源整合与服务平台建设。在信息技术推动下，信息资源组织和服务呈现出数字化、网络化、虚拟化的发展趋势，表现为信息资源海量化、信息获取多元化、信息载体多样化和信息传播网络化。

2004 年日本筑波大学（Tsukuba University）知识社区研究中心以"网络化信息社会中数字图书馆与知识社区"为题，召开国际研讨会①。与会者认为，社会信息环境已经发生变化，数字图书馆随着服务范围和服务规模的扩大，向更为广阔的知识服务发展，一个以用户为中心的信息网络正在形成。数字技术的广泛应用，对传统学术交流链产生了深远的影响。因此，在数字环境中需要重新建立新的价值体系。美国国家科学基金会（NSF）以"后数字图书馆"（post-DL）为题，将"知识社区"作为新的资助重点。NSF"创造功能完整的虚拟组织"将文献、数据、网络、计算资源等要素组合在一起，在网络环境下，服务范围不断扩大，从而形成了更高层次的网络信息空间。

交互（Interaction）和协同（Collaboration）是近年来信息网络技术发展的重点之一。通过网络协调，可实现跨领域协同工作，通过远程研讨、实验、报告，可以加强用户之间的合作和交流，扩展知识获取和知识交流空间。信息网格就是在资源共享和协同中建立起来的新一代网络。美国芝加哥大学的伊安·福斯特（Ian Foster）

---

① 乔欢. 知识社区主要类型之一：进化中的数字图书馆［J］. 中国教育网络，2005（8）：26-27.

教授所领导的研究组认为，网格的目标在于在动态的虚拟组织中实现协同资源共享和问题求解[1]。作为下一代分布式系统和新的计算模式，网格以逻辑组织为基点，在全局范围内实现对所有可用资源的动态共享，包括数据、计算资源等一切资源的共享。通过资源共享，网格为用户提供虚拟的超级计算环境，以实现资源协同作业。基于此，美国、欧盟、日本等国纷纷启动大型网格研究计划，如英国政府已投资 1 亿英镑用于研制英国国家网格（UK National Grid），以实现面向用户的开放服务。在网络—网格技术发展中，网格技术在数字化信息资源组织与服务中的应用，有利于构造统一的服务平台，促进信息集成、资源共享和数据融合。

3.1.2 信息资源的分布与社会配置

信息资源在不同地区的分布上显现出不均衡状态。在世界范围内，由于不同国家的经济发展水平和信息化程度不同，使得发达国家的信息资源较为密集，发展中国家的信息资源相对较少。在一个国家内，政府部门、科技和产业部门拥有各自的信息资源，形成了庞大的信息资源存储。我国的信息资源就区域而言，发达区域的信息资源比较密集，例如北京和上海。

随着社会的发展，人们对不同研究领域的关注不断变化。涉及社会热点、前沿学科的信息资源相对丰富，其他门类的信息资源比较贫瘠。同一时期内，不同研究领域对信息技术的依赖程度各异，使得不同学科产生的信息资源数量也各不相同。一般而言，与社会经济发展和科学技术发展密切相关的信息资源比其他资源丰富。

信息资源的分布随着时间推移不断发生变化，对于某一领域的信息源而言，如果累积的信息丰富，就能维持信息资源密集分布地位。从统计结果看，我国行业信息资源配置整体效率有待提高，分散分布式和独立运作的行业信息资源配置有待改善。我国创新型国

---

① Foster, I., Kesselman, C., Tueche, S. The Anatomy of the Grid: Enabling Scalable Virtual Organizations [J]. International Journal of Super-computer Applications, 2001, 15 (3): 200-222.

家建设中，分行业构建的信息资源配置体系，突出了各行业信息资源建设的特点。但是，这种分布式信息资源配置体系也存在着固有的局限性，且在我国创新型国家建设过程中逐渐暴露出诸多弊端。

首先，由于各行业信息资源配置由不同的政府部门管理，信息资源建设目标、标准难以统一，各系统在国家创新建设中呈现独立发展的格局。信息资源配置效率较高的行业能够充分利用信息资源提高行业创新实力，配置效率较低的行业则处于被动状态，使得行业间的创新绩效受到影响，因而制约了国家整体经济效益的提高。

其次，由于各行业资源系统处于封闭、独立的运行状态，系统间缺乏有效的信息资源传递与共享，使信息资源难以在各行业间实现均衡分布，导致行业信息冗余或信息匮乏，从而影响了国家的整体信息资源利用效率。

同时，各行业在创新发展过程中，需要从公共信息服务机构获取资源，对于一些稀缺性信息资源而言，行业间势必会产生竞争；而在现有的信息资源配置体系中，尚未建立有效的利益协调机制和公共信息资源社会化协同建设机制，这无疑会导致行业间产生更激烈的资源竞争。

这些问题的存在，不仅制约了各行业信息资源配置高效化开展，而且影响我国创新型国家建设的总体发展，由此提出了信息资源配置体系的变革要求。

开放式创新环境下，创新型国家战略目标的实现需要各行业的协同发展，由此促进了产业创新价值链的延伸和行业创新业务的交叉融合，使行业创新活动逐渐朝着综合化、一体化方向发展[①]。知识创新的综合化，使企业在技术创新过程中不仅需要与其业务相关的专业信息资源，还需要来自其他行业的多样化信息资源。在这一背景下，信息资源配置活动逐渐由行业系统内部的独立运作扩展到行业间的协同合作。

信息资源配置作为国家创新建设的重要基础环节，应纳入国家

---

① 乐庆玲，胡潜．面向企业创新的行业信息服务体系变革 [J]．图书情报知识，2009（2）：33-37．

整体创新发展战略轨道，实现面向社会的配置转型①。在配置管理模式上，目前已打破各部门条块分割的管理格局，实现国家统一规划下的协调管理，强调各行业信息资源建设的协调发展以及行业信息资源配置系统与国家创新体系的协调运行。

相对于封闭的"象牙塔式"创新和"单向输出式"创新，"研发互动式"的开放创新逐渐成为企业的主流创新模式②。开放式创新要求传统的行业信息资源配置体系转向以信息资源共建共享和综合服务为特征的配置组织，使各部门能够基于统一的平台开展跨行业信息资源配置活动，实现行业间的信息资源快速传递和有效利用。

科学技术的发展带动了信息资源数量的增长，使行业内信息资源冗余、过载、重复建设的问题趋于突出。为了提高信息资源整体利用效率，实现信息资源在行业间的均衡分布，必须进行跨系统的信息资源全面整合。在整合中，应依据产业创新发展的需求，对各个行业信息资源系统中分散分布的信息资源进行集成、重组，按照资源的作用功能对其进行分类优化，在此基础上构建一个结构有序、内容丰富的综合性信息资源体系。

国家信息资源配置体系的建设和运行必须以各行业信息资源配置系统的协同发展为前提。行业配置活动的开放化、社会化转型，使各系统之间的配置关系变得更加复杂。因此，必须从国家整体利益出发，采取有效机制协调各行业间的竞争、合作关系，使其逐步形成良性互动、有序运作的配置格局。

3.1.3 信息服务的组织与变革

自主创新价值导向下的信息服务组织必须与社会发展、信息技术条件和信息资源环境相适应。目前，我国信息服务组织主要由三

---

① 胡昌平．面向用户的信息资源整合与服务 ［M］．武汉：武汉大学出版社，2007：31-32.

② 蒋燕，胡日东．中国产业结构的投入产出关联分析 ［J］．上海经济研究，2005（11）：46-51.

个部分组成：国家级信息服务和保障机构，如国家图书馆和国家科技图书文献中心等；科研院所和高等学校信息服务体系，如中国科学院国家科学数字图书馆、中国高等教育文献保障系统等；各类信息服务企业。它们构成了我国自主创新的信息服务支撑体系，实施面向各系统、各部门和公众的服务。在服务组织中，各系统在传统服务保障的基础上，不断拓展和深化服务内容，推进了集成化、知识化的服务开展①。然而，与用户不断变革的需求相比，仍存在着诸多需要解决的问题。

信息服务的跨系统组织问题。当前的国家创新发展已不再是封闭的分系统的创新组织形式，科研机构、高等学校和各行业企业创新系统开始重构，基于产学研互动的国家创新网络已经形成。在国家创新网络中存在知识创造、知识转移和知识应用互动要求，这就需要在创新网络中实现跨系统、部门和行业的服务，以为自主创新主体提供全方位的信息保障。

信息服务的虚拟化组织问题。在知识网络环境下，信息服务的组织基础与环境发生了根本性变化，信息服务组织完全可以实现虚拟联合，按虚拟服务融合机制建立基于服务联盟、实现服务和用户之间的互通、构建面向自主创新主体的社会化服务体系。

从战略上看，信息服务不仅需要国家信息基础设施建设和信息资源开发利用作保障，更重要的是进行信息服务的社会化组织变革。国家创新发展中知识创新需求的转变和创新价值链的形成决定了信息服务的社会化发展道路②。基于创新价值链的信息服务的实施、管理和社会化推进，主要包括信息服务体制改革和体系重构的战略实现。

创新型国家建设不仅需要进行信息服务技术、手段与方法的更新和服务业务的拓展，更重要的是进行基于国家创新价值链的信息

---

① 胡昌平，向菲．面向自主创新需求的信息服务业务推进［J］．中国图书馆学报，2008，34（3）：57-62.

② 邓胜利，胡昌平．建设创新型国家的知识信息服务发展定位与系统重构［J］．图书情报知识，2009（2）：17-21.

服务体制变革。

我国长期以来形成的国家创新体系由分工明确的科学院、社会科学院、国防科技机构、各部（委）属研究机构所组成的系统、高等学校系统以及各地的研究机构和企业构成；其创新主要以科学研究与发展为核心内容，除利用公共信息服务机构所提供的知识信息服务之外，主要依赖于各部门、系统内的服务机构，从而决定了信息服务机构的部门、系统和专业发展格局。在国家创新发展中，这种相对封闭的创新系统结构正发生根本性变化。

国家创新信息服务同我国创新活动的开展紧密联系在一起。2000 年以来，国家科技图书文献中心服务的推进、中国高等教育文献保障体系项目建设、国家数字图书馆计划的展开、国家经济信息保障系统的优化和中国科学院国家科学图书馆的正式成立等，标志着我国在深化信息服务系统体制改革、支撑国家创新体系建设上迈出了新步伐。对于地区信息服务与保障体系的构建，各地规划了研发公共服务系统、人力资源服务系统、科技创业投资服务系统，其中信息服务正向社会化、专业化方向发展。在信息服务发展中，突出了对以下问题的解决：

建立社会化服务组织体系，实现跨部门、跨系统、跨区域的协作，通过资源共用形式（资源层面）、系统集成形式（技术层面）和机构合作形式（组织机构层面），使之成为一个完整的体系。

对全国范围内分散分布的信息资源系统进行重构，依托于重组机构的资源建设，形成了基于创新价值链的资源增值利用体系。

围绕知识的创新增值，应解决多元自主创新主体之间信息服务技术发展的不平衡问题，构建基于创新价值链的开放式、多元化的知识创新平台，全面改善知识信息服务的环境与条件。

在业务发展中，从客观上要求按创新价值链进行统一规划，将分散的服务业务转移到系统化的服务轨道，使各系统的服务和资源能够互通在一个界面上，实现面向自主创新主体的综合服务。

市场经济条件下，需要以政府为主导，与企业相结合，进行信息服务投入的市场化变革，按宏观经济的投入—产出关系进行基于创新价值链的重构，保证创新价值链的有效运行。

信息服务社会化发展的战略目标就是要利用各系统信息机构在信息资源开发利用上的互补性，通过整合资源与服务，实现信息服务的整体化和社会化，以适应跨系统、跨部门的集成信息服务的发展需要。面向自主创新主体，信息服务应突破部门、系统限制，采用以政府为主导、以公共平台为基础的多元化结构模式。在服务组织上，应以国家调控、计划为主线，以社会化投入为基础，将社会效益与经济效益结合，不断提升服务质量，拓展服务范围，实现信息服务事业宏观投入—产出的合理控制和创新增值。在社会发展中，信息服务业正形成自我发展与完善的运行机制。

实现信息服务的知识化和网络化。在创新型国家建设中，知识创新已从线性模式向网络化创新转变。从服务内容和形式上看，创新主体不仅要求为其提供全方位的信息，而且进一步要求将信息发掘为知识，直接为创新增值服务。因此，应针对信息服务平台分散、系统之间的互动性不强和主体服务形式单一的问题，从各系统平台之间的联动着手，实现创新信息服务的跨系统、知识化和网络化整合。

推进行业信息服务的规划与发展。行业信息服务对创新型国家建设具有重要的支撑作用。其规划与发展需充分发挥我国的制度优势，强化政府对行业信息服务的管理，进行资源的有效配置；明确政府、行业协会和其他主体的作用，构建政府主导下的以行业协会为主体形式的社会化行业信息服务体系；在政府部门和行业协会所属的行业信息服务机构中，实现双轨制运行，开拓市场化的服务业务；理顺行业之间的关系，以协同组织的方式建设行业群信息网，同时实现国际性、全国性与区域性行业信息网的联动。

加强信息服务的法制建设，实现信息服务的制度化、标准化。信息服务的法制建设是保证信息服务有序发展、提升服务质量、推进信息服务社会化的重要保障。然而，目前的信息服务法律建设相对滞后，与美国、欧盟和日本甚至韩国相比，其法律体系有待完善①。当前的工作，一是明确信息服务机构的法律地位和服务组织中的法律关系；二是在法律框架下，对信息服务的管理、调控与监督做出规定。同时，在制度化的前提下，推进服务的标准化（包括服务技术与业务标准），以保证信息服务在创新型国家建设中的健康发展。

3.2 知识创新信息服务的系统合作与协同发展趋势

围绕国家自主创新和企业发展，包括发达国家和发展中国家在内的以创新发展为目标的国家不断完善其信息服务体系，确立信息服务与社会发展的互动机制，不失时机地进行信息服务结构调整和体系重构，在发展信息基础设施建设的同时，构建面向知识创新的信息服务系统，开拓信息服务业务，从而形成了系统合作和协同发展的格局。

3.2.1 发达国家面向知识创新的信息服务合作与协同

美国是将科技创新作为基本战略，大幅提高自主创新能力，形成强大竞争优势的创新型国家，其综合创新指数明显高于其他国家。为了全面推进面向科学研究与发展的信息服务保障，美国国家科学基金会（NSF）联合国家技术与标准研究所、国会图书馆等组织确定了面向科学研究与发展的信息服务平台共建模式。

美国国家超级计算应用中心（NCSA）开发、部署的Cyberinfrastructure，面向全美科学和工程社区开展服务。NCSA提供的Cyber资源使得最前沿的科学发现成为可能，科学技术人员通过Cyberenvironments可以方便快捷地使用分布于网络中的资源，从而

---

① Fairbank, J. E. , Labianca, G. , Steensma, H. K. , et al. Information Processing Design Choices, Strategy, and Risk Management Performance ［J］. Journal of Management Information Systems, 2006, 23（1）：293-319.

使科学研究能力得到加强。Cyberinfrastructure 结构如图 3-1 所示①。

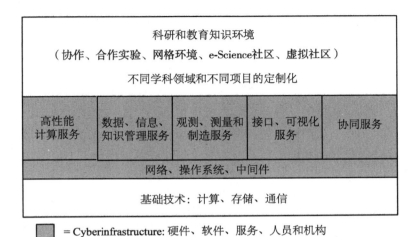

图 3-1　Cyberinfrastructure 结构图

在知识创新中，欧盟正建立起一套适合推动自主知识创新的信息保障制度，从体制改革、扩大对外合作、确立自身优势和强化自主服务的角度，不断完善其社会化的创新发展信息保障与服务体系。当前，欧盟国家在构建本国的面向国家创新的信息保障体系时，大多以国家信息服务机构、图书馆为核心，以若干特色化的信息服务中心为枢纽，整合多层资源，构建全方位的知识信息服务平台。欧洲数据网格（EDG）工程的推进就是一个很好的例证。EDG 工程的目的是建立一个测试计算构架，为欧洲科研机构提供共享数据和计算资源。该网络通过全球化开放，将服务扩展到欧洲其他国家以及全球。在计划实施中，将面向研究与发展的知识信息服务置于基础保障地位，强调通过信息服务平台支持创新活动，从而促进知识化区域建设。

① 曾民族. 知识技术及其应用［M］. 北京：科学技术出版社，2005：50.

欧洲国家的平台化服务中，具有代表性的如英国的 e-Science 计划①。英国是第一个开发全国范围 e-Science 的国家，e-Science 网格使英国科学家对计算能力、科学数据仓库和实验设施的访问如 Web 信息的访问一样容易。英国政府将 e-Science 计划列入科学预算理事会研究计划进行组织，通过几年建设，e-Science 已成为提高英国科学研究能力的基础性知识信息保障系统。英国 e-Science 通过对科学数据的处理、存储和可视化提供，使科学领域的知识信息得以共享，从而极大地提高英国科学和工程的产出率；在科学服务的社会化发展基础上，英国研究人员在利用网格技术上取得了优势，在解决各学科中领域的前沿问题中，确立具有全球性影响的竞争力。根据不同科学领域的研究需要，英国 e-Science 采用了统一平台协调发展模式。计划指导委员会根据政府的有关政策和计划协调 e-Science 建设，指导委员会定期向研究理事会总会、各研究理事会首席执行官通报工作进展。

德国作为欧盟信息化程度较高的国家之一，十分重视知识信息资源整合与服务规划。2005 年联邦政府在线计划实现了网上服务的在线提供。德国在制定和实施信息化发展战略时，强调政府和民众之间的互动，提出了以社会需求为导向的服务组织原则。德国在线计划以应用为主导、以用户为中心，加强大型基础数据库和地方数据库建设的力度，进行信息系统的整合和服务集成。其中，如图 3-2 所示，德国社会科学信息中心开发的社会科学数据库 Gesis 联合体就是一个典型的面向社会的服务中心②。该中心建有科学家名录数据库（FORIS）、科研论文数据库（SOLIS）、社会科学研究机构数据库（SOFO）、专业杂志数据库（ZEITSCHRIDTEN）和网址数据库（SOCIEGEITE）。为把数据库资源更好地同现代技术结合起来，德国社会科学信息中心采取开放合作方式，同科隆大学社会

---

① 科技部国际合作司 . e-Science 研究在英国全面展开 ［J］. 中国基础科学，2002（3）：45-49.

② 张新红，魏颖 . 德国信息资源开发利用的经验与启示——"赴德信息资源开发与利用培训团"考察报告 ［J］. 电子政务，2005（1）：110-121.

科学经验研究档案中心（ZA）、问卷调查方法论和分析中心（ZUMA）共同组成了社会科学研究咨询的联合体（Gesis），以便通过不同的合作伙伴和全球科学家的参与，将整个社会科学信息集中起来，方便查找和搜寻。为了能够更方便快捷地为研究人员和公众提供服务，Gesis 联合体建立了网上数据查询系统（Infoconnex）。目前，德国社会科学信息中心已建立社会科学的门户网站（SOWIPORT），实现了面向社会科学家的一站式服务。

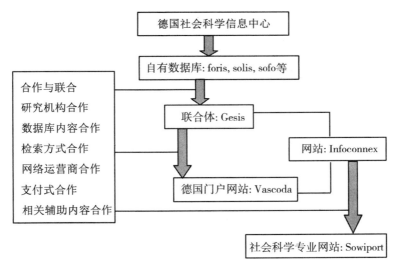

图 3-2　德国社会科学信息资源联合体（Gesis）构成

美、英、德的发展模式具有普遍性，其他国家也构建了类似的社会化信息服务联合体系。发达国家面向国家创新的信息服务系统依托数字化技术实现知识信息共享，不同国家虽然有着不同的发展模式，但共同的做法值得借鉴。在知识信息服务跨系统组织上，各国强调为国家知识创新提供全程信息保障的目标实现。

①政府的制度安排。制度安排决定效益，面向国家知识创新优势产业的信息服务系统建设是一个规模庞大、复杂的社会化工程，没有政府的组织和国家的主导投入是不可能实现的。各国政府在创新信息服务推进中均起到了重要的管理和协调作用，在负责制定政

策的同时，进行平台资金的投入和资源的优化配置①。

②科学的系统规划。在面向国家创新的知识信息服务发展中，各国根据创新环境的变革和用户需求的变化，进行了全面的系统规划，以充分发挥信息服务机构优势，为创新研究提供强有力的知识信息保障。各国在规划中，将知识信息服务纳入国家创新发展整体，强调知识信息服务与社会发展互动，以此进行知识信息资源、技术和网络的协同建设。由于规划科学，服务效益显著。

③逐步的梯次推进。发达国家的知识信息服务在系统协调的基础上，强调按领域、行业和部门按次推进知识信息服务平台建设，如美国OCLC在政府规划导向前提下，以俄亥俄州的地区图书馆网络平台为起点，逐步推向世界，形成一个从中心向四周辐射的服务网络。其发展过程既包括与现存的地区网络互联（如北美地区），也包括建立新的节点（如欧洲）。随着技术和业务日趋成熟，还可以进一步拓展服务，促进信息保障水平的提升。

④服务的标准统一。信息服务标准涉及信息加工、信息转化、信息传输等方面的内容。各国十分注重国际通行标准的采用，通过建立一系列标准数据库，实现全国范围内的统一标准以及与国际通行标准的接轨。在强制推行统一的标准中，虽然参与的部门花费了大量的人力和物力，但在面向国家知识创新的信息服务中取得了巨大的社会效益。

⑤国家的协调统一。信息服务的组织需要信息基础设施支撑，因而各国在信息基础设施建设中，注重内容服务和信息平台化服务的统一协调。对于各系统的建设，国家相关部门都进行了必要的指导和协调。例如，英国e-Science的建设过程中，既有国家宏观指导，又有具体的组织协调工作。对于美国，更是实现了科学、工程创新服务网的协调统一。

综观国外面向国家创新的信息服务系统建设，信息网络、网格平台服务已具备规模。虽然各国的发展模式存在差异，但都能结合

① 黎苑楚，楚陈宇，王少雨．欧洲技术平台及其对我国的启示［J］.全球科技经济瞭望，2006（11）：58-61.

本国实际，为知识创新提供支撑平台，从而展示了跨系统优质服务的组织水平。

3.2.2 我国面向知识创新的信息平台建设与发展

20 世纪末期以来，我国分系统推进了面向知识创新的信息服务平台建设，其中规划全面、覆盖面广的主要有科技部推进的国家科技图书文献中心建设、教育部的中国高等教育文献保障系统和中国科学院的国家科学图书馆系统等。因此，以下着重于这三大系统的发展分析，以便进一步推进跨系统信息服务的社会化发展。

（1）国家科技图书文献中心（NSTL）

国家科技图书文献中心（National Science and Technology Library）根据国家科技发展需要，按照"统一采购、规范加工、联合上网、资源共享"的原则，采集、收藏和开发理、工、农、医各学科领域的科技文献资源（资源结构见图 3-3），构建国家层面的科技文献信息资源保障平台。其成员单位包括中国科学院文献情报中心、国家工程技术图书馆（中国科学技术信息研究所）、机械工业信息研究院、冶金工业信息标准研究院、中国化工信息中心、中国农业科学院图书馆、中国医学院图书馆，网上共建单位包括中国标准化研究院和中国计量科学研究院[①]。

NSTL 现有外文科技期刊 1.5 万种，占国内引进品种总数的 60%以上；外文会议文献、科技报告、工具书等5 000多套（种）；中文硕士、博士学位论文近 200 万篇，外文学位论文近 20 万篇；网络版外文科技期刊面向全国用户开放的数百种，各成员单位以印本外文文献为依托，绑定购买网络版外文文献6 000多种，中文科技期刊6 000多种，2015 年，网上数据总量已达7 000万条。

NSTL 系统通过共享信息资源满足广大用户的科技文献信息需求，目前系统的网管中心与各成员单位之间已建成宽带光纤网，实现了与国家图书馆、中国教育网（CERNET）、中国科技网

---

① 国家科技图书文献中心 ［EB/OL］．［2013-03-10］．http：//www. nstl. gov. cn/index. html.

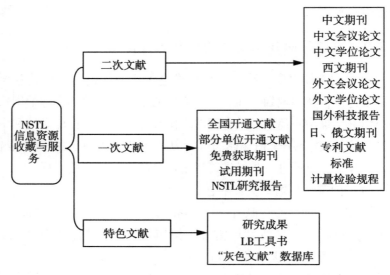

图 3-3　NSTL 资源结构图

（CSTNET）和总装备部科技信息中心的 100MBPS 光纤连接。NSTL 的网络服务系统运行平台保证了系统的高可用性。图 3-4 和图 3-5 分别显示了 NSTL 系统的部署情况和系统架构①。

　　NSTL 系统以用户为本，以诚信服务为原则，承诺网络系统 7× 24 小时运行，全文传递在 24 小时内完成。系统平台提供多种类型 的文献信息服务，包括文献检索和原文提供、网络版全文数据库、 分类目次浏览、联机公共目录查询、文献题录数据库检索、网络信 息导航、专家咨询服务和专题服务等。期刊服务的具体内容为：

　　①文献检索和原文提供：提供文献检索和原文请求两种服务， 非注册用户可以免费进行文献检索，注册用户可以在文献检索的基 础上请求文献原文。

　　②网络版外文期刊数据库服务：中心购买了美国《科学》、英 国皇家学会"会刊""会志"以及材料科学等方面的 15 种网络版

　　①　郝春云．基于 J2EE 架构的信息服务系统性能管理方法研究——以 NSTL 网络服务系统为例［J］．现代图书情报技术，2007，147（4）：66-69.

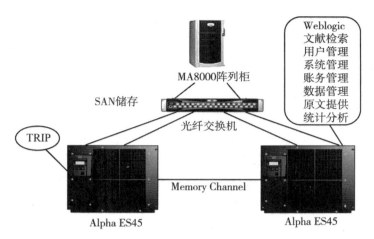

图 3-4　NSTL 系统部署图

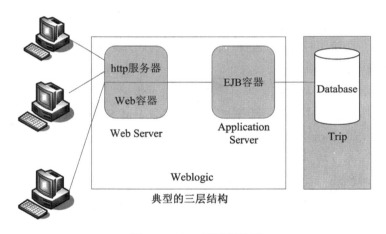

图 3-5　NSTL 系统架构图

期刊，供用户进行免费阅读。

　　③期刊分类目次浏览：提供中、外文期刊现期目次报道服务，所报道的期刊均为"文献检索和原文提供"栏目中收录的外文期刊，用户可通过学科分类查找所需期刊，进而查阅该刊的最新目次。

　　④联机公共目录查询：可供查找 NSTL 各成员单位的馆藏联合

目录,目前主要提供馆藏期刊联合目录查询服务。

⑤文献题录数据库检索:提供多种中外文文献文摘或题录的检索服务,用户可免费检索,如需获取文献原文,可与相应的文献收藏单位联系。

⑥网络信息导航:提供网上科技信息资源导航服务,用户可以通过分类等途径查找感兴趣的资源网站。

⑦专家咨询服务:针对用户利用文献信息中遇到的各种问题,提供咨询服务,提供服务的专家均来自中心的成员单位。

⑧专题信息服务:收集 NSTL 各成员单位的部分专题学术文献报导和科学技术进展,用户可按成果类型浏览或通过检索入口进行查询。

国家科技图书文献中心通过跨部门的信息资源共建共享,完整地收藏国内外科技文献信息资源,为全国科技人员提供文献资源共享服务。同时,制订数据加工标准、规范,提供多层次服务保障,以推进科技文献信息资源的开放利用。中心无地区差别的信息共享服务,适应了社会化的创新信息需求,为国家创新发展提供了开放服务保障。

(2)中国科学院国家科学图书馆(NSL)

中国科学院国家科学图书馆(National Science Library)于2006年3月由中国科学院文献情报机构整合而成,总馆设在北京,下设兰州、成都、武汉分馆。图 3-6 展示了图书馆的组织结构①。

中国科学院国家科学图书馆是目前全国最大的科学图书馆系统,是 NSTL 的成员单位,在全国科技文献体系中承担面向国家科学研究与发展服务的任务,着重于基础研究和应用发展中的知识创新保障。2015 年,总馆馆藏量达近千万册(件),科技期刊文献13 000余种,各类数据库覆盖主要的科技文献,实现在中国科学院范围的"资源到所、服务到人",同时,以文献传递方式

---

① 国家科学图书馆介绍[EB/OL].[2013-03-08]. http://www.las.ac.cn/subpage/subframe_detail.jsp?SubFrameID=1045.

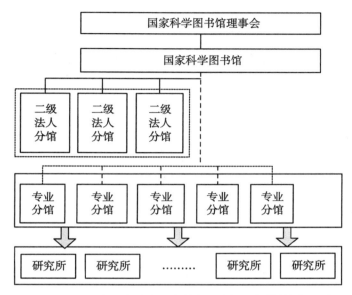

图 3-6 中国科学院国家科学图书馆组织结构图

服务全国科学研究人员①。国家科学图书馆为全院开通 180 余个数据库，包括外文期刊全文数据库、文摘数据库、引文数据库、事实数据库、西文学位论文全文数据库、中文科技期刊数据库、中文电子图书库等。目前，科研人员可以适时利用网络上馆内及 NSTL 所拥有的文献。

中国科学院国家科学图书馆网站是为用户提供信息服务的网络服务系统，如图 3-7 所示，具有两层结构②。其中，第一层为面向用户的服务系统，对资源和服务系统进行一体化组织，第二层是嵌入到用户服务流程中的底层服务系统。另外，系统知识库和基于 SRU（Search and Retrieve URL）的统一接口封装为服务提供支持。

---

① 百度与中国科学院国家科学图书馆达成战略合作［EB/OL］．［2013-03-08］. http：//www. nlc. gov. cn/GB/channel55/58/200607/13/368. html.

② 吴振新，张智雄，张晓林等．用户驱动的国家科学图书馆网站建设［J］．现代图书情报技术，2008，162（3）：1-6.

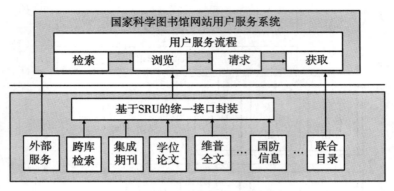

图 3-7 NSL 系统网站整体架构

中国科学院科学图书馆支持我国科技自主创新，为自然科学、交叉科学和高技术领域的自主创新提供文献信息保障和科学交流与传播服务，同时通过国家科技文献平台和开展共建共享，支持国家创新体系其他领域的信息需求。

中国科学院国家科学图书馆总馆负责全馆文献情报服务的组织和公共信息平台建设，各法人分馆，负责相应领域的文献信息资源建设和面向地域研究所的深层次用户服务，各个专业分馆，在服务本单位的同时，辐射全国。全馆将通过服务创新、技术创新和机制创新，为科技自主创新提供全方位的文献保障。目前提供的服务项目有到馆服务、原文传递、定题检索、档案查询、科技查新及培训服务。科学图书馆在提升科技自主创新信息服务能力的过程中，创新文献情报服务模式，通过体制变革推动集成知识服务平台建设。2010 年，完成了以国家科学数字图书馆为核心，以专业化信息服务单元为节点的集成服务系统建设，以此为基础拓展了平台服务业务。

（3）中国高等教育数字图书馆（CADLIS）

中国高等教育文献保障系统（China Academic Library & Information System）是我国总体规划中的三大公共知识信息服务系统之一。CALIS 的宗旨是，建设以中国高等教育数字图书馆为核心的教育文献联合保障体系，实现信息资源共建、共知、共享，以发挥最大的社会效益和经济效益，为中国高等教育和科学研究提供信息服务。它以系统化、数字化的学术信息资源为基础，以数字图书馆技术为手段，创建文献获取环境、参考咨询环境、教学辅助环境、科研环境、培训环境和个性化服务环境，为高等学校教学、科研和重点学科建设提供高效率、全方位的文献信息保障与服务；同时，面向国家创新发展提供开放服务。图 3-8 反映了 CALIS 的资源共享关系①。中国高等教育数字图书馆（China Academic Digital Library Information System，CADLIS）是 CALIS 所构建的数字化文献信息服务系统，是我国高等学校图书馆的文献信息资源数字化管理与服务平台，通过网络环境下的数字化资源建设和服务关联，实现面向全国的教育、科研服务。

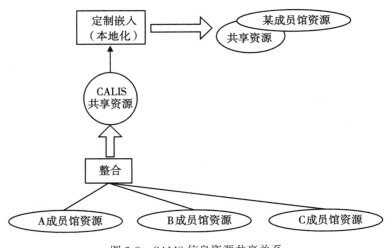

图 3-8　CALIS 信息资源共享关系

CADLIS 以数字信息技术与网络为支撑，通过建设多个分布式、大规模、可互操作的异构的数字图书馆群，向全国教育系统和

---

①　中国高等教育文献保障体系（CALIS）［EB/OL］．［2013-10-15］．http：//project. calis. edu. cn/calisnew/calis_index. asp？fid＝1&class＝1.

相关用户提供高效化、全方位文献内容服务、教学与科研辅助支持服务以及其他配套服务。CALIS 资源建设以成员馆经费为主，以地方投入为辅，进行文献建设，在教育部主导下，通过联合采购，协调全国高校资源建设，提高建设效益。在信息资源建设中，CALIS 注重 PQDD、NetLibrary 方式的文献资源购置，组织成员馆统一购买，进行统一结算、统一补贴。与此同时，CALIS 还选择一些重要的数据库资源，购买回溯数据，以提高文献保障能力，其中包括一次文献和二次文献回溯。另外，通过加强与 NSTL、国家图书馆和科学院国家科学图书馆的协调，进行信息资源联合保障。对于高等学校原生数字资源的存档建设，如机构库、学位论文等，推进全文共享服务，进行机构库项目建设，以此促进学术交流，加强信息共享。CALIS 在加强二次文献库建设中，通过深入挖掘高等学校资源，鼓励多馆合作，整合相似、相关资源，以实现以二次文献为基础的文献资源整合建设目标。

CADLIS 是一个集中规划、统一协调和分布建设的数字化文献信息系统，如图 3-9 所示，整个系统由 CALIS 管理中心、地区和省市管理中心三个层次构成①。

如图 3-9 所示，CADLIS 系统具有以下特点：联邦式/松耦合性，即各系统相对独立，各成员馆彼此独立，同时又相互关联；分布式，由 CADLIS/CALIS 中心、项目中心、参建馆组成；开放链接，各系统彼此互通，形成链接关系；整体性，任何一个系统都是 CADLIS 资源保障与共享服务体系中的有机组成部分；标准化，各系统遵循同样的功能/服务规范、数据标准、接口标准；协同性，多馆联合共建、协同服务、彼此共享。

在 CADLIS 中，如图 3-10 所示，门户系统利用 Portlet、视图、XML/XSL、Web Services 和 ODL 技术将各类资源和各种应用动态呈现在门户页面上，系统内置了内容管理和用户管理功能，支持统一认证、单点登录和统一检索，系统利用 HTTP、Zing、RSS、Z39.50 进行元数据抽取与分类映射实现本地和异地信息的汇聚，

---

① 陈凌. 中国高等教育文献保障体系［EB/OL］.［2013-10-18］. http：//lib. npumd. cn/eSite/UploadFiles/2009/05/20090425. ppt.

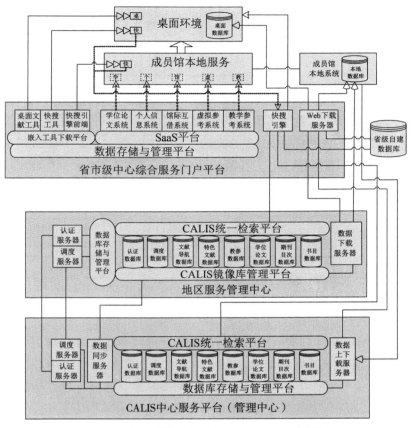

图 3-9　中国高等数字图书馆（CADLIS）系统结构

支持全文的代理下载和二级检索分发服务。其中，资源调度系统遵循 OpenURL 标准，可以整合不同资源与服务之间的不同链接关系，可以为用户提供增值的资源链接调度服务。由于采用了快捷调度、动态插件等技术，系统可以灵活配置资源和服务。统一认证系统采用 LDAP、SAML、SSL 技术，提供统一用户认证和单点登录服务，支持用户信息的统一管理，支持代理认证，支持多馆之间的联合认证①。CALIS 于 2004 年公布了《中国高等教育数字图书馆技术标

---

①　王文清．构建高校数字图书馆综合服务门户（2）［EB/OL］．［2013-10-20］．http：//www. calis. edu. cn/calisnew/calis_index. asp？fid＝76＆class＝2.

准规范》，规范了数字图书馆门户的架构、功能要求、服务标准和互操作规则。

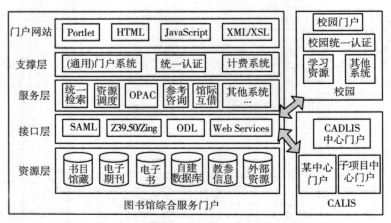

图 3-10 CADLIS 门户架构与功能配置

CADLIS 以 CERNET 为联网基础，资源共享以区域合作为主体形式，实行三级文献保障。在服务组织上，以文献信息中心为主干，建立资源库生产和服务体系。CADLIS 服务的指导思想是区分层次，以所有成员馆为基础开展全方位服务。具体措施是构建各种共享域，如基于高等学校类别、学科、地域的服务系统构建。系统提供的服务内容主要有目录服务、链接导航、文献传递、馆际互借、代查代检、联合咨询、联机编目、软件共享、集团采购等。

对于目录服务，系统涵盖图书目录服务、期刊目录、目次与链接服务、学位论文服务、特色资源服务、网络免费资源导航服务、原生数字资源收集与服务；系统的链接导航服务包括电子期刊与全文数据库链接、电子书链接、馆藏（各馆 OPAC）链接、文献传递服务链接、馆级互借服务链接和其他网上服务链接；代查代检联合咨询有以省级代查服务为主、通过统一的代查代检工具进行；联机编目服务在现有成员馆联机编目的基础上，与图书公司合作，推进集中编目，进行质量控制。与此同时，系统还开展人员培训与交流活动，促进服务业务的拓展。

在面向知识创新的信息服务系统建设中，我国不断取得进展，同时也存在建设与服务中的一些问题。对于其中的基本经验与现实问题，应予以重视。

我国面向知识创新的信息服务系统正处于发展阶段。各系统平台的规划经过了科学的论证和周密的设计，在建设过程中，积累了成功的经验。从实施上看，以下经验具有普遍意义：

①以信息资源共建共享为目标的平台建设与发展定位，是一种科学的选择。面向知识创新的社会化和国家创新发展的需要，各系统在不断深化的改革中，以信息资源共建共享为目标，通过资源整合与合作，逐步突破了部门限制，实现了平台化的信息资源整合，从而有效地适应了用户的集成化信息资源需求。随着社会发展模式的转变，社会对信息资源的全面需求推动了信息资源的共建共享。在信息共享需求推动下，NSTL、NSL、CADLIS 针对不同的用户群体，进行了国家发展框架下的信息资源建设和服务目标选择和定位，既保证了系统的存在和发展，又构建了社会化的信息资源保障平台。

②政府主导作用的充分发挥。政府的正确导向和持续支持是文献信息资源服务系统成功的可靠保证。从我国实际情况看，现阶段的文献信息资源服务系统建设离不开政府的主导和规划。政府主管部门的主导地位，决定了把握发展战略的宏观决策机制和人财物调配与组织的实现。在分系统的信息平台建设中，各系统所采用的项目建设模式决定了平台的有序发展，例如，NSTL 从多部共建共享到虚拟的国家科技图书文献中心的建立，国务院主导下的科技部等五部委的协调保证了文献信息资源共建共享平台建设目标的实现。

③可靠且相对充足的经费投入。可靠且相对充足的资金投入是文献信息资源共建共享的经济基础。文献信息资源共建共享是一项公益性事业，产生的主要是社会效益。建设共建共享系统需要大量的人、财、物投入，没有资金支持，共建共享系统建设将无法实现。目前各平台系统资金主要来自政府拨款。政府是文献信息资源保障平台建设的主要投资者。这种投入机制决定了平台建设的实现。值得指出的是，在系统建设中形成的以政府投入为主的多元投

入体系，是以成员单位为依托的社会化投入体系，它为系统的发展奠定了坚实的基础。

④有效的组织与管理保证。有效的组织与管理是信息服务系统健康发展的基础。良好的组织形式是保障平台系统的骨架，在系统中政府所起的作用是宏观指导性的，参与单位组织的有效性和管理能力对共建共享系统建设至关重要。国家科技图书文献中心所采用的国家部委协同共建的管理模式，NSL 依托的系统内机构整合模式和 CALIS 所采用的系统内协调共建模式，始终强调整体规划和系统实施的关系协调，从而保证了建设目标的全面实现。

在平台系统的建设过程中依然存在多方面问题，这些问题的解决有助于面向知识创新的全方位信息保障的开展。

①全面规划和统筹问题。我国全国性的知识创新信息服务系统基本上分系统建设，系统之间因条块分割的管理体制和不同系统架构所形成的新的信息分离需要解决。一方面，因各系统缺乏统一、协调的管理，造成了信息资源的共享障碍，同时，信息机构的资源重复收录使得使用价值不高的信息产生冗余，以致影响了用户对信息的选择和获取；另一方面，重复建设的同时，导致了信息资源难以全面共享局面的产生，信息系统之间不能实现服务的互操作，从而使得共享效果大打折扣。比较突出的问题是，高等学校文献信息系统、公共图书馆系统、科技部信息服务系统相互之间还没有形成完善的资源共享机制。

②信息服务的跨系统合作问题。不同部门的知识创新信息服务系统，由于缺乏统一的标准，系统之间缺乏互操作性。各个系统之间的资源共享比较困难，造成合作主体在利用彼此的系统平台时，难以实现跨系统操作。从提高自主创新能力和成果转化效益角度上看，需要在各创新信息服务系统之间建立桥梁和纽带，使各系统主体紧密联系，通过优化资源配置，形成服务创新的合力。这就要求打破部门之间的壁垒，建立科技基础平台，实现信息、数据和知识的跨系统共用，从而促使自主创新的跨系统组织。

③信息服务环境建设与系统建设的协调问题。面向自主创新的信息服务系统建设主要体现在外部环境建设和内部平台建设两个方

面。在外部环境建设中，应进行硬件基础的改善、创新信息需求的激励和信息资源技术的完善；对体系内部的建设，应强调与环境互动。针对信息服务系统存在的信息内容贫乏、平台功能单一及服务业务发展滞后等问题，在外部环境优化的同时，应注重内部平台的发展，只有进一步协调环境和平台的关系，通过联动才能使整个服务系统的服务得以持续发展①。

④用户信息需求深层发掘问题。我国自主创新信息需求有待进一步发掘，目前的不足主要表现在过于集中在信息用户需求的表层表示，对于信息用户的心理、潜在信息需求发掘不够。同时，在服务组织上，往往限于按用户查询要求进行资源提供，这就需要进行面向用户的主动服务需求发掘，以拓展面向用户创新的全方位、全程化服务业务。

⑤标准化相对滞后问题。在建设面向知识创新的信息服务系统过程中，必须遵循有关的标准，包括应用系统的接口标准、层定义标准、文献格式的描述标准、元数据的定义标准、各种代码和标识符的定义标准等。标准工作的滞后，为系统平台之间的互联和数据交换带来了障碍和困难②。由于各参与单位多年来在进行数据库建设的过程中，大多形成了自己的套路，以至于存在数据难以共享和系统互操作难以有效实现的问题。对此，应建立动态化的标准体系，以便在一个较高的层次上逐步统一解决存在的问题。

3.3　面向知识创新的信息服务的平台化发展

现代信息技术和通信技术的发展，使得远距离登录、瞬时存取、超文本检索等成为常规技术。在这一背景下，各国正致力于建设基于网络的数字图书馆和信息资源中心，使之成为可供社会共享

---

① 陈凌. 高校自主创新信息保障体系及其运行机制研究［D］. 吉林：吉林大学博士学位论文，2009：39-40.

② 黄长著，周文骏，等. 中国图书情报网络化研究［M］. 北京：北京图书馆出版社，2002：108.

的信息资源服务平台。从需求角度上看，单一机构提供的信息服务已不能满足知识创新中的全方位需求，从而引发了信息服务的系统性变革，促使面向创新的信息服务走向以用户需求为导向的平台化发展道路。

3.3.1 信息服务中的资源整合与资源系统变革

我国推进信息化的实践表明，信息资源的开发利用是国家信息化的核心之一。2004 年 10 月召开的国家信息化领导小组第 4 次会议审议通过了"加强信息资源开发利用工作的若干意见"，指出加强信息资源开发利用是今后一段时间信息化建设的重点工作，提出"统筹协调、需求导向、创新开发和确保安全"是新时期信息资源开发利用的基本原则。2005 年 11 月国家信息化领导小组在温家宝总理主持的第 5 次会议上审议并原则通过了《国家信息化发展战略（2006—2020）》，将网络环境下信息服务的推进和信息资源的深层开发利用提高到国家信息化的战略高度，从而确立了我国信息资源开发利用的战略方向。2006—2012 年，在实施国家创新战略和产业发展中，中国信息化建设正处于重要的结构转型期，即从信息技术推广应用阶段转向信息资源的开发利用阶段和知识资源的开发利用阶段。信息化环境下，信息资源建设需要从社会发展的全局来整合信息资源，其建设重心以应用为中心而不以资源为中心，信息资源建设的目的是为了提供高效化的增值服务，因此应强调信息资源的深度开发，提升信息资源开发与信息服务的效率和质量。信息资源建设开发利用并不是一次性的工程建设项目，而是一个长期的发展问题，其中的关键是全面推进平台化服务中的体制变革①。在变革中，需要确立面向用户的、服务于国家创新发展的新观念，以适应面向知识创新的平台化发展环境。

从创新型国家建设中的信息保障与服务平台构建和运行上看，目前还没有将其作为社会化协同服务整体来对待，只是将各系统信

---

① 胡小明．谈谈信息资源开发的机制问题［EB/OL］．［2013-10-15］．http：//www.echinagov.com/echinagov/redian/2006-4-8/4495.shtml.

息资源连接成互通的网络系统。从技术实现上看，大多数信息资源平台给用户提供的是一个既复杂又具有差异性的公共界面。用户使用不同的资源往往需要使用不同的检索工具，且需要对路径进行必要的调整，从而增加了用户检索和利用数字化信息资源的困难。

从平台体制上看，部门体制决定了信息机构的服务系统难以有效融合，导致了平台的跨系统组织与服务实施上的障碍。事实上，各信息服务系统在实施时，往往只考虑到本系统的服务需求，信息系统自上而下地规划，如 CALIS 就是由教育部规划，各级教育管理部门组织高等学校实施，因而不但未能全面考虑与其他信息机构（如 NSTL）之间的交互，而且没有统筹区域服务机构的运行。这说明，系统分离体制造成了系统服务社会化组织的滞后，不但在国家层面上，而且在地方层面上，造成了信息系统众多且协同性差的现实。

我国信息服务系统中的资源整合，最初表现为图书馆服务的文献资源共享、联合编目和机构合作业务的开展，主要集中在文献信息资源的协调建设、文献资源共建共享以及跨地区、跨部门的服务组织等方面。20 世纪 80 年代原国家科委科技情报司组织的我国科技情报搜集服务体系建设、90 年代中国科学院文献资源整体化布局、21 世纪初全国分系统文献资源网络化共享推进以及近 10 年来跨系统服务的发展，产生了重大影响，从管理实践上确立信息资源共建共享的基本模式。然而，从实施上看，文献资源共建共享，大多局限于本系统，整合的形式限于信息服务机构的馆藏协调和单一方式的联合服务上；由于技术条件和管理上的限制，用户深层信息需求的满足与跨部门、跨系统的资源利用难以实现。信息网络化环境下，数字化信息资源系统正处于新的变革之中，我国相对独立、封闭的部门、系统信息资源建设正向着开放化、社会化方向发展，各部门、系统正致力于网络环境下的数字化资源服务的业务拓展。以此为基点，应改变传统信息服务的面貌，在体制改革中创造信息服务的社会化、网络化和集成化转型发展条件。应该看到，我国信息系统整合平台构建仍然缺乏国家层面和行业层面的规划协调和控制，行业间、地区间的"数字鸿沟"和服务产业化的限制，影响着基于平台的信息服务效率与效益，阻碍了创新活动的协同开展。这一关键问题在平台化服务组织中需予以逐步解决。

信息资源系统的发展对于信息服务而言，不仅体现在数据处理服务和管理信息化建设方面，而且反映在知识组织、信息资源技术以及信息服务平台的社会化发展上[①]。从中可以看出，当前信息服务正处于高速发展期，其中重要的问题是信息资源的社会化整合和面向工业、农业与服务业信息化的信息服务创新。

信息资源的整合是指根据各行业、领域信息服务系统的发展目标和要求，对分散在各信息服务系统中的信息资源进行重组，形成一个面向社会的开放化整体系统，以便为创新发展主体提供全面的信息支持[②]。从应用上看，集成化的信息系统不仅为各级决策者提供及时准确、一致而适用的信息，而且信息资源的社会化整合有利于向用户提供全方位的创新信息保障。

信息资源建设与信息服务发展实践表明，网络环境下的信息资源建设，应从以"占有"信息资源为中心转换到以信息资源"服务"为中心[③]。在社会化发展中，由于信息的关键作用和价值提升，各部门往往强调信息资源的"占有"，进行信息资源建设往往是追求信息资源的收集、组织和存储，而将信息资源收储在各自的物理空间中。信息机构的资源建设重要指标是"收藏量"。这个"量"被实实在在的物理边界所限制，用户在利用收藏文献信息时，必须要守时守界。现代信息资源建设强调"服务"。网络时代，信息资源结构多元化，信息传播多维化，信息系统开放化，信息时空虚拟化，以网络为平台的信息资源保障与交流机制正在形成，资源收藏已不再限于系统实际拥有的资源，而是扩展到联盟或集团共享的资源，再到跨空间的虚拟资源。网络的发展，使得人们

---

① 几个重要的信息系统发展阶段论模型简介［EB/OL］. ［2013-05-20］. http：//www. ccw. com. cn/cio/research/qiye/htm2004/20041210_0951O. asp.

② 王能元，霍国庆. 企业信息资源的集成机制分析［J］. 情报学报，2004（5）：531-536.

③ 霍忠文，李立. 把握"占有"重点"集成"［J］. 情报理论与实践，1999，22（5）：305-309.

可以跨时跨界获取信息资源，对系统储存的信息资源的依赖性逐步降低。如果再要把"占有"多少信息资源作为建设目标，已无实质性意义，需要做的是如何按照需求，将物理上分布的信息资源，通过网络链接起来，形成信息资源集成服务环境。因此，规划信息资源建设时，要促进由"占有"向"服务"转变。其中，信息资源整合的出发点不是"拥有"，而是一体化的资源整合，即强调的是体系，而不是单体。从实现基于信息资源整合的服务上看，应以共同"占有"信息资源为出发点，以分布建设信息资源体系为依托，走以用户为中心和面向用户知识创新为目的的信息资源建设和服务创新道路。

从资源整合与服务组织关系上看，信息资源整合建设的目的并不在于信息资源本身，而是在于提高信息服务的效能，以充分发挥信息的价值。实现信息服务集成，要求把发展的终极目标设定在服务上，以此促进信息化时代面向国家创新的信息平台保障业务发展。这意味着在明确的服务定位基础上，应根据用户需求不断更新和拓展服务业务，通过服务的平台化运行对服务方式和服务项目进行创新，以进一步强化信息服务"内容"，推进单一的信息服务向多元服务转变。

从国内外信息资源建设和服务组织上看，信息的平台化建设与服务平台的构建具有相互融合的关系，无论是美国、欧盟各国、日本和俄罗斯，还是我国 NSTL、CALIS 和数字图书馆系统的建设，其资源平台和服务平台具有同一性。

3.3.2 信息资源平台化建设与服务的融合

对于信息资源建设与服务融合的信息平台而言，平台技术的研发和应用处于至关重要的位置。在资源、需求和技术的互动中，需求决定了信息保障平台建设的技术走向。平台化的信息技术应具有独立性、开放性、可管理性和可扩展性。独立性是指可为开发者或者用户提供一个完全独立的开发技术或者运行平台环境。开放性是指平台应具有标准的技术接口和规范，在对合作伙伴的开放中实现增值开发目标；可管理性是指平台必须具备相关的集成功能和安全性保证，并且易于管理；可扩展性是指平台服务可以不断延伸①。因此，平台化也是信息技术的发展趋势，支撑平台的技术应具有技术兼容、面向框架、易于重用的特征，平台技术的不断进步可以有效地将信息管理和服务技术进行有机融合。

从平台化资源整合与服务集成上看，平台技术发展是实现社会化和集成化信息服务的基础和支撑。在技术发展中，需要在国内外面向创新的信息服务系统建设的基础上，以系统优化重组为目标，通过信息资源的集成和服务协同，提高服务水平和能力。最理想、有效的信息保障与服务平台，应该围绕信息服务的平台化发展目标，构建多层次、个性化的服务支持技术体系。

在融合平台的规划设计中，采用面向对象的设计方法是可行的。在技术实现上，要求对信息服务的业务内容进行分析、抽象和归纳，以便设计出一个灵活的、容易修改的信息资源服务平台。这种平台具有良好的开放性、标准性、规范性和可塑性，能根据不同用户主体的不同需求，快速生成满足要求的个性化信息服务门户系统。在平台中，依托技术框架、组件系统和应用标准规范，可以整合并合理利用各种信息资源，为用户提供创新性信息保证，解决需求共性与个性之间的矛盾。

通过平台信息的汇聚，可以根据用户的不同需求实现相应的信息和服务融合目标，在目标实现中信息汇集、整理和存储十分重要。首先是信息的汇集，要求整合各信息服务系统的信息资源，进行信息的筛选和存储，同时要做好信息的分类整理和深加工，确立信息沟通、共享和更新机制。在此基础上，通过平台进一步充实服务功能建设，细化门户网站结构，突出服务重点。对于一些需求量大、专业性强、具有创新性和前瞻性的服务来说，不断充实信息资源，打造信息量大、服务性强的一体化信息保障平台，是实现以文献为中心到以用户为中心的服务转变的需求。

---

① 崔晶炜. 平台化：软件发展趋势所在 [J]. 中国计算机用户，2004（3）：48.

3.3.3 从分系统平台建设到跨系统平台建设的发展取向

市场环境是跨系统平台建设引发的最直接原因之一。信息服务机构外部市场直接促进了信息服务机构之间协同合作构建跨系统平台。例如，自 20 世纪 90 年代以来，为了追求利润最大化，全球学术期刊出版商不断提高学术期刊价格，这直接导致信息服务机构期刊购买数量的下降，形成了"学术期刊危机"。美国 ARL 年度统计报告显示，2000 年以来，用于期刊（包括带有全文的电子期刊）购买的平均费用已经增加 300%，考虑到 CPI 同比上涨因素的影响，平均费用实际增长 250%，这直接导致了信息服务机构的负担。另外越来越多的新兴信息服务提供机构与传统信息服务机构进行服务竞争，商业运作与非商业运作的开放存取机构竞争等。当前，越来越多的用户选择越过传统信息机构直接获取信息。面对这些情况，信息服务机构必须建立一种新的机制和服务平台，以便根据外部市场的变化进行相应的服务合作，而跨系统平台建设应是解决这一问题的合理选择。

用户创新信息需求使信息服务机构走向跨系统平台协作。信息化环境下，用户所处环境及信息需求已发生改变，并将持续发生变化。OCLC 研究与战略副主席 Lorcan Dempsey 指出，由技术导致的用户研究和学习行为的改变并由此而引致的图书馆环境变化，比由技术直接导致的图书馆环境变化更为深刻。加拿大科技信息研究所战略规划（2005—2010）对用户信息需求和期望的分析指出，今天的信息用户对方便、无障碍、无缝获取广泛内容具有更高的期望；他们期望获取比传统资源更广泛的资源以支持知识创新及商业化运作，这些资源包括灰色文献、专利、市场信息、基于团体（Community-based）和循证（Evidence-based）的医学信息、商业和社会科学信息等。这种高期望毫无疑问地对信息机构协同提出了新的要求。对科研人员而言，研究项目通常并非主题单一，往往涉及跨学科（Interdisciplinary）知识，因此很难有某一个具体的信息机构为他们提供足够广泛的信息资源。与此同时，研究人员普遍强调在提供文献信息的同时，提供以情报

（Intelligence）和解决方案（Solution）为核心的一体化服务。在这种情况下，传统的信息服务机构不得不重新审视自身所具备的资源和核心能力，这就需求与伙伴合作共同满足用户复杂多变的需求。由此可见，选择跨系统的平台服务方式不仅能够满足用户的需求，同时也有利于信息服务机构在协同服务中发展。这些正是目前所面对的现实问题。

信息技术为跨系统平台建设提供了有力的支撑工具。在网络化环境下，可以通过网络和计算机信息技术将传统信息服务机构联系起来，完成单个信息服务机构所不能承担的服务功能，从而提升信息服务机构的服务水平。这已经成为未来的一种发展趋势。在跨系统平台中，需要共享分布的信息资源和服务，以保证协同服务的运行，实现协同伙伴的信息资源集成和共享，进行服务过程控制，提升服务绩效。所有这些都是以计算机网络技术为手段和基础的。如何及时、快速、全面地获取有效信息是跨系统的协同信息服务运行、发展的必要条件。在网络纵横发展的情况下，信息技术的发展加强了信息服务机构之间的联系，方便了信息服务机构之间通过网络建立广泛的联系和统一的协调管理。因此，信息技术发展导致信息服务机构不断改变其服务组织结构，并最终导致跨系统平台建设和协同信息服务的发展。

传统分系统建设不足以提供支撑知识创新、构建全方位信息的保证，从而转向跨系统平台的建设取向，即实现系统平台的互联互通和信息共享。这个过程需要多方参与协调，因此，跨系统信息服务平台建设存在两个层面的形式：一是作为一种过程而存在，即多个信息服务机构为了实现共同目标构建协同平台和开展服务；二是需要有一个组织形式，即多个信息服务机构所组成的实体联盟或虚拟联盟组织推进平台建设与服务。从实质上看，平台建设与运行需要信息服务机构的统筹协调合作。一个机构、一个部门甚至一个环节出现问题，都会影响跨系统平台建设进程和全局。因此，通过信息服务机构的多方合作，是实现跨系统平台建设与服务拓展的可持续发展的需要。

3.4 跨系统信息保障关系协调与合作推进

信息平台建设在国家创新发展的各个环节中起着重要的服务支持作用，战略规划的实施不仅需要在国家创新战略基础上推进平台建设战略，实现与国家创新中的相关系统、部门与机构协调，而且需要在跨系统信息平台建设中进行战略组织实施中的管理协调、资源协调和服务协调。

3.4.1 我国信息保障平台建设中的关系协调

跨系统信息保障平台建设不仅与国家发展战略密切相关，而且与信息基础设施建设、信息资源分布、信息组织的系统发展、信息技术标准化和用户的社会化需求相关联。综合各方面的影响因素分析，在进行平台规划实施过程中要处理好以下关系。

①跨系统信息保障平台建设与信息基础设施建设的关系。面向知识创新的跨系统信息保障平台建设在信息基础设施和信息资源的协调组织基础上进行。其中，信息基础设施是实现信息保障平台建设的前提和基础，是信息资源建设的硬件保证；信息资源组织是跨系统信息保障平台的基本内容，信息资源的建设水平直接影响跨系统信息保障平台的效益。因此，跨系统信息保障平台建设中，既要与信息基础设施的建设相协调，又要与信息资源建设同步。可见，加快信息资源建设步伐已成为信息服务发展的必然。就平台信息服务系统而言，拥有计算机网络设备是重要的，但是基于网络的信息资源建设也是必不可少的。如果忽略信息资源建设，必然会导致信息平台建设滞后于信息基础设施建设的情况发生，这与当前信息资源开发与利用的社会化趋势相违背。因此，在进行跨系统信息保障平台建设中，应以信息资源建设为核心，发挥信息资源建设与信息基础设施建设二者之间的协调作用。从总体上看，信息技术设施应与信息服务相适应，只有二者同步发展才能确保信息基础设施作用的正常发挥。

②跨系统信息保障平台建设的分工与协作关系。跨系统信息保

障平台建设，单靠一个或几个信息服务机构是不可能完成的，而是需要信息服务机构之间的密切合作。构建我国多层次的信息保障平台，只有通过全国范围内、地区范围内、系统范围内各信息服务机构的协作才可能实现。信息平台的合理分布是提供全方位、一体化的信息保障的必然战略选择。通过平台资源共享和互用才易于形成信息资源集成优势。跨系统信息保障平台建设协调，在于统一部署信息平台的建设，以可持续发展为目标，从整体优化的角度配置资源，实现资金、设备、技术、人员、信息等要素的低投入和高产出。权威性的协调与管理机构，应能在全国或地区范围内，从国家层面、地区层面进行信息保障平台建设的统筹，通过协调部门之间的分工与合作关系，解决建设中的共性问题，形成全国和地区范围内的创新信息保障平台体系。每一机构应从各自的实际需要出发，在充分发挥机构内部优势的基础上，共同建设分布合理、保障有效、各具特色的信息平台。

③跨系统信息平台建设规模与建设质量关系。跨系统信息保障平台建设中，重规模、轻质量，重建设、轻利用是信息服务机构必须克服的，因此应着手信息平台的质量管理。目前由于缺乏统一的平台质量评价标准，建设的质量问题依然存在，主要表现在：信息资源内容处理的一致性不够，信息资源描述与用户需求描述不相适应，数据库规模、信息检索入口存在障碍等。由此可见，一方面在保证跨系统信息平台建设规模的同时，应重视跨系统信息保障平台建设的质量问题。各机构应建立有效的质量管理体系，在质量问题容易出现的各信息处理环节进行专门的质量监督，以便对各种质量问题进行有效控制和处理。同时应注重信息资源的深层开发，从信息资源的内容标引、检索入口等多角度进行质量控制，保证创新用户准确地获取不同层次的信息，以满足不同程度的需求。另一方面，应及时促进平台信息资源的动态更新，以发挥信息的时效价值。

④跨系统信息保障平台建设的标准化与资源差异化关系。跨系统信息保障平台建设的标准化是指跨系统信息保障平台所采用的技术应进行统一的规范，即在信息平台资源收集、交换、组织和流通

服务中执行，其目的是在信息资源流动过程中，避免信息组织的无序性。由于各系统信息资源的建设差异是客观存在的，其平台建设必须适应这种差异化资源环境，从而从整体上实现差异的屏蔽。信息平台的标准化与资源的差异化并不矛盾，标准化建设在于提高信息资源转换利用效率，强化信息资源共建共享的基础，资源差异化则是信息机构所固有的，且与该系统用户差异化的信息需求相一致。信息资源建设的差异化缘于：信息技术的发展强化了资源共享的理念，每一机构作为信息资源整体建设中的一部分，更多地寻求各具特色的信息资源开发模式，多注重具有自身特点的信息服务与产品的提供；随着经济的发展、社会的进步，用户对信息服务的需求也呈现出个性化的趋势；由于信息产品及服务本身具有不同于物质产品的特点，其内容生产的非重复性导致了差异性信息资源建设的问题。从信息保障平台的现实和长远发展上看，应加快标准的制定与实施。这是跨系统信息保障平台规划实施中需要考虑的问题。

3.4.2 跨系统信息保障平台建设规划的实现

我国跨系统信息保障平台构建在发展中从属于不同的政府主管部门，如文化部负责图书馆工作、科技部负责科技信息机构管理，而与跨系统信息保障平台构建基础建设相关的信息网络则归属工业和信息化部等国家部门管理。这种分散化的政府管理使得跨系统信息保障平台跨系统整合受到限制。就当前管理体制而言，要推进一项系统建设工程必须由多个平行部门协调。这样不仅效率低，而且难以统一规划。推进跨系统信息保障平台建设的关键是建立灵活的组织协同关系，可在现有体制的基础上，将跨系统整合平台战略纳入国家信息化建设的轨道，作为社会信息化和信息服务社会化的一个方面，归国家统一管理，以此为前提，实现多部（委）协调和社会共建①。从根本上看，服务对象各异的信息服务系统的最终目标都是为创新活动提供信息支持，因此，通过对协调机构的建设或

---

① 胡潜. 信息资源整合平台的跨系统建设分析 [J]. 图书馆论坛，2008，28（3）：81-84.

协调职能的归并，可以加强彼此之间的协作，实现平台的互用。为了保证平台建设的顺利实施，有必要确立多元协调的管理体系，其体系结构如图 3-11 所示。

从当前的平台建设管理上看，世界主要创新型国家的信息平台建设都是在政府主导下实施的。我国在创新型国家建设过程中，逐渐形成了由中央政府统筹规划，各区域创新系统管理部门、行业创新系统管理部门和社会化信息资源管理机构辅助管理的多元化管理格局，如图 3-11 所示。这些管理主体在职能上既有侧重，又有交叉，决定着跨系统信息保障平台建设战略的实现。

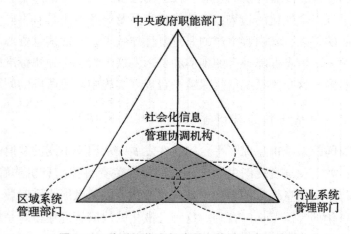

图 3-11　跨系统信息保障平台建设的多元管理

①中央政府的管理职能。跨系统信息保障平台建设的实现关系到国家创新发展战略全局，必须在中央政府的统筹规划下有序进行。中央政府是国家创新发展战略的制定者，引导着国家创新建设和信息化建设的总体方向，在跨系统信息平台建设中起着主导作用。政府管理职能的有效发挥对协作建设效应的实现至关重要，其具体职能主要表现在以下几个方面：

对国家信息保障平台建设的统筹。实施跨系统信息保障平台建设计划是国家提高信息资源利用效益、促进国民经济快速增长的重要途径，必须体现国家宏观战略目标。中央政府对国家信息平台建设的统筹规划主要体现为：一是对公共信息平台的宏观调控，二是对市场信息平台资源配置的监管，三是对社会化信息平台建设的引导。政府职能决定了其较强的社会资源动员能力，政府应采用相应的措施引导和鼓励各类信息机构参与信息保障平台的共建共享。

根据国家创新发展现状和战略目标要求，政府在跨系统信息保障平台规划的战略实施中，应建立一种长效的、动态的管理体制，以便完善信息保障平台的管理。同时，中央政府还应对平台建设责、权进行规范，在中央政府和各地方、行业、社会管理的"博弈"中，使国家信息保障平台建设的总体目标得以实现，同时又要使利益分配在信息平台建设与运行中不至于失衡。

②区域管理部门的管理职能。区域信息保障平台是一定区域范围内各服务机构共同组建的网络平台，其目的是面向区域内知识的产生、流动、更新和转化开展社会化服务。我国区域创新中的跨系统信息保障平台管理由各级地方政府承担。地方政府在执行全国规划的同时，依法自主管理本地区的信息保障平台建设项目。在跨系统信息保障平台建设管理上，区域管理部门的职能是对本地区的信息资源开发进行落实。与中央政府的配置管理职能相比，区域管理部门的职能更加具体、更有针对性，集中体现在以下几个方面：一是按中央调节指令，建立有效的信息保障平台运作秩序，引导区域平台建设；二是组织地方公共信息资源服务，主导地方性信息保障平台的建设；三是在国家总体战略目标引导下，制定地方信息平台规划方案，实现地区内的信息资源优化配置；四是加强区域间的信息共享，组建区际创新信息服务协作平台，实现信息资源的高效流动，为信息平台的运行提供保证。

③行业系统部门的管理职能。行业创新系统是以企业技术创新活动为核心的创新网络，在现行体制中，行业信息保障平台建设由各类行业信息中心或行业协会负责。其中，行业协会是政府与企业之间的桥梁与纽带，发挥着联系政府、服务企业、促进行业自律的作用。行业协会主导着行业创新系统内部的信息资源配置，其管理职能主要表现为对行业信息保障平台建设的社会化协调，促进行业

内信息资源共建共享，推进信息资源开发技术和服务技术的综合应用①。

④联盟机构的信息保障平台管理职能。联盟机构主要包括知识创新联盟组织和具有社会公信力的信息服务联盟组织，如上海市互联网信息服务业协会等。随着国家信息保障平台的社会化发展，其联盟机构的协作信息平台已成为国家平台、地区平台和行业平台的重要补充。在联盟活动中，信息保障平台建设将联盟创新与信息保障有机结合，既具有组织上的灵活性，又可以带来服务的增值效益。

我国的多元化信息保障平台发展格局体现了多层次协调的优势。随着信息保障平台战略规划的实现，全国、地区、行业和组织信息平台建设的协同战略正在形成。值得指出的是，在平台建设中，战略协同的实现需要相应的机制保障。从跨系统信息保障平台战略实现过程上看，应以国家总体发展战略为导向，从战略协同机会识别、要素选择、协同关系演化、协同流程控制和协同价值创造等方面确立有效的战略协同机制，实现地区层面、行业层面和国家层面、组织层面信息平台战略的多维协同。

各类创新组织（创新主体）的运行、发展不能脱离国家宏观创新环境，其创新战略和信息平台建设战略的制定和一切活动的开展都必须围绕国家总体战略进行。因此，实现国家战略与跨系统信息保障平台战略的协同运行是确保管理机构间、创新合作组织间协调互动的前提。具体而言，国家管理决策部门根据国际创新发展态势，需要从全局把握知识创新的发展方向，制定适应于本国国情的创新型国家建设规划，以此对相应的跨系统信息保障平台进行战略部署，引导各区域、行业和联盟组织实施战略计划。相关组织则应根据国家的战略要求，在制定组织创新战略、信息平台战略时始终以国家创新战略为导向，形成符合组织发展的战略目标，实现跨系

①　工业和信息化部．关于充分发挥行业协会作用的指导意见［EB/OL］．［2013-03-31］．http：//www.gov.cn/gongbao/content/2009/content_1388683.htm

统信息保障平台建设的联动。

识别协同机会是实现协同的突破口，因此应依据一定的原则，寻找能够产生协同效应的条件，准确、清晰地识别出哪些方面需要进行协同和可以进行协同。只有正确识别战略协同机会，才能围绕协同目标采取相应的实施方法，使创新合作主体之间、主体内部各部门之间通过协同作用实现信息平台的共建。识别战略协同机会的前提条件是组织处于不稳定状态或远离平衡状态，且在内外环境影响下面临着一系列挑战，这就需要实现组织内外的战略协同。识别跨系统信息保障平台建设战略协同机会，应遵循适应性、互补性、一致性和相容性的原则，根据发展需求寻找最适合的战略合作方式，实现协作平台的可持续发展。

信息服务跨系统协同的关键是实现战略体系中核心要素的有序运作。构成跨系统信息保障平台建设战略体系的要素对平台战略起着重要作用和影响，这就需要根据战略规划实施需要，对战略协同起到关键作用的信息资源配置要素、组织要素、条件要素和主体关系进行协调，进行资源的有效配置，以实现整体发展目标。

跨系统信息保障平台建设的战略协同是典型的自组织过程，需要通过各核心战略要素之间的协同演化来实现。对于各层次平台而言，战略协同演化是国家、区域、行业和组织之间战略实施的相互适应和协调过程。经过演化所形成的协同效应主要表现为战略上的技术、资金、设施等资源要素的相互协调配合[①]。因此，需要采取必要的机制促进资源要素之间的自组织相互作用发挥，以形成更科学的战略体系架构，同时根据外部环境变化动态调整实施战略，实现战略的持续优化。

总体协同具有非线性、复杂性的特点，需要对其协同流程进行合理控制，使之按照既定要求达到最优协同效果。其一是根据环境变化调整协同方式；其二是对协同效果进行测评，以利于对协同流

---

① Beer, M., Voelpel, S. C., Leibold, M., Tekie, E. B. Strategic Management as Organizational Learning: Developing Fit and Alignment through a Disciplined Process [J]. Long Range Planning, 2005, 38（5）: 445-465.

程进行优化。在流程控制中，应保证平台战略与组织总体创新战略的一致性，使其成为跨系统信息保障平台建设的约束限制条件，以此出发进行战略协同中需求、技术、资源、业务的总体控制。

跨系统信息保障平台战略协同效应一旦形成，将对基于跨系统信息保障平台的协同服务产生全面影响。平台建设战略协同的主要功能在于统一合作主体间的战略目标，形成共同认可的信息平台建设战略实施方案。与此同时，还对整体化的跨系统信息保障平台效用产生关联作用，从而实现其战略价值。

3.4.3　信息保障平台的跨系统发展机制

战略协同体制的确立是我国信息保障平台建设的重要保证。平台建设的跨系统、跨地区和跨行业的现实，提出了整体化建设的战略问题。如果按国家统一计划模式进行平台建设，必然会导致平台建设的系统封闭和严格的纵向等级结构。显然，这种模式已不符合社会化知识创新的发展需要。因此，既突破部门、系统和地域的限制，又实现平台建设的整体优化，是其中的关键问题。对此，应在资源结构分布环境下，确立平台主体之间的协同关系，实现信息保障平台建设的战略协同。

如果说以合作为基础是跨系统信息保障平台建设得以实现的硬性条件，那么协同关系的确立则是支持信息平台建设的软性条件。在分离情况下，信息服务机构之间的协同是不现实的，这就需要在信息服务的机构间构建起信息平台共建和服务共享的运作关系，从而使跨系统的平台建设得以实现。实际上，如果没有一个便利、快捷并且成本低廉的信息化运作平台，跨系统协同信息服务的运作便不会如预期的那样顺畅。因此，跨系统协同信息服务的合作关系维护、利益分配、冲突解决，是完善的信息保障平台建设的需要。

既然是跨系统的信息保障平台，那么"协同"的评价标准就是是否产生协同效应。对于跨系统的协同信息服务而言，信息平台建设的协同效应源于对信息资源和服务的共享，以及平台利用的扩散。

相对稳定的跨系统信息保障平台服务是一种动态的开放服务，

它的组织界面模糊，而且不受地域限制。这一点类似于组织的动态联盟。然而，与动态联盟所具有的时效性相比，跨系统协同信息平台建设与运行具有相对稳定性。这具有两层含义：第一层含义表明跨系统平台是比较稳定的，这是因为参与信息保障平台建设的信息服务机构之间存在着稳定的信任关系，而且更易形成和维护这种协同合作关系；第二层含义是，从长期发展来看，跨系统信息保障平台仍是动态性的，这取决于合作目的的变化以及合作效果是否明显。

在信息化环境下，传统的基于机构、部门的信息服务已经很难适应国家创新主体的信息需求转变，因而开展以跨系统协同为基本特征的平台化信息服务，能够充分整合各信息服务机构的资源，提供基于网络的集成化平台信息服务。

伴随着知识创新主体活动的结构性变化，跨系统信息保障平台作为支持信息传播和利用的服务系统，应嵌入知识创新过程之中，促使线性创新信息保障向协同保障发展。在国家创新发展中，各国都将跨系统的协同信息服务平台建设作为国家创新的基础性建设项目对待，着力发展基于协同平台的信息服务。如美国在国家创新发展中，先期开展了国家生物信息基础平台建设（National Biological Information Infrastructure，NBII）、国家农业信息网络平台建设（Agriculture Network Infrastructure，AgNIC）、美国国家空间数据基础平台建设（National Spatial Data Infrastructure，NSDI）等一系列协同服务建设项目，其目的就在于提升信息保障的能力。

从广义上看，我国的跨系统信息保障平台建设起步于信息资源的跨系统共建共享。基于信息资源共享的跨系统协同信息服务模式是指不同系统的信息资源和信息服务提供者，本着资源共享和互用原则，通过协议或合同，结成协同服务的联盟进行信息资源的共同分享和联合服务，以使信息资源的效用最大化。通常联盟成员在已有的各类数字资源基础上，通过遵循标准的规范和接口，将多种信息资源及服务进行多种方式的整合和自动化协同工作，建立一个分布式、开放的数字化信息服务环境，以向用户提供全方位、多层次、无缝连接和个性化的信息内容服务。

基于信息资源共享的平台协同服务模式具有如下显著特点：以信息资源的交换和共享为基础推进服务协同；多个服务系统进行资源联合共建、协同发展；以联邦/松散耦合方式组织跨系统服务。这一现实表明，每个信息服务系统既相对独立，又相互关联、互通，系统在服务中推动资源相互关联，构成了基于平台的开放链接体系。其中，任何一个系统都是联合协同服务平台中的一个有机组成部分，各个系统都遵循标准的规范和接口。

国家科技图书文献保障系统作为按照协同服务原则开发理、工、农、医各学科领域的科技文献资源，是面向全国开展科技文献跨系统服务的大平台，基于此，NSTL 规范通过服务接口（包括OAI-PMH、OpenURL、NISO Metasearch XML Gateway）进行跨系统的服务嵌入和链接协同[1]。中国高等教育文献保障系统（CALIS）是我国最早的部级跨系统的协同信息服务建设的平台项目之一。从直观的角度上看，分系统的协同是国家性跨部门协同信息服务的基础，也是我国跨系统协同信息服务建设必须走出的第一步。对此，CALIS 提供了对我国高校图书馆文献信息资料的目录共享和服务共享。两个不同的跨系统协同平台，在技术架构上都体现了开放服务和资源共享特征。

为了促进各创新主体间的信息资源共享、提高信息资源综合配置效益，在国家科技部、教育部、文化部、工业和信息化部等政府部门的组织规划下，我国通过包括中国高等教育文献保障系统（CALIS）、国家科技图书文献中心（NSTL）、科学数据共享工程、全国文化信息资源共享工程在内的多个信息资源共享平台的建设，扩大了现有网络资源的存储、传播和利用范围，实现了各系统信息资源的交互利用。随着信息资源共建共享的广泛开展，信息资源的共享形式也日趋多元，形成了共享联合体、专业学科集群、地区协作等多种模式，有力地促进了创新主体间的交互融合，为我国社会

---

① 张智雄. NSTL 三期建设：面向开放模式的国家 STM 期刊保障和服务体系 ［EB/OL］. ［2013-03-09］. http：//www. nlc. gov. cn/old2008/service/jiangzuozhanlan/zhanlan/gjqk/wenjian/ISJRS0807. pdf.

化的跨系统信息保障服务的开放化发展创造了良好的条件①。

从总体上看，我国图书馆与科技信息机构、国家经济信息系统和其他信息机构协调，形成了相对完善的系统、部门体系结构②。在创新逐渐由部门化、系统化向社会化、协调化发展的过程中，我国创新信息服务不断变革，开展了基于创新社会化信息保障的平台协同建设。当前，我国创新信息平台的跨系统组织情况如图 3-12 所示。

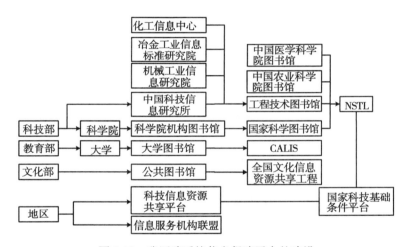

图 3-12　我国跨系统信息保障平台的建设

与国外跨系统协同信息服务不同，我国采用的是国家统一规划的方式，协同服务的发展促进了管理体制的变革，初步形成了国家、地区、行业和机构平台并存的发展格局。从协同服务的发展看，我国国家信息平台和地区性的平台发展同步，进入 21 世纪，各地、各行业的发展对国家信息保障平台建设，提出了协同服务组织体系的社会化构建问题。

---

①　章红 . 国内外信息资源共建共享模式探析及启示 ［J］. 图书馆理论与实践，2009（6）：20-23.

②　胡昌平，曹宁，张敏 . 创新型国家建设中的信息服务转型与发展对策 ［J］. 山西大学学报（哲学社会科学版），2008（1）：101-108.

作为国家科技基础条件保障五大子平台之一的"国家科技文献信息资源与服务平台"建设，旨在整合全国科技信息文献系统、中科院文献情报系统、高等院校图书与信息系统、国家专利文献系统、国家标准文献系统、科学技术方法与工艺方法文献系统、国防科技信息系统等系统的科技信息资源，推进跨系统共享服务的开展。从跨系统协同信息服务的宏观组织来看，只有从国家层面予以整体规划和推进，才能有效解决行业性和地区性跨系统协同信息服务布局分散和重复建设问题，从而实现国家性的跨系统协同信息资源整合与服务互用。NSTL等平台的发展提出了跨系统构建信息保障平台的合作体制问题，根据国家主导下的协同规划，应进一步明确基本的跨系统合作关系，进而确立机构共建共享的平台发展机制。

3.4.4 基于跨系统合作的利益保障机制

对跨系统信息保障平台而言，在建设和运行中存在多方面利益相关者。不同的利益相关者，其利益要求存在差异，而且几乎可以肯定地说，部分利益相关者的利益要求是相互冲突的。这是因为每个利益相关者都是从自身的角度出发对跨系统信息平台提出利益要求，如商业机构希望能以最高的价格将资源出售给跨系统信息平台服务组织，显然，这与参与协同的信息服务机构和用户利益是相冲突的。甚至，同一类利益相关者之间往往也存在着利益要求的冲突，如协同信息服务常常涉及多个部门的参与，各部门都希望使自身的利益最大化。对跨系统信息平台而言，如果只是认识到其周围存在多种利益相关者，而没有意识到利益相关者利益要求的冲突性，那么就无法真正做到对各种利益相关者的"均衡"管理，也就无法开展基于平台的协同信息服务。

政府部门由于隶属关系和服务系统架构上的不同，服务流程和标准存在着差别，为了实现统一的平台化管理，在平台的建设中也会有各自的投入，因此，对信息平台的建设需要进行跨部门协调。

另外，政府规划下的跨系统的信息平台建设，也是有成本的，资金的充足和合理的提供是跨系统平台服务得以可持续发展的关键。在初始建设成本上，一方面鉴于目前并没有合适的标准对建设成本进行分担划分，因此从外部获取建设经费是较好的办法。而目前跨系统的信息平台服务主要是出于对宏观层面上的国家利益的考虑，因此，考虑由国家提供协同服务建设经费是合适的。如美国Science. gov 就先后得到电子政府计划 FirstGov 项目和美国能源部小企业发展基金会的资助。另一方面，应建立以"信任"为基础的平台协同建设经费投入机制。在西方发达国家，这种机制较为完善，如美国能源部承担了 Science. gov 的日常维护经费，各参与部门分担了平台的启动资金。当然，这一切都是以服务贡献和收益的明晰划分为前提的。

在跨系统信息保障平台建设中，存在着信息服务商与公益性机构的合作问题。服务提供商与信息服务机构似乎很难找到一个令双方满意的方案。服务提供商最首要的利益要求是"获取高额利润或资本回报"，而公益性信息服务机构的首要利益是力求使公益效果最好，因此两者之间存在不可避免的利益博弈。服务提供商追逐利润的天性使得其不断测试信息服务机构的承受底线，不断抬高信息资源价格，甚至在一定条件下公然超越这种底线，使得信息服务机构不得不大量削减其他必备的资源和服务购买，从而造成信息资源保障力度和服务质量的下降。

对此，可采用博弈论中的动态博弈分析方法对服务提供商与公益性信息服务机构之间的利益冲突及其阶段方案进行分析。然而无论何种情况，信息服务机构与服务提供商的利益冲突是存在的，在与服务提供商的博弈中，协同是有效的对抗策略。尽管冲突十分明显，信息服务机构与服务提供商之间的利益依赖关系依然是根本的。对信息服务机构而言，其服务实现依赖于服务提供商的及时供给；而对服务提供商而言，与信息服务机构的交易是其价值实现的最根本途径；两者的生存都有赖于对方，缺一不可。因此，找到两者的均衡点是关键，而协同则是找到均衡点的有效途径。

建立创新信息资源的"国家许可"（National Licensing）制度是协调服务提供商与公益性信息服务机构之间矛盾的有效途径。国家许可也称为国家站点许可（National Site License），是由政府授权，服务提供商与非营利性组织之间通过签订国家许可证，允许其在全国范围内使用信息产品或服务，提供非营利性信息服务①。目前，国家许可分为三种类型，统购型，由国家统一购买信息资源，信息保障平台机构免费提供访问服务；补贴型，政府支付一部分资源费用，另外一部分则由各个服务机构来支付；"平台"型，政府投资建立一个统一的资源采购与访问平台，对资源采购进行集中管理。国家许可制度的实施，可以避免各地区、各系统平台的信息资源购买重复，可以有效地协调和解决非营利性组织与经营商之间的争议②。

目前，许多国家都建立了信息资源购买的国家许可制度，如芬兰的数字图书馆计划（FinELIB）就对 ISI 等 15 个数据库实施了国家许可，瑞典、丹麦、冰岛、挪威等国也都实现了国家许可制度。此外，加拿大、英国、澳大利亚也都推行了这一制度。我国 NSTL 由国家授权，以"国家许可"方式一次性投入购买了斯普林格（Springer）、牛津大学出版社（OUP）、英国皇家物理学会期刊（IOP）、期刊回溯数据库（Turpion）和自然（Nature）等共 530 余种期刊，通过 NSTL 平台为符合"国家许可"规定的近 600 个学术型、非营利机构提供免费的永久使用服务③。实践证明，这一方式具有普遍意义。

跨系统平台信息服务不是某一个信息服务机构能解决好的问题，也不是某一政府职能部门能完全解决的。从跨系统信息平台协同服务的本质属性上看，需要信息服务机构、服务提供商、用户和政府部门的统筹协调合作。跨系统信息平台的建设常常需要与相关部门或机构进行合作。这说明，合作是跨系统协同信息服务获得可持续发展的必然选择。

---

① 陈传夫，姚维保．我国信息资源公共获取的差距、障碍与政府策略［J］．图书馆论坛，2004（6）：54-57.

② 王应宽．促进中国科技文献信息开放存取的法律与制度研究［J］．大学图书馆学报，2008（5）：7-13.

③ 郑建程，袁海波．NSTL 外文科技期刊回溯数据库的国家保障策略［J］．图书情报工作，2010（13）：10-13.

跨系统信息平台服务利益相关者的利益目标并不是完全一致的，甚至某些利益相关者的目标冲突非常剧烈，如信息服务机构与服务提供商之间的利益目标冲突在近几年愈演愈烈，这就需要利益相关者共同参与治理。事实上，将利益相关者纳入平台服务治理的轨道可以有效改善利益相关者的冲突，降低因目标冲突所带来的不良影响。

由于共同治理使跨系统平台信息服务体与信息服务机构、服务提供商、用户、政府部门等利益相关者之间有了一份隐形保险合约，这样必然有利于对利益相关者实现有效的约束和监督，有利于保持利益相关者之间的利益均衡和长期合作关系，从而保证利益相关者的长远利益最大化①。

跨系统平台信息服务利益相关者共同治理必须遵循一定的原则：

①主体突出原则。跨系统协同信息服务利益相关者共同治理，既不由服务提供商垄断治理，也不是完全由信息服务机构治理，其治理主体来自于参与平台协同的各信息服务机构、服务提供商、用户和政府部门。它们共同对跨系统的协同信息服务实施控制和影响，代表着整体的利益，反映着各自的诉求。尽管如此，在利益分化和利益相关者主体多元化的跨系统协同信息服务建设中，应在众多的利益主体中突出相对重要的主体，对重要的利益相关者给予优先考虑和更多的重视。

②收益均衡原则。按意大利古典经济学家帕累托提出的理论，当没有谁可能在不损害他人福利的前提下进一步改善自己的福利时，此时群体的利益将达到帕累托最优，也就是处于一般均衡状态。现实的跨系统信息平台服务中，利益相关者的博弈均衡并不一定是帕累托最优的，利益相关者之间可能存在着矛盾和冲突，进而引发利益相关者之间的非合作博弈。对于协同服务的发展，帕累托最优指的是跨系统协同信息服务利益相关者总福利最大，当其中一

---

① 杨瑞龙. 现代契约观与利益相关者合作逻辑［J］. 山东社会科学，2003（3）：9-10.

方想获得更多的福利时，必然会损害其他方的利益。为尽可能减少跨系统信息平台建设中的各种利益矛盾和冲突，应遵循收益均衡原则，努力寻找一个各方都能接受的行动方案。

③动态调整原则。跨系统协同信息服务治理的动态调整体现了共同治理与相机治理的有机结合。所谓相机治理，是指除必要的法律规定外，对利益的分配必须依靠各利益相关者之间的谈判来解决。跨系统协同信息服务治理绝不仅是一个静态的制度安排，而是一个监督引导的动态过程。平台协同服务利益相关者不仅各自的利益要求不同，而且其利益要求会不断变化，因此，必须根据利益相关者的实际状态和具体情况来调整治理架构，以实现最佳的治理效率。

跨系统的信息平台服务共同治理机制是一个在迭代中不断积累经验、不断完善的治理结构变迁机制。这种迭代的过程适于用原型化方法进行设计。原型化方法的基点是在投入大量的人力、物力之前，在形成一组基本需求之后，利用快速分析方法，开发出一个可实际运行的原型系统。在原型系统运行过程中，用户不断发现问题，提出改进意见，治理人员可以根据用户意见不断完善原型，使其逐渐满足用户的要求。原型化方法带给我们如下启示：即在现实条件有限或者无法明确运行机制的情况下不苛求构建一个一步到位的系统，相反，通过构建相对条件下的最优系统或基本系统，根据治理需要有步骤地引入其他要素，最终构建行之有效的治理机制①。

---

① 韩东平，张慧江. 基于原型化方法的利益相关者共同治理机制的设计 [J]. 学术交流，2005（5）：85-88.

4 信息服务的跨系统合作与联盟组织机制

信息服务的跨系统合作在创新型国家建设和信息服务转型发展中进行，其联盟组织的实现是开展跨系统服务的关键，同时还存在着跨系统协同层次安排、基于价值关系的组织体系构建、服务系统构架和服务的融合实现问题。由此可见，跨系统合作和联盟组织应从组织机制、层次、构架和实施几方面展开。

4.1 国际上面向协同创新的信息服务合作发展及其启示

跨系统信息协同服务的开展以系统合作为基础，这种合作在知识创新协同环境下展开，其协同组织涉及多方面资源的关联，由此决定了服务合作机制和跨系统服务的规划与推进。其中，协同服务作用的发挥和规划推进是必须面对的关键问题。

4.1.1 面向国家创新的协同信息服务基础性作用

自迈克尔·波特在《国家竞争优势》（*The Competitive Advantage of Nations*）一书中明确创新是国家竞争的核心①以来，自主创新已

---

① 宋河发，穆荣平，任中保．自主创新及创新自主性测度研究［J］．中国软科学，2006（6）：60-65.

经成为国家发展中人们关注的重要课题。与此同时，面向国家创新，跨系统的协同信息服务也上升到了前所未有的高度。事实上，跨系统的协同服务不仅是国家创新的基础性服务，更对国家自主创新起着先导性作用，引领着国家自主创新向更高层次不断发展。

①协同服务的基础地位。在信息化环境下，国家创新体系逐渐从线性模式向网络状模式转变。路甬祥指出，国家创新体系是指由科研机构、高等学校、企业及政府等组成的网络，这种网络比之线性体系能够更加有效地提升创新能力和创新效率，使科学技术与社会经济融为一体，协调发展①。与此相对应，创新主体的知识信息需求形态不断改变，创新主体之间的信息交流比以往任何时候都要频繁，以跨系统协同为基本特征的创新信息服务成为国家自主创新的基础性服务。

国家创新主体的创新过程是一个多维信息过程，创造、收集、发现和共享，任何一个环节都离不开信息的支撑②。在网络化环境下，随着创新过程的急剧变化，创新主体的信息利用方式和信息需求发生了结构性的变化。一方面，创新过程已不再是由基础研究到应用研究的线性模式，而是错综复杂的网状模式，在这种情况下，创新主体迫切需要与创新过程密切相关的综合性信息服务，以保障创新目标的实现；另一方面，随着创新竞争程度的不断加大，创新主体之间比以往任何时候都要得到重视，开放式创新、协同创新等成为创新过程不可忽视的模式，创新主体迫切需要面向协同创新的基于多信息服务机构合作的信息保障。此外，在服务手段上，创新主体对基于数字化、网络的跨系统集成、高效服务的需求已是不可

---

① 路甬祥. 创新与未来：面向知识经济时代的国家创新体系 ［M］. 北京：科学出版社，1998：27.

② The University of Minnesota Libraries. A Multi-Dimensional Framework for Academic Support：A Final Report ［EB/OL］. ［2013-03-09］. http://conservancy. umn. edu/bitstream/5540/1/UMN _ Multi-dimensional _ Framework _ Final _ Report. pdf.

逆转的潮流①。

以上分析表明，传统基于机构、部门的信息服务已经很难适应国家创新主体的信息需求转变，而开展以跨系统协同为基本特征的信息服务，能够充分整合各信息服务机构的信息资源及其他资源，提供基于网络的集成化信息服务，为国家创新保驾护航。近年来，协同服务的基础性作用越发明显，美国、德国、法国、日本等国家都将其作为国家创新发展战略的重要组成部分而备加重视。

②协同服务的先导作用。随着知识创新主体活动的结构性变化，信息保障支持系统作为知识信息的传播、应用和创造服务系统，已嵌入到知识创新过程之中，甚至发挥先导作用。因此，创造良好的协同服务环境，促使线性、单一点创新向网状、协同创新发展是重要的。例如，美国明尼苏达州州立大学图书馆围绕科学研究中的发现（Discover）、收集（Gather）、创造（Create）、分享（Share）过程，设计了 My Field—在线研究环境（Online Research Environment），以此出发综合选择和利用多种资源，使科学研究中的信息利用过程与研究（Research）过程、学习（Learning）过程和处理（Processing）相融合，从而创造了一种新的信息支持模式，有效促进了创新活动的开展②。

在面向创新的国家建设中，各国都将跨系统的协同信息服务建设作为国家创新的先期工作对待，着力发展基于协同的信息基础设施（Information Infrastructure）建设，以此作为国家自主创新的协同服务平台，推动自主创新发展。如美国在国家创新发展中，先期开展了国家生物信息基础平台建设（NBII）、国家农业信息网络平台建设（AgNIC）、美国科技信息门户网站 Science. gov、美国国家

---

① 胡昌平，漆贤军，邓胜利. 创新型国家的信息服务体制与信息保障体系构建（1）——我国科技与产业创新信息需求分析［J］. 图书情报工作，2010（6）：6-9.

② The University of Minnesota Libraries. A Multi-Dimensional Framework for Academic Support：A Final Report［EB/OL］.［2013-03-09］. http://conservancy. umn. edu/bitstream/5540/1/UMN _ Multi-dimensional _ Framework _ Final _ Report. pdf.

空间数据基础平台建设（NSDI）等一系列协同服务建设项目，其目的正在于提供协同创新环境，推动国家自主创新发展。欧盟、亚洲等国也都有类似做法。目前，跨系统的协同信息服务已经成为衡量一个国家创新竞争力的重要指标之一。

4.1.2 一些创新型国家的跨系统协同服务规划与发展

在创新型国家建设的跨系统信息服务协同规划和发展上，以下以北美的美国、加拿大，以及欧洲和亚洲的日本、韩国为例进行分析。

（1）美国、加拿大的跨系统信息服务规划与发展

美国是创新能力最强同时信息化程度最高的国家。自 1993 年以来，美国连续颁布了"美国国家信息基础设施（National Information Infrastructure，NII）：行动计划"和"全球信息基础设施行动计划"（Global Information Infrastructure），这标志着美国信息化的普及，同时也意味着将进入信息服务的协同整合阶段。在基于网络的跨系统协同信息服务中，美国重点从科技信息集成服务体系和图书馆联盟两个方面予以推进。

美国政府在建设完善信息基础设施的同时，重视科技信息的集成整合，强调跨部门、系统的协同体系建设，为科技研究提供"一站式"服务。近几年来，美国重点资助实施的项目有：Science. gov、NSDI、NBII、AgNIC 等。

Science. org（http：//www. science. gov/）。Science. gov 是美国政府科学信息和研究成果的门户网站。通过该网站，用户可以一站式查询超过 2 000 个科学网站的 42 个科学数据库和 2 亿页科学信息。Science. gov 的建设来源于美国能源部的一次研讨会。2001 年，美国能源部召开研讨会，形成了重要的政策性文件《加强科学公共信息基础设施建设》（*Strengthening the Public Information Infrastructure for Science*），作为回应，美国能源部、农业部、商业部、国防部、教育部、国家科学基金会等 12 个联邦政府部门的资源组成"Science. gov 联盟"，负责 Science. gov 网站的建设。目前，Science. gov 联盟成员包括美国 14 个联邦机构所属的 18 个政府科学

组织。

NSDI（http：//www.fgdc.gov/nsdi/nsdi.html）。1994 年，美国总统比尔·克林顿签署总统令（12906），提出要建设国家空间数据基础设施，以促进空间数据在各级政府、私营部门、非营利性部门和学术界的共享。NSDI 旨在减少各部门的重复工作，改进质量同时节省相关开支。

NBII（http：//www.nbii.gov/）。NBII 是一个旨在提供集中方位国家生物资源的合作性项目。它集成的资源包括多样化、高质量的生物数据库、信息产品和分析工具。这些资源都来自联邦政府部门、州政府、本地政府、国际、非营利性机构、私营机构、大学等的贡献。

AgNIC（http：//www.agnic.org/）。AgNIC 是一个基于"卓越中心"的自发联盟。它的成员包括国家农业图书馆、农业信息中心等在内的 48 个机构。AgNIC 不断促进并参与全球机构和组织合作当中，对有关全球农业、食品和自然资源信息的可靠的、免费的、已评估的数字内容和出色的服务进行确认、传递和保存。

可以发现，这些项目都是在各部门的通力合作协调之下完成的。面对创新挑战，美国信息服务组织不断变革，政府部门、大学、研究机构、私人部门、非营利性组织等不断打破服务界限，积极整合现有的信息资源，开展跨系统的协同信息服务，为国家创新打下了坚实的基础。值得注意的是，这些项目的提出在时间上多集中在世纪之交，这比部分发展中国家提前了十余年，在时间上已占得先机。

对于国家发展层面上的跨系统协同信息服务，以图书馆联盟的形式出现的跨系统协同信息服务则显得比较分散无序。根据 WebJunction 统计，截至 2012 年 8 月，美国有 120 多个图书馆联盟①。如此之多的联盟在组织结构、运行方式、功能上都存在较大差异。然而，有一点可以肯定，正是这些形式多样的图书馆联盟，

———————

① USA Library Consortium［EB/OL］.［2013-03-09］. http://lists. webjunction.org/libweb/usa-consortia.html.

满足了美国研究单位特别是大学的科研信息需求，成为美国国家创新不可撼动的基础。从这一点来讲，这些相对无序的联盟恰恰是从无序中衍生出的有序，与国家性跨系统协同信息服务的本质是相同的。如 OhioLINK 是美国俄亥俄州州立图书馆和 88 个学院和大学图书馆自发联合起来形成的联盟。作为美国最为成功的图书馆联盟之一，OhioLINK 为超过 60 万的俄亥俄州学生、教师、研究人员提供对包括 4 800 万册图书、上百万篇电子论文、12 000 份电子期刊，140 余个研究数据库、55 000 个电子图书馆、数以千计的图像、视频和音频、19 500 篇俄亥俄州学生的学位论文的获取。正如 OhioLINK 董事会 Fingerhut 所说："OhioLINK 展示了俄亥俄州学院与大学合作所取得的卓越成就，得益于州与机构共同为 OhioLINK 提供的资金，俄亥俄州学生与职员可以访问世界级图书馆与信息服务，这种服务超过了任何一个机构包括综合性大学可以单独提供给自己的服务。"同样是出自俄亥俄州，OCLC 的成就有目共睹。作为世界上最大的联机文献信息服务机构之一，OCLC 已经吸引来自171 个国家和地区的超过 72 000 个图书馆的参与。研究工作者、学生、教员、学者、专业的图书馆员以及其他查询信息的人士无论在何时何地都可以使用 OCLC 来获得书目、摘要与全文的信息。

　　同属于北美，加拿大的信息化和信息基础设施建设要比美国滞后，但即便是起步较晚，加拿大的创新信息服务仍然走出了一条很有特色的路子。加拿大在面向创新的信息服务当中，非常注重基于信息共享的跨系统协同服务。在加拿大的跨系统协同信息服务中，加拿大国家图书档案馆（Library and Archives Canada，LAC）和加拿大科技信息研究所（Canada Institute for Scientific and Technical Information，CISTI）两大联邦机构起着当之无愧的核心作用。

　　早在 1997 年，加拿大国家图书馆（与国家档案馆合并前）就倡议发起了"加拿大数字图书馆计划——全国联盟"（The Canadian Initiative on Digital Libraries），联盟在协调成员馆馆藏资源的基础上，强调互操作性最佳化，以发挥最佳协同效应。2006 年 6 月，作为国家数字信息资源战略规划的主要负责机构，加拿大图书档案馆发布了"加拿大数字信息战略"（Toward a Canadian Digital

Information Strategy），强调了跨部门（Cross-sector）的协作对于泛在获取科学信息资源的重要性①。

作为另一重要国家性机构，CISTI 在基于跨系统协作的国家科学信息基础设施建设上功劳甚大。2002 年，加拿大 6 个主要的联邦科学、技术和医学（以下简称 STM）部门和机构的图书馆成立联邦科学技术图书馆战略联盟（Strategic Alliance of Federal Science and Technology Libraries），加拿大科技信息研究所作为其中一员负责联盟的管理，以成员馆资源为基础，联盟启动了"联邦科学电子图书馆"（Federal Science ELib）项目，旨在为加拿大政府研究人员提供对核心 STM 电子期刊的无缝、公平获取②。此后的 10 年，CISTI 不断挖掘其内在的潜力，主导了多个跨系统的合作项目建设。其中比较突出的有：

PubMed Central Canada（PMC Canada），是加拿大研究信息基础设施的重要组成部分，由 CISTI、加拿大健康研究所（Canadian Institutes of Health Research，CIHR）、美国国家医学图书馆（National Library of Medicine，NLM）合作开发，为加拿大医学研究人员提供经过同行评审的健康和生命科学研究文献的在线免费获取。

此外，加拿大也还存在其他形式的跨系统协同信息服务，如加拿大国家站点许可计划（Canadian National Site Licensing Project，CNSLP），1994 年由渥太华大学向加拿大创新基金提出申请，并于 2000 年在 64 个加拿大大学之间达成协议，以提高提供给加拿大研究人员文献信息的数量和深度③。2004 年，CNSLP 发展成为加拿大研究知识网络（Canadian Research Knowledge Network，CRKN），

①　McDonald, J. Towards a Digital Information Strategy［EB/OL］.［2013-03-09］. http：//www. collectionscanada. gc. ca/obj/012018/f2/012018-3200-e. pdf.

②　Brown, B., Found, C., McConnell, M. Federal Science eLibrary Pilot：Seamless, Equitable Desktop Access for Canadian Government Researchers［J］. The Electronic Library, 2007, 25（1）：8-17.

③　高波，孙琼. 加拿大图书馆信息资源共享模式研究［J］. 图书馆论坛, 2008（12）：127-130.

2015 年成员馆也增加至近百个。

CISTI 制定了《2005—2010 年战略规划》，进一步明确了战略方向和实现目标。其 2005—2010 年的战略方向是：巩固和扩大其在科学、技术和医学的信息管理领域的世界领先地位和作用，成为杰出的供应商和服务提供商；通过理解和预测用户的信息需求，创造和推广先进的、高价值的科学、技术和医学信息产品、解决方案和服务，使用户能够利用信息并使之转化为指导行动的知识。通过确保个体和已记载知识之间以及个体之间有效和高效的联系，为国家创新体系作出贡献。下一步计划通过持续创新，提供一流的科学、技术和医学类信息产品与服务，以便加拿大的研究界、工业界和卫生界能够支持加拿大的创新体系，促进经济和社会的发展；充分发挥知识代理的作用，将世界范围内的最新科技信息传递给加拿大的研究人员，确保加拿大的研究人员能够即时访问到各种来源、各种出版形式的有效的科技信息，将创新提升到一个更高的水平，充分利用新技术来创新信息管理。《2005—2010 年战略规划》的预期目标将产生一个强大有效的信息流，促进科研和创新的发展。实现这个目标的关键是要有整合的"学术信息基础设施"，提供通用、无缝和永久的信息接口来获取科学信息及相关信息。在智能检索分析工具以及专家的帮助下，加拿大研究人员、中小企业的管理者、查找医疗信息的加拿大国民等可以方便地获取国内外科学、技术、医学信息资源。2010 年至 2015 年，在原有基础上得到进一步发展。

（2）欧洲国家的跨系统信息服务合作组织与规划发展

欧盟围绕信息社会构建，已经出台一系列信息政策和行动计划，如"电子欧洲：一个面向全体欧洲人的信息社会"（eEurope：An Information Society for All）、"i2010——欧洲信息社会：促进经济增长和就业"（i2010：A European Information Society for Growth and Employment）等。欧盟强调跨系统的科研信息整合对于科技创新的重要作用，作为"i2010 战略"的一部分，欧盟于 2005 年启动了"i2010：数字图书馆计划"（i2010：Digital Libraries Initiative），旨在充分整合欧盟内文化和科技信息资源，增强信息在数字环境中的可获取性和可用性。目前，欧盟数字图书馆计划的最终成果欧洲数字图书馆 Europeana（http：//www. europeana. eu）已经上线，该数字图书馆集成了欧盟 27 个成员国的国家图书馆和文化机构的信息资源，为欧洲文化和科学信息的传承提供了新的途径。

德国是欧盟国家中信息化程度较高的国家之一，早在 1999 年就制定了"德国 21 世纪的信息社会"行动计划（简称"D21"），欧盟"电子欧洲 2002 计划"就借鉴了其中许多的内容。德国非常重视图书馆之间的协调合作，目前合作主要是基于德国图书馆协会联合会提出的方案而进行的。方案要求，涉及各个层面的问题应由一些中央机构或联盟组织，通过协商合作来解决①。由于不存在一个统一的机构对全国图书馆进行管理，因此，德国的跨系统协同信息服务建设主要是以 6 个地区性的联盟为主，然而值得注意的是，这些地区性联盟基本上覆盖了全国 16 个联邦州，实现了对创新的充分支持。近几年，德国逐渐意识到全国性的跨系统协同服务建设对于国家创新的重大作用，也启动了若干国家性项目，如 Vascoda，其功能类似于美国的 Science. gov，由德国研究联合会（DFG）和德国联邦教育与研究部（BMBF）共同发起，其成员包括 40 多个大学图书馆、学术机构和专业信息提供者，提供对各种学科信息和全文资料的快速检索和获取。

法国是世界经济与科技强国，也是一个创新型国家，在航空航天、核能等领域处于领先地位。法国是一个以政府为主导，实行国家计划调节下的市场经济制度的国家②。法国的科研创新实行以国家公共科研机构和大学科研机构为主导，以企业科研机构为辅的体系，特别是法国国家科研中心（Centre National de la Recherche Scientifique，CNRS），在法国的科研创新体系中占有绝对的优势地位。科研创新体制直接决定了面向创新的信息服务体系以及由此而

---

① 朱前东，高波. 德国的图书馆信息资源共享模式［J］. 大学图书馆学报，2008（5）：43-48.

② 黄宁燕，孙玉明. 法国科技创新分析［J］. 全球科技经济瞭望，2008（12）：26-29.

衍生的跨系统协同信息服务体制。法国面向创新的跨系统协同信息服务由政府以行政手段予以统筹协调，以政府下属科技信息服务机构为主导，以大学图书馆为有效补充，形成了较为完善的体制。法国充分利用行政手段以充分协调国家信息资源收藏和服务，满足国家自主创新对跨系统协同信息服务的需求。法国科技情报文献收集和传递中心是法国系统采集、收藏和传递科技文献的协作组织，由法国高等教育与研究部（Ministère de l'Enseignement supérieur et de la Recherche）下属的图书馆、博物馆和科技情报管理局（DBMIST）负责管理。法国高等教育与研究部以部属机构和主要大学图书馆为核心建立了专门从事科技文献收集和传递的 15 个中心机构（CADIST），每个中心机构负责某一特定的学科领域，以此统一管理全国科技文献的收集和传递。CADIST 的采购范围甚广，国内外研究性文献都在收集之列，相关经费则由法国高等教育与研究部予以补贴。由于按学科分工采购和传递文献，CADIST 为法国学术信息资源提供了系统性收藏，为法国创新提供了坚实的文献保障。

芬兰是自主创新能力非常强的国家之一，对跨系统的协同信息服务也是相当重视。目前，芬兰比较重要的跨系统协同服务主要是以国家图书馆（赫尔辛基大学图书馆）为核心展开的。比如，芬兰国家图书馆通过与教育部合作，将其电子图书馆项目扩展成为综合性的国家数字图书馆（FinELib）[①]，其成员包括芬兰大学、工艺学校、公共图书馆以及大量研究机构、图书馆，旨在为芬兰的科学、研究、教学及学习的先进提供支撑作用。在《FinELib 2007—2015 发展战略》中，变化与合作始终是发展的核心，这意味着，在当前不断变化的环境当中，合作始终是一个持久的解决方案[②]。除此之外，芬兰也在不断发展其他类型的跨系统协同信息服务。如

---

① 钱丹丹，高波．北欧四国的图书馆信息资源共享模式［J］．大学图书馆学报，2008（5）：49-54.

② FinELib Strategy 2007—2015［EB/OL］．［2013-03-09］．http://www.kansalliskirjasto. fi/attachments/5l4xoyz0b/5z9PUha2h/Files/CurrentFile/Finel_konsor_eng4_LOPULLINEN. pdf.

由芬兰大学图书馆理事会（The Council for Finnish University Libraries）负责协调芬兰大学图书馆之间的合作事宜，确保大学图书馆共同目标的顺利实现①。芬兰应用大学图书馆联盟（Consortium for Cooperation Between the Libraries of the Finnish Universities of Applied Sciences，AMKIT）负责为各成员图书馆提供集中服务，在其第三阶段的战略制定中，重点强调了协同对其发展的重要作用②。

英国是世界上基础研究实力非常强的国家，围绕科研创新，英国实施了一系列跨系统的协同服务项目。2004 年 7 月，英国财政部、工商部和儿童、学校与家庭部联合发布了"2004—2014 年科学与创新投资框架"。框架中明确提出要建设一个国家级的信息化科研基础设施 e-Infrastructure，以支持英国科学与创新目标的实现。在"为了科学与创新，发展英国的信息化基础设施"的研究报告中，e-Infrastructure 被定义为分布式的计算基础设施，它可以共享大量的数据集、先进的支持数据分析的 ICT 工具、大规模计算资源和高性能可视化，同时也包括了网络、网格、数据中心和协同工作环境③。在实践中，高效的图书馆合作网络是英国信息化基础设施的核心组成部分之一。在"大英图书馆发展战略 2008—2011"当中，向教育界和研究界提供跨系统的共享、整合性的图书馆服务入口，是关键目标之一。

自 20 世纪 90 年代，俄罗斯在社会和经济领域不断进行体制上的变革，国家发展水平不断提高，且取得了一系列重要进展。与此

①　The Council for Finnish University Libraries. Strategy of the Council for Finnish University Libraries 2007—2012［EB/OL］.［2013-03-09］. http://www. kansalliskirjasto. fi/attachments/5kYoVlEft/5HK9QVycv/Files/CurrentFile/strate-giasisus_EN. pdf.

②　AMKIT Consortium. Cooperation Strategy of the Libraries of the Universities of Applied Sciences 2007—2010［EB/OL］.［2011-03-09］. http://www. amkit. fi/download. php? f5c192ab205366b16fb7919f26a4bc6e.

③　Developing the UK's e-infrastructure for Science and Innovation［EB/OL］.［2013-03-09］. http://www. nesc. ac. uk/documents/OSI/index. html.

同时，围绕国家创新，俄罗斯在科研体系的安排上也不断变革发展，在 2005 年批准的《至 2010 年俄罗斯联邦发展创新体系政策基本方向》中，俄罗斯明确了国家创新体系构成，包括主要从事基础研究的俄罗斯科学院、其他国家级科学院以及大学、主要从事应用研发的俄罗斯国家科学中心和企业研究中心等①。其中，国家科学部门是创新活动的主体。与国家创新体系相适应，俄罗斯已经形成了较为完善的创新信息服务体系，同时强调以国家创新为目标，进行跨系统的协同信息服务建设。苏联解体以后相当长的一段时间内，俄罗斯的科技信息服务处于较为分散的状态，基本上由各个研究系统所属的信息服务机构承担，彼此之间相互独立，没有形成整体协同效应。同时，由于信息化建设滞后，跨系统的协同信息服务在此期间并没有得到应有的重视。俄罗斯《电子俄罗斯计划（2002—2010）》的实施，适应了建设开放性的科技数据库和发展国家科技信息系统的需求，体现了国家性的跨系统协同信息服务建设对于国家创新的重要作用。

（3）日本和韩国的跨系统信息服务规划与发展

日本是亚洲创新程度最高的国家，也是跨系统协同服务开展得比较早的国家。总体而言，日本的跨系统信息服务体系经历了"自下而上"的过程。早在 1969 年，日本科学技术会议（委员会）就提出了构建"科学技术情报全国流通体系"（NIST）的构想。其基本思路是，以独立的信息服务机构为基础，发展地方信息系统和各类专业数据库，成立国家机构对其资源进行整合，并传递给全国各地用户使用②。在这一构想的影响下，日本独立的信息服务机构发展迅速，基本上形成了比较完善的科研信息服务体系。进入 20 世纪 90 年代，日本开始实施"省际研究情报网络化推进制度"，在这一制度指导下，逐步实现了日本研究信息的跨系统协同整合。

---

① 龚惠平. 俄罗斯国家创新体系的新发展 [J]. 全球科技经济瞭望，2006（12）：28-32.

② 乌云其其格，张新民. 面向产业与创新的日本科技信息机构 [J]. 中国信息导报，2006（4）：42-44.

步入 21 世纪，日本逐渐强化了国立中央机构在跨系统协同服务中的主导地位。2001 年，日本"科学信息系统中心"（NACSIS）更名为"国立情报学研究所"（National Institute of Informatics，NII），并以此为中心，构建了 SINET（Science Information Network），将国立、公立、私立大学图书馆、科学技术情报中心、计算中心联网，从而实现了学术信息网络的跨系统协同整合。2003 年，日本又启动了为期五年的"国家研究网格计划"（National Research Grid Initiative，NAREGI），目的在于为日本的科学研究提供一个协同环境①。此后，日本又提出了"网络科学信息基础设施计划"（CyberScience Infrastructure），以充分整合协调日本现有的信息基础设施、大学研究资源、国家电子期刊和在线出版物、学术网络等，以形成协同效应。在 2006 年日本政府提出的"科学技术基本计划"（Science and Technology Basic Plan）中，明确指出要改进目前的科学研究信息基础设施，主要包括：促进研究信息的系统性收藏、存储和有效传递；构建柔性和有效的研究信息网络；改进书目信息和专利信息的集成检索系统；促进研究文献收集和储存系统功能以及协调大学图书馆和国家图书馆之间的关系等，而报告中也明确指出这些任务主要由政府来承担②。

在韩国，"科技立国"的理念已经深入人心。依靠自主创新，韩国政府不断推动创新信息服务体系变革。以《科学技术基本法》和《信息化促进基本法》为主线，信息服务相关法律和法规为保证，韩国政府逐渐改变独立分散性的创新信息服务格局，形成了以韩国科学技术信息研究所（Korea Institute of Science and Technology Information，KISTI）和韩国教育研究信息服务中心（Korea Education and Research Information Service，KERIS）为主体，包括韩国数字机遇与促进机构（Korea Agency for Digital Opportunity &

① Miura, K. Overview of Japanese Science Grid Project NAREGI［J］. Progress in Informatics, 2006（3）：67-75.

② Government of Japan. Science and Technology Basic Plan［EB/OL］.［2013-03-09］. http://www8. cao. go. jp/cstp/english/basic/3rd-BasicPlan _ 06-10. pdf.

Promotion，KADO）、韩国专利信息研究所（Korea Institute of Patent Information，KIPI）、18 个政府资助的研究机构（Government Subsidized Research Institutes，GSRIs）、17 个国家研究信息中心（National Research Information Centers，NRICs）等机构的国家协同信息服务网络。实际上，韩国科技信息研究所在韩国科技信息服务领域占据核心地位。为了充分整合韩国现有的科技信息资源，在韩国科技部（MOST）和韩国信息与通信部（MIC）的共同资助下，韩科技信息研究所建设了韩国权威的科技信息服务门户——国家数字科学链接（NDSL），集成了包括论文数据库、科技报告数据库、专利数据库等在内的一系列数据库，为韩国科技领域提供基于网络的跨系统集成服务。

4.1.3　国际上的信息服务跨系统合作发展的经验与启示

发达国家面向国家创新的信息服务系统依托数字化技术实现知识信息共享，不同国家虽然有着不同的发展模式，但共同的做法值得借鉴。在知识信息服务组织上，各国强调为国家知识创新提供全程信息保障的目标实现。

①政府的制度安排。制度安排决定效益，面向国家知识创新优势产业的信息服务系统建设是一个规模庞大、复杂的社会化工程，没有政府的组织和国家的主导投入是不可能实现的。各国政府在创新信息服务推进中均起到了重要的管理和协调作用，在负责制定政策的同时，进行平台资金的投入和资源的优化配置①。

②科学的系统规划。在面向国家创新的知识信息服务发展中，各国根据创新环境的变革和用户需求的变化，进行了全面的系统规划，以充分发挥信息服务机构优势，为创新研究提供强有力的知识信息保障。各国在规划中，将知识信息服务纳入国家创新发展整体，强调知识信息服务与社会发展互动，以此进行知识信息资源、技术和网络的协同建设。由于规划科学，服务效益

---

① 黎苑楚，楚陈宇，王少雨．欧洲技术平台及其对我国的启示［J］．全球科技经济瞭望，2006（11）：58-61.

显著。

③逐步的梯次推进。发达国家的知识信息服务在系统协调的基础上，强调按领域、行业和部门按次推进知识信息服务平台建设，如美国 OCLC 在政府规划导向前提下，以俄亥俄州的地区图书馆网络平台为起点，逐步推向世界，形成一个从中心向四周辐射的服务网络。其发展过程既包括与现存的地区网络互联（如北美地区），也包括建立新的节点（如欧洲）。随着技术和业务日趋成熟，还可以进一步拓展服务，促进信息保障水平的提升。

④服务的标准统一。信息服务标准涉及信息加工、信息转化、信息传输等方面的内容。各国十分注重国际通行标准的采用，通过建立一系列标准数据库，实现全国范围内的统一标准以及与国际通行标准的接轨。在强制推行统一的标准中，虽然参与的部门花费了大量的人力和物力，但在面向国家知识创新的信息服务中取得了巨大的社会效益。

⑤国家的协调统一。信息服务的组织需要信息基础设施作支撑，因而各国在信息基础设施建设中，注重内容服务和信息平台化服务的统一协调。对于各系统的建设，国家相关部门都进行了必要的指导和协调。例如，英国 e-Science 的建设过程中，既有国家宏观指导，又有具体的组织协调工作。对于美国，更是实现了科学、工程创新服务网的协调统一。

综观国外面向国家创新的信息服务系统建设，信息网络、网格平台服务已具备规模。虽然各国的发展模式存在差异，但都能结合本国实际，为知识创新提供支撑平台，从而展示了优质服务的组织水平。

4.2 跨系统协同信息服务关系形成与层次安排

随着信息技术的不断发展，信息服务协同已成为重要的发展趋势，也是信息服务机构不断提高自身核心竞争力的重要标志。因此，分析跨系统协同信息服务的构成要素，研究跨系统协同框架以及过程模型构建是重要的。这些问题的明确是进行跨系统协同信息服务的关键，也是研究信息服务跨系统协同及实施的起点。

4.2.1 跨系统协同信息服务环境

环境是跨系统协同信息服务的构成要素之一。如果将跨系统协同信息服务看作是一个系统，那么此系统必定是一个开放的系统，必定处于一定的环境当中，从环境中获取输入，并将环境作为自身输出的空间。跨系统服务协同的效果是信息服务系统内部和外部多种因素共同作用的结果，不可能脱离环境而进行。

外部环境是不断变化着的动态环境，信息服务系统同相关主体如用户、政府、标准化组织、知识产权组织、服务提供商等之间存在着相互交换、相互渗透、相互影响的关系，能够不断地自我调节，以适应环境和自身的需要。跨系统的协同信息服务实际上正是协同主体与外部环境之间相互作用的过程，协同效果则与外部环境的质量以及协同服务与环境间的关系紧密相关。具体来说，跨系统协同服务的外部环境主要包括以下几个方面的环境。

①社会文化环境。它是指一个区域（国家或地区）的历史传统、意识形态、价值观念、风俗习惯等。这些因素成为人们的行为准则，具有较强的约束力和潜移默化的作用。它在各种外部环境中处于最深的层次，对跨系统协同信息服务既可以起到直接作用，比如不同国家的跨系统协同信息服务主导机制和模式都存在很大的差异，中国往往由政府主导，采用等级严谨的模式，而美国则往往强调市场主导，普遍采用扁平化的模式；也往往通过对其他环境因素的影响而间接地起作用，例如引导协同政策法规的制定等。

②政策法规环境。包括相关政策和法律的健全程度，是影响跨系统协同信息服务的重要外部因素。跨系统协同行为必须遵循一定的政策取向，国家或地区对跨系统协同信息服务的政策制定、知识产权法、信息法案等都可能会影响到跨系统协同信息服务的建立和运行。多数国家都制定了鼓励跨系统协同信息服务的政策和法律，如我国在 2006 年出台的《国家中长期科学和技术发展规划纲要（2006—2020 年）》，提出了要建立科技基础条件平台的共享机制；

在《2006—2020年国家信息化发展纲要》中，还明确了完善信息化发展战略和政策体系研究、推进信息化法制建设等。美国也制定了相关法规政策以促进跨系统协同信息服务的发展，比如《信息自由法》《联邦政府资助的科研项目数据采集和递交的办法和程序》（Circular A-89）、《联邦政府信息管理条例》（Circular A-130）、《联邦政府资助并委托非营利性机构科学研究所产生的数据管理条例》（Circular A-110）等①。

③外部经济环境。外部经济环境的好坏直接决定着跨系统协同信息服务需求的紧迫程度。当外部经济环境较好时，信息服务机构所能购买的资源较多，对跨系统协同的需求往往也较少。而一旦外部经济环境变化时，信息服务机构对跨系统协同信息服务的需求变得十分迫切。如世界上几大出版商不断抬高期刊市场价格，导致信息服务机构服务质量不断降低，这直接导致了对跨系统协同信息服务的旺盛需求。2008年世界金融危机引发的经济发展困难，使欧美等国图书馆的经费不断削减。2009年6月，美国俄亥俄州决定，将州政府预算内给公共图书馆的拨款削减一半；马萨诸塞州Mashpee公共图书馆表示在年中时必须进一步控制开支，减少购书计划②。外部经济环境的变化使得信息服务机构的经费处于动态变化中，其中，跨系统的协同信息服务应该是一种有效的服务组织方式。

④信息技术环境。信息技术环境是指国际、国家或地区范围内的信息技术发展决定的对信息服务具有技术影响的环境，它是跨系统协同信息服务组织实施的基础。近10年来，信息服务机构所处的信息技术环境不断变化发展，网格技术、Web 2.0，云计算等蓬勃发展，在技术的支持下，信息服务机构正不断变革其组织结构和

---

① 刘可静．西方信息共享的理念及其法律保障体系［J］．图书情报工作，2007（3）：56-59.

② 周明明．ICOLC应对经济危机的策略及其对我国图书馆联盟的启示［J］．科技情报开发与经济，2010（5）：85-87.

业务流程①。由此可见，信息技术进步给跨系统协同信息服务发展提供了新的可能。可以设想的是，未来的跨系统协同信息服务所处的信息技术环境还将不断发展，跨系统协同信息服务流程和技术机制也将不断变化发展。

⑤服务组织制度环境。一个基本的组织制度应包括独立的法人制度、组织机构和管理制度②。组织制度为组织成员提供了行为框架，其实质就是行为主体之间的权益和责任的划分和明确，目的在于激励各行为主体为组织的利益而努力工作，同时监督每个成员的行为。跨系统协同信息服务需要建立有利于协同主体的资源和服务制度，在实现协同服务效益的最大化的同时形成有效的约束。有效的协同服务制度不仅表现在对其内部成员的有效激励和约束上，还表现为在运行中对外部环境的适应性上。与外部环境相容的协同服务制度不仅能减少其运行中与环境摩擦产生的运行成本，而且能形成更大的凝聚力，吸引更多的协同主体参与协同服务。

4.2.2　跨系统协同信息服务组织关系

跨系统协同信息服务是两个或两个以上的能动单元共同行动从而完成某一共同目标的过程，其组织要素包含协同主体和协同内容等。

谁参与协同信息服务，是跨系统协同信息服务组织必须确定的首要问题。协同主体可以是两个或两个以上的信息服务机构，也可以是信息服务机构建设的某个子系统和业务单元，甚至可以是信息服务机构的工作人员乃至用户。协同主体可以是同一类型的信息服务机构之间的协同，也可以是不同类型的机构协同与用户协同。不管是何种类型的对象，它们都是通过某种标准而形成协同关系。

跨系统协同是多层面和多角度的。根据目前跨系统协同服务实

①　Fischer G. Cultures of Participation：Opportunities and Challenges for the Future of Digital Libraries ［EB/OL］．［2013-03-09］．http：//www. jcdl 2009. org/files/gerhard-slides-jcdl-final. pdf.

②　汪凤桂，庄汝华. 企业战略管理的外部环境和内部条件分析 ［J］．广东农工商管理干部学院学报，2000（2）：34-37.

践，可以划分出三种类型的跨系统协同信息服务，即信息服务机构间的协同、信息服务机构与第三方系统的协同以及机构服务的泛协同。这三种协同决定了基本协同关系的建立。

①信息服务机构间的协同。按照协同的范围，信息服务机构之间的协同还可以划分为地区层次、国家层次、世界层次以及行业层次的协作。

国内外已有诸多地区性的跨系统协同服务实践，湖北省科技信息共享平台就是其中的代表①。湖北省科技信息共享平台是湖北省科技信息研究院建设的跨系统资源整合平台。该平台整合高校、中科院、科技信息和公共图书馆四大信息系统的资源。2005 年，湖北省科技信息院又通过长江技术经济信息网与中国教育科研网的互联，实现了教育网和科技网的整合；长江技术经济信息网与 CALIS 华中中心成功集成，实现了在统一平台上的检索。2013 年，共享平台通过二期工程正向协同服务深层次发展，同时通过与国家科技文献中心完成无缝链接工程，实现同步传输科技文献信息②，如图 4-1 所示。

当前，作为国家科技基础条件平台五大子平台之一的"国家科技文献信息资源与服务平台"建设旨在整合全国科技信息文献系统和服务资源，从跨系统协同信息服务的宏观组织来看，在于从国家层面予以整体规划和推进，有效解决地区性跨系统协同信息服务布局分散和重复建设问题，从而实现国家性的跨系统协同信息资源整合与服务整合③。

在世界范围内，欧洲数字图书馆的建设科学地展示了分层推进的原则。首先按照地区层面进行图书馆、博物馆和档案馆的整合，

---

① 胡潜．信息资源整合平台的跨系统建设分析［J］．图书馆论坛，2008（3）：81-84.

② 促进科技资源开放共享，湖北夯实科技基础条件平台［EB/OL］．［2013-03-09］．http://www.most.gov.cn/dfkjgznew/200606/t20060601_33715.htm.

③ 胡昌平，等．面向用户的信息资源整合与服务［M］．武汉：武汉大学出版社，2007：20.

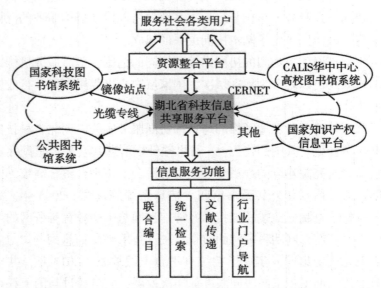

图 4-1　湖北省科技信息共享协同平台框架图

形成整合仓储，其次在国家层面进行国家图书馆、国家档案馆和地区整合仓储的资源和服务整合，最后实现全欧洲数字图书馆虚拟信息空间的建设①。

在行业层面的跨系统协同信息服务中，如图 4-2 所示，中国化工信息中心通过行业信息服务的重组与协同来促进相关机构信息服务分工与资源交换，推动创新成果面向市场进行转化，最后促进行业企业实现创新价值②。

②信息服务机构与第三方系统的协同。对信息服务机构而言，与外界的协同绝不仅仅局限于同类型的信息服务机构，而是要将这

① Davis R. Pan-European Metadata for Cultural Content ［EB/OL］. ［2013-03-09］. http：//www. europeanalocal. eu/eng/content/download/999/9446/…/1/…/Europeana, + ePSIplus + Thematic + Meeting, + Madrid + 12 + September + 2008. ppt.

② 乐庆玲，胡潜. 面向企业创新的行业信息服务体系变革 ［J］. 图书情报知识，2009（3）：33-37.

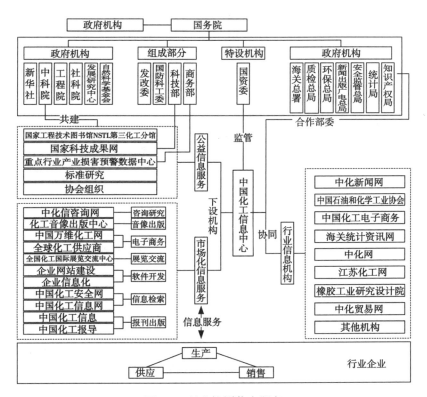

图 4-2　行业协同信息服务

种协同扩展到更为广泛的第三方系统，如知识管理系统、数据存取系统、搜索引擎系统、e-learning 系统、文献出版系统、版权管理系统等，实现与外界环境的复杂交互，提升协同服务能力。

图 4-3 展示了美国斯坦福大学图书馆（Standford University Libraries & Academic Information Resources）与第三方系统之间的协同①。斯坦福大学图书馆通过与教学课程系统、学术研究支持系统、版权管理系统、文献出版系统这几者的协同，重构了一个综合性的大学活动支撑系统。重构后的系统成为事实上的教学学习以及

---

① Stanford University Libraries & Academic Information Resources ［EB/OL］．［2013-03-09］．http：//www-sul. stanford. edu/.

研究中心。同时，与 Google、WorldCat 等进行协同，以网络作为资源发现和利用的新机制，是协同服务未来的发展趋势。

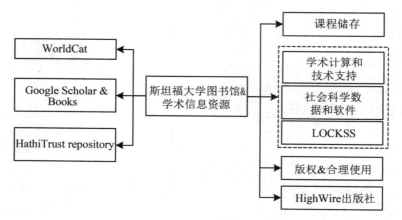

图 4-3　斯坦福大学图书馆与第三方系统的协同

③机构服务的泛协同。信息服务机构之间和信息服务机构与第三方所进行的协同强调信息服务机构或信息服务单元之间的协同。就广义的协同而言，协同应是对所有参与协同的主体之间的关系协调，因此，协同的范围不仅涉及信息服务单元，还应涉及协同信息服务中的诸多相关利益主体，如爱思唯尔（Elsevier）、威利（Wiley）、奥维德（OVID）等服务供应商、中国知网（CNKI）、万方等中介服务商、政府部门、用户等利益主体的协同。事实上，只有这些利益主体协同和配合，才能达到理想的协同服务效果。

具体来说，可能有以下利益主体值得我们关注：信息服务机构中的图书馆和科技情报服务机构，从政府和其他渠道获取服务资金来源，从出版商、索引文摘商和中介服务商处获取服务资源，为用户提供最直接的信息服务；用户，从信息服务机构处接受服务，是服务的对象；出版商，对科研成果进行编辑、出版，并以商业形式向信息服务机构提供资源和服务；索引文摘商，从出版商处获取信息，予以整理，以商业形式向信息服务机构提供资源和服务；中介服务商，从出版机构处获取信息，以商业形式向信息服务机构提供资源和服务；其他商业服务机构，如 Google、百度等，从外界获取资源，以商业形式向信息服务机构或用户提供资源和服务；政府既是公益信息服务机构的投入者和管理者，需要信息机构的支持服务，同时政府部门的职能决定了利益约束；标准化组织，为信息服务机构提供标准化信息和标准化应用，推动信息服务技术标准化发展；知识产权组织，为信息服务机构提供知识产权知识和应用；其他主体，如开放存取组织与正式出版商关系等。这里只是对可能的利益主体进行了概括性的关联描述，但已经显示协同服务中必须考虑的多元利益关系和机构合作关系。在利益关系协同中，显然存在泛在的协同组织的推进。

4.2.3 跨系统协同服务主体形成与层次安排

关于协同主体的选择，麦克·格林格（Michael Geringer）给出了协同主体选择的两个标准①：

任务导向标准（Task-related Criteria）。任务导向标准包括协同取得成功所需的核心能力与资源，如技术方面的领先、财务资源、有经验的管理人员、地理位置、组织机构等方面的优势，以及伙伴对于接受协作条款的能力等。例如对于技术领先者，需要寻找具有优势的技术利用协作伙伴，结成联盟便可以获得技术应用优势。

关系导向标准（Partner-related Criteria）。关系导向标准则涉及与伙伴合作的效率与效能，包括协作伙伴的组织文化、伙伴间过去关系的良好程度、伙伴间高层管理团队的兼容性与信任、伙伴的组织规模与结构等。

联盟伙伴选择的指标可分为有关伙伴个体（硬）的指标和有关伙伴关系（软）的指标。硬指标主要包括市场状况、互补性技巧和财务状况等可以在伙伴选择过程中客观评估的一些指标，软指

---

① Geringer, J. M. Strategic Determinants of Partner Selection Criteria in International Joint Ventures［J］. Journal of International Business Studies, 1991（1）：41-62.

标主要包括承诺、融洽性和信任等在伙伴选择过程中的主观因素①。这一选择标准基本与麦克·格林格的相一致。

基斯·布朗鲁斯（Keith Brouthers）等根据过去理论架构和实证研究归纳得出在选择策略联盟伙伴时应遵循的4Cs原则：互补能力（Complementary Skills）、合作文化（Cooperative Cultures）、兼容目标（Compatible Goals）、相称的风险（Commensurate Levels of Risk）②。这一原则实际上是对上述两种分类标准的细化，同时更具有可操作性。在建立跨系统的协同信息服务时，可重点参考这一标准选择协同伙伴：

①协同伙伴具有互补能力。鉴于协同伙伴的能力是跨系统协同信息服务成功与否的重要基础，因此合作伙伴互补能力也应成为协同伙伴选择的重要依据。协同伙伴能力的互补可以从以下三个方面进行判断：第一是资源的互补，在当前以资源为基础的协同信息服务中，毫无疑问，资源的互补是第一位的，两个具有类似资源优势的伙伴进行合作，是很难实现协同效应的；第二是核心服务能力的互补，核心服务能力是机构在长期服务过程中形成，一个伙伴的核心服务能力可以通过组织学习扩散至整个协同体，核心服务能力的互补便成为关键。第三是技术的互补，根据技术扩散理论，领先的技术可以通过机构之间的合作成功扩散至技术落后的机构，因此技术的先进和互补同样是重要的。

②协同伙伴间存在合作文化。对比能力的互补，合作文化更近似于一种软性能力，然而大量的实践和研究表明，合作文化的重要性绝不亚于能力的重要性，有时，甚至是决定协同成功与否的关键因素。合作文化主要考虑合作伙伴的文化差异、协同伙伴间价值观的一致、合作机构的信任关系、以往合作的经验等，其中的重点是建立以信任为基础的共同价值观。如OCLC成员间就建立了"合作

---

① 袁磊．战略联盟合作伙伴的选择分析［J］．企业管理，2001（7）：23-27.

② Brouthers, K. D., Brouthers, L. F., Wilkinson, T. J. Strategic Alliances: Choose Your Partners[J]. Long Range Planning, 1995, 28(3):2-25.

参与、规模经济、卓越、包罗万象、创新和研究、公开交流、尊重、分享、可持续性、信任"的共同的价值观。

③协同伙伴具有兼容性的目标。所谓兼容性目标，是指一个参与主体目标的实现并不妨碍另一参与主体目标的实现。协同伙伴最理想的状态应是具有一致的目标，即让各方所拥有的有限资源和服务发挥互补与协同效应，实现所预期的协同总体目标。然而，由于各协同伙伴在资源、服务能力和技术上的差异，对协同服务的索求并不一致，对协同服务总体目标的认识也不一致。因此，在选择协同伙伴的时候，尽量选择那些具有兼容性或者说是合作性目标的伙伴，在实现协同服务一致的总体目标的情况下，最大限度地发挥自身资源、服务和技术的作用，进而实现自身的目标。

④协同伙伴具有相对称的风险。在选择协同伙伴时，信息不对称（Asymmetric information）导致逆向选择的存在，即便是在协同服务正式运行的过程中，道德风险依然存在，"搭便车"的伙伴永远都不会少。因此，除了建立信任机制，还必须考虑使用正式契约的形式，对协同伙伴进行约束，明确责权，使协同伙伴间具有相对称的风险。对于风险问题，应建立有效的协同组织风险防范与规避机制，在实现协同利益目标的同时，进行协同风险管理与应对。

协同内容即协同的客体①。根据美国学者迈克尔·波特（Michael Porter）对业务单元之间关联类型的划分，可以将跨系统协同对象之间的关联分为有形协同、无形协同和竞争性协同②。通常，有形协同是指在那些存在具体形态的资源之间进行的关联协同，比如人员、仪器与设备、信息资源、资金等；无形协同是指在那些不存在具体形态的隐性资源之间进行的关联协同，比如员工的知识、组织无形资产、体制资源等；竞争性协同是指存在竞争关系

---

① ［美］迈克尔·波特．竞争优势［M］．北京：华夏出版社，1997：322-332.

② 张敏．面向知识创新的跨系统协同信息服务研究［D］．武汉：武汉大学博士学位论文，2009：53.

的对手，出于自身发展的需要，而结成合作协同关系。

在分析众多企业协同内容界定的基础上，可着重从宏观、中观和微观三个层面分析协同的基本内容①。例如，对于面向企业的行业协同信息服务组织，考虑到企业与跨系统协同主体（目前多数为非营利性组织）在组织层面上的相似性，跨系统协同内容同样可以从宏观、中观和微观三个层面来进行分析，如图4-4所示。宏观层面的协同内容由战略协同和文化协同构成；中观层面的协同内容由资源协同、组织协同和制度协同构成；而微观层面的协同内容由流程协同、平台协同构成。

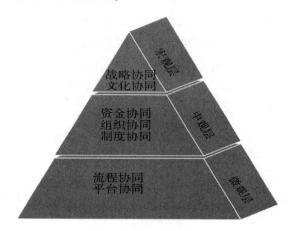

图4-4　信息服务的跨系统协同内容

跨系统协同信息服务的宏观层面的协同内容主要表现为战略协同和文化协同两个方面。宏观层面的协同是跨系统协同信息服务的基础，它为参与协同的组织指明了路线和范围，促进协同主体在共同的指引下协同前进。宏观层面的协同内容具体如下：

①战略协同。战略协同是信息服务跨系统协同的最高层次，它意味着参与协同的所有主体都认可且支持协同信息服务的战略目

---

① 邹志勇．企业集团协同能力研究［M］．济南：齐鲁书社，2009：103.

标，并能在这一目标框架内，调整自己的战略发展方向、使命、目标、实现路径，与协同信息服务的战略目标保持高度一致，同时协同主体的资源和技能通过共享形成协同体的核心竞争力，从而实现协同效应①。

②文化协同。文化作为服务理念和群体意识，是跨系统协同信息服务运作的核心。不同的协同主体有着不同甚至是截然相反的文化，引导着协同主体向着不同的方向发展。因此，要实现协同，就必须对协同主体各自的文化进行引导、整合，形成新的、被协同主体共同认可的协同文化，只有这样，才能真正实现协同。

跨系统协同信息服务中观层面的协同内容主要表现为资源协同、组织协同和制度协同三个方面。中观层面的协同聚焦于组织制度和行为规范层面，力图促使参与协同的主体之间信息、资源能够快速地流动和共享②。中观层面的协同内容如下：

①资源协同。协同主体的资源可以分为有形资源，如人员、软件设备、软件应用、信息资源、资金等，以及无形资源如知识、知识产权等。资源协同就是要实现有形资源和无形资源在协同主体间合理地流动和优化配置，提高资源利用率。

②组织协同。组织协同是指协同主体在组织规模、组织结构和管理体制等方面的协同，通过对组织规模、结构和管理体制的协同来实现协同主体资源的高效利用。在组织协同中应明确其中的基本合作与融合服务关系，形成有效的组织合作体制。

③制度协同。制度协同是指协同主体根据效益最大化原则制定新的协同条件和规则，并建立新的行为约束机制，以降低协同服务的成本，保障协同服务的顺利实施，推动跨系统协同信息服务整体绩效的提升。

跨系统协同信息服务微观层的协同内容主要表现为流程协同和平台协同两个方面。这一层要求参与协同的主体在具体的业务环节

---

① 张东生，杜宏巍. 基于战略协同的子公司战略研究方法［J］. 商业研究，2006（1）：43-44.

② 顾保国. 企业集团协同经济研究［D］. 上海：复旦大学博士学位论文，2003：134-136.

上保持一致，建立相应的业务协作支撑平台，促进业务的协同运作。微观层面的协同内容具体如下：

①流程协同。流程协同是指信息服务流程中各个环节的协同，也就是信息搜寻流程、分析和整合流程、信息的知识化流程、知识应用流程和知识服务反馈流程等的协调管理。

②平台协同。平台协同是指在协同主体信息服务系统平台的基础上，通过构建跨系统的协同信息服务平台，使得每个协同主体都能够在此平台上作业，同时与其他协同主体之间实现业务协作。可以这样认为，即平台协同是流程协同的平台化发展。

4.3 基于价值链的跨系统联盟机制

面向国家创新发展的知识创新，要求转变思路，实现基础研究、应用研究和试验发展与管理创新及制度创新的互动，从而需要在保障知识创新价值实现的信息服务的组织上，构建服务于知识创新价值链价值实现过程的跨系统协同信息服务体系，改变现有的管理、运行关系，实现可持续发展。

4.3.1 价值实现中服务联盟的适应性

根据知识创新价值链的形成机理，应探索基于创新价值链的跨系统协同服务的组织形式，考虑各系统、专门机构服务协同组织问题，以便构建面向开放式创新的协同服务体系，更好地服务于知识创新①。基于此，新的环境下信息服务需要根据知识创新价值链的价值实现过程，围绕基础研究、应用研究、试验发展、产品设计、工业生产直至市场营销提供全程化的链式信息服务，各信息服务系统贡献自身优势信息资源，与其他信息服务系统进行协同，重新组织各系统的服务资源，对服务业务流程进行优化，通过服务联盟的组织模式提供服务。

跨系统协同信息服务的实现不是将信息资源、信息技术和服务

---

① 胡潜. 创新型国家建设中的公共信息服务发展战略分析 [J]. 中国图书馆学报，2009，35（108）：22-26.

进行重新建设，而是基于现有的资源布局、技术水平和服务业务的重新组织，将各服务系统的优势资源和服务进行协同，对资源进行合理调配、对业务流程进行重组，结合先进的信息技术实现服务的协同推进。这一目标与企业管理中的虚拟企业的组建有着异曲同工之处，因而可以借鉴虚拟形式，通过建立结构合理的服务联盟来实现①。

服务联盟是以分布、协调合作的方式实现服务的一种新的组织形式，是指不同系统的信息资源和信息服务提供者，本着资源共享和互利的原则，通过协议或合同，结成协同服务的联盟，在统一的结构框架下合作，进行信息资源的共同分享和联合服务，发挥各自的资源和服务优势，使信息资源的效用最大化。网络环境下服务联盟的出现是知识创新发展的客观需要，也是信息服务系统之间一种新的协作形式，其实质是不同信息服务系统之间基于合作关系的联合，它是共享成员群体的动态重组行为，其最终目的在于快速开发或实现联合体的信息服务职能，使共享成员在时间、质量、成本和服务这四个关键因素方面具有优势，是一种开放的动态的组织结构。跨系统服务联盟的优势体现在以下几个方面：适应性、灵活性、依靠联盟的力量以及在时间上的独立性②，具有动态性、开放性、深层次、全方位等主要特点，这些特点要求提供灵活的资源共享框架，使得服务联盟的各成员能够有效发现和共享彼此所拥有的各种资源。

服务联盟一般具有如下特点：

①组成联盟的成员机构应能在各自领域提供自己的核心能力，有机整合各项创新信息资源，使得软件、硬件基础设施得到共用，在某些重大项目的合作方面降低风险，减轻服务压力。

---

① Panteli, N., Sockalingam, S. Trust and Conflict within Virtual Inter-organizational Alliances：A Framework for Facilitating Knowledge Sharing ［J］. Decision Support Systems，2005，39（4）：599-617.

② Lin, L. H., Lu, I. Y. Adoption of Virtual Organization by Taiwanese Electronics Firms：An Empirical Study of Organization Structure Innovation ［J］. Journal of Organizational Change Management，2005，18（2）：184-200.

②各联盟机构具有更强的相互信任和依赖性，网络环境下的服务联盟虽然是一种松散的组织结构，出于合作的需要组合在一起，机构之间的联系是自发的、合作利益导向的，因而信任感和依赖性更强。

③运用新的信息网络技术保证联盟机构进行协同运作，与实体组织模式相比较，虚拟组织之间通过信息网络传输信息的效率更高，有利于信息的横向交流，使得信息获取更加及时和充分。

④针对某一具体项目、市场机会或任务而联结在一起，虚拟组织具有组织柔性强的特点，更多地以项目或课题的需要联合起来统一服务，完成任务后随着项目的结束而解构，弥补了传统信息服务机构刚性比较大的缺点。

⑤联盟成员处于不断变化之中，符合联盟成员条件的服务机构（系统）可随时加入进来，因而以这种模式形成的服务联合体具有组织无边界的特性。

面向知识创新价值链的联盟协同服务价值实现过程涉及多个系统的创新主体和服务主体。创新本身具有跨越组织机构的界限、相互渗透的特点，创新的实现过程也是主体之间核心资源进行优化重组的过程。相应的信息服务系统在服务于如此复杂的知识创新链的各个环节时，也应转变思路，采取跨系统联盟的服务模式，这一选择是由知识创新实现过程的动态复杂性和联盟服务方式的特点共同决定的。一方面，信息服务的网络化体系已经形成，信息基础设施建设已初具规模，各部门、系统的信息服务系统的自动化、信息化建设水平显著提高。信息资源虚拟化、管理网络化、信息导航自动化环境已逐步形成。在知识网络环境下，服务联盟的形式得到了迅速发展，信息服务组织完全可以在网络支撑下实现虚拟联合，按虚拟服务融合机制，建立信息服务组织基于服务协同的联盟，其联盟成员可以超出现有信息服务网络的范围，实现一定规则下的服务内容、形式、功能和用户之间的沟通，以构建面向用户的虚拟服务体系。另一方面，信息服务系统之间已经建立多种形式的服务联盟，如馆际互借联盟、文献编目联盟、数字参考咨询联盟、数字资源共享服务联盟等。这些图书馆之间、信息服务机构之间联盟的建设和发展为跨系统的协同服务奠定了基础，提供了建设思路。服务联盟根据是否有实际运行载体可以分为两类：

①虚拟联合、虚拟运行。现行的科技信息服务平台多采用这种组织模式，参与合作的信息服务机构成员之间没有直接的实体联系，而且不存在统一运行载体。各信息服务部门在已有的各类数字资源基础上，通过遵循统一的标准规范，将多种信息资源以及服务进行多种方式的整合和自动化协同工作，建立一个分布式、开放的数字化信息服务环境，向用户提供全方位、多层次、无缝链接和个性化的信息内容服务。我国的国家科技图书文献中心（NSTL）、浙江省的科技文献资源共建共享平台等服务平台都采用了这种服务模式。

②虚拟联合、实体运行。这种运行模式是值得引起注意和重点推广的，它是在资产权属不变的前提下，信息服务机构之间以共享资源和服务为纽带，建立实体组织进行服务或直接由某一核心机构作为运行载体。这种模式的特点是各成员之间虽然在关系上表现出虚拟联合，但通过统一对外窗口实体运作，具有服务的载体，因而相比虚拟运作的模式而言，组织紧密程度更高，相互之间的耦合关系更紧密。如湖北省科技信息共享服务中心就是联合了国家科技文献中心（NSTL）、中国高等教育文献保障系统（CALIS）华中中心、国家科学图书馆武汉分馆、湖北省知识产权局等服务机构，由湖北省科技信息研究院建立统一的对外服务窗口，进行日常的管理和服务工作的推广。

由于两种不同形式的虚拟组织模式特点不同，因而在实际运行中各有利弊，在具体功能开展及取得绩效方面也存在一些差异。事实上，在跨系统协同信息服务实现过程中，信息服务机构可以根据本单位的具体情况和资金投入情况综合考虑采用哪种联盟模式，也会出现这两种服务模式的综合运用。基于知识创新价值链的协同信息服务涉及公共服务、教育、科技、经济等不同的系统，组织机构之间关系复杂，利益主体众多，在服务联盟的组织实施中，需要在国家层面构建虚拟联合体，确定虚拟运行关系，对于区域实现层面可以采用虚拟联合而言，实体运行模式的选择很重要。

4.3.2 服务联盟资源的协同重组

信息资源是信息服务机构开展协同服务的基础，服务联盟组建的关键就是将各服务系统的信息资源和创新过程中形成的信息资源，按照知识创新价值链活动需求进行科学配置和全程化重组。跨系统信息资源全程化重组定位于为知识创新提供跨系统协同信息服务上，按服务所需进行基于信息内容、应用过程和创新用户群的资源集成。通过跨系统集成，围绕用户对创新知识的发现、分析、解释、交流和组织，支持知识信息的利用、传播和创造。这说明，通过对各个系统信息资源的分解重组，按资源的逻辑关系和知识创新环节对资源的需求组建相互联系的信息资源体系是重要的。这种协同在不同的信息资源系统之间建立多维连接，把各种信息资源透明地无缝链接在一起，形成资源逻辑中心。其协同组织的最终目标，在于使创新主体十分方便地使用分散在各信息服务系统和其他创新主体组织内的资源。

知识创新需要多元化、相互依赖和多向交流的信息服务，保证信息在企业、研究机构以及政府等不同创新网络中的无障碍流动，这就要求在分布、异构和动态变化的资源和服务环境下，提供跨系统、跨部门、跨学科、跨时空的信息，实现创新资源和创新活动、创新人员密切结合，保证创新价值链中工作流、信息流和知识流的通畅，促进创新价值链中各环节的耦合和互动。知识创新价值链价值实现过程中，各个环节需要的信息资源分散在不同的服务系统中，科学研究中需要用到的科技文献、科学数据等资源分布在高等学校和科技信息服务部门，而技术开发中所用的标准、专利等信息存在政府相关部门，市场营销中需要的客户需求信息往往又通过行业信息服务机构或专业的咨询公司获得，为了完成知识创新的价值实现过程，用户需要从不同的信息服务机构获取信息资源，是一种无序的信息获取过程。其中，信息资源的分系统、分部门分散分布的现状增加了用户获取信息的时间成本和经济成本。

跨系统信息资源重组的对象不仅包括部门、系统内的信息，还包括类型各异的外部信息资源，资源重组的过程不但涉及整个服务系统，甚至包括整个信息服务行业在内的各个层面。围绕基础研究、应用研究、试验发展、产品生产直到市场营销的过程，各服务系统应该充分发挥自身的信息资源优势，将核心的资源贡献出来，同时通过对创新活动中产生的信息资源进行有效采集、分析与共享，使整个信息服务行业内信息资源在创新价值链上流动顺畅，在充分共享信息资源的同时通过协同服务和创新主体的创新合作实现信息资源价值的增值。通过协同管理和整合，把原先各个独立的资源系统融合成一个有机的、不可分割的整体，从而在宏观上确保信息资源的整合不受系统、部门的限制，实现全局性的协同优化。在信息资源优化重组的过程中，来自于不同系统、不同载体、不同类型、不同渠道的各种信息资源经过联盟资源中心的整合后，能够跨越组织结构和部门系统的障碍，在技术上提供统一的用户界面和服务平台，满足知识创新各环节的资源需求，如图4-5所示。

跨系统服务联盟建设中的信息资源重组可以从两方面入手：一方面对各信息服务系统的不同种类、不同性质的资源进行协调共用；另一方面将信息服务系统的资源和创新主体内部的知识资源在创新价值链上进行优化配置。

①建立资源协调共用机制。信息资源的协调共用需要首先统一资源描述和组织方式的标准规范，提供资源封装、发布、组织、发现和调用机制，克服资源的异质性和动态性，提供可扩展、可伸缩的资源互操作支持；其次是构建一个分类明确、层次清晰、规格统一的资源协同体系，实现资源的优化共享和可持续开发利用；最后是有效整合不同种类资源的功能效用，使之共同为实现知识创新创造最大价值。如广东省文献资源共建共享协作网就是由广东省内公共、科研、高校三大系统图书馆和信息机构自愿组成的、跨系统、跨部门、跨行业、跨地区的公益性组织。在资源协调共用中，由广东省科技情报研究所牵头，联合省医学情报所、省农科院研究所、省电器科学研究所、省微生物研究所、省能源科学研究所、省化学研究所、南海海洋研究所等科技文献馆藏单位，通过便捷的网络手段，整合各自的馆藏信息，建立网上科技文献联合馆藏数据库，实现科技文献馆藏信息资源的共享。

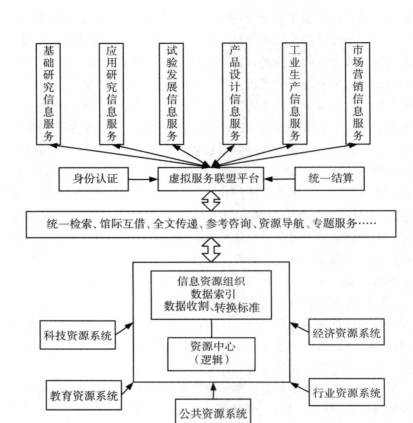

图 4-5　跨系统服务联盟资源组织

②在创新价值链上进行优化配置。优化配置的关键是实现信息资源的合理分布与动态调配。信息资源在知识创新价值链上起着黏合创新要素、替代物质资源、提高人力资源质量的作用，其合理配置为促进其他各类创新资源的优化配置奠定了良好的基础。从基础研究、应用研究、技术开发到知识创新的价值实现全过程中，信息资源发挥着重大的作用，应该按照价值链的关系来优化信息资源的配置，实现各个环节的创新，从而使信息资源与其他各类创新资源的有机组合促使科技创新对经济社会发展的促进作用得以充分体现。在具体实施中，可以通过对每个创新环节的信息资源需求分

析，确定所需资源的类型、载体、来源等，按照就近的原则首先从区域内信息服务系统发出资源请求，如果能够满足则直接获取，如果本区域内的信息服务系统没有此资源则向其他区域或者国家级资源中心发出资源请求。

4.3.3 服务联盟业务流程的全程化优化

信息服务业务是信息机构面向知识创新主体进行服务的直接表现方式，其内容及其组织关系到信息服务的整体效益和效果，有效组织是信息服务机构服务能力的最佳体现。跨系统虚拟服务联盟的业务组织是建立在对知识创新价值链各环节的创新需求的基础上的，根据每个环节的需求动态地协调服务业务。

分系统的信息服务机构业务开展是围绕其信息资源来设计的，服务流程的组织面向特定的用户展开。这是一种分布式的服务，用户要获得所需的服务，要分别从不同的信息服务机构获取，因而影响到用户的信息获取和利用效率，如图 4-6 所示。

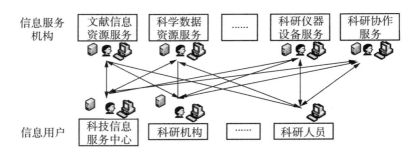

图 4-6　分系统信息服务业务组织方式

知识创新价值链的价值实现过程中，各创新主体、创新要素间的交互关系日趋密切，信息交流更为频繁，由此形成了有机互联的知识创新网络。用户对知识创新服务的需求，从最初的仅限于找到所需的信息，到利用信息资源完成知识创新任务，再发展到与其他用户一起分享信息与知识，其演化可归纳为分散向协作方向的发展。随着用户需求的结构性变化，信息服务系统作为一种信息的传播、应用和创造的工具，日益成为可解构的用户信息工具集合，为用户所发现、调用和利用，继而将服务嵌入到用户的知识创新过程中。在协同背景下，信息服务系统间不断地突破系统的界限，相关联的信息服务系统一起协同进化、优化组合、分工合作。在这一机制的驱使下，使得面向知识创新价值链的信息服务业务组织也显现出网络化特征，即由服务需求者、服务机构、服务设施和服务业务组成的系统，以网络化方式运行，通过依托知识创新网络实现服务功能和价值创造。

跨系统服务联盟的业务流程全程化重组的关键就是将每个创新活动环节所需的服务业务分解为更小的业务环节，各信息服务系统的服务业务进行重新组合。在业务中心的协调下，原有服务系统将各自的业务进行细化分解的同时，将其中更为细小的部分视为一个独立的系统组件，其中每个子服务独立自治。这样业务中心可以围绕更小的业务单元跨系统进行调度，把不同系统的某些核心业务进行重组，从而达到服务协同的目的。在服务联盟中可以建立跨系统的服务业务调度中心。业务调度中心的调度过程如下：接收来自创新环节的服务需求，分析其所需的服务业务属于哪个信息服务系统，做出调度判断，同时向相关服务系统发出任务指令，将需求与服务进行匹配，满足创新环节的需求。业务调度中心应该具备费用结算的功能，作为第三方协调机构，在接受服务需求的同时，分析其服务业务是属于公共信息机构还是商业服务部门，确定是否收费，如果收费，最后将服务系统的定价返回给服务需求方，需求方接受之后先将服务费用支付给调度中心，待完成服务过程之后，中心再将费用转给服务提供系统。业务调度中心的功能如图 4-7 所示。

跨系统服务联盟的全程化服务组织包含两方面的意义，一是围绕知识创新价值实现的过程提供全程服务，二是指各信息服务系统基于信息资源、信息技术和服务业务重构的全程化实现。根据知识创新价值链的价值实现过程，通过构建服务中心的方式组织跨系统全程化信息服务，将信息资源系统、服务业务系统和用户系统融合于网络空间，按照知识创新价值实现过程来组织、集成、嵌入服

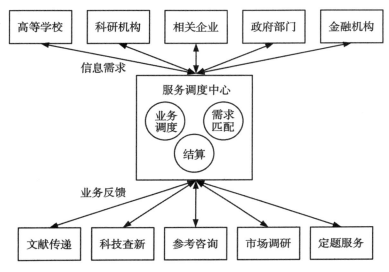

图 4-7　协同业务调度中心的功能及结构

务，实现各类信息资源之间的链接、交换、互操作、协作和集成，
在知识创新价值链的不同阶段发挥作用。

　　服务联盟的服务调度是通过建立信息平台中心实现的，它能
够及时处理和链接所有相关信息到创新价值链上的主体。中心是
连接各信息服务系统和价值链上的主体的核心节点，具有数据存
储、数据处理和存入/读取的能力，价值链上所有的创新主体和
服务系统都通过中心联系起来，形成一个可以信息共享系统。信
息协同服务中心可以由服务系统中的单个系统依托自身的网络牵
头组建，也可以由政府组织第三方服务机构重新组建。上海市公
共研发服务平台就是采用后者方式组织的，在上海市科技管理等
部门的有效推动下，成立平台建设协调小组和管理中心，经过 6
年的运行，证明这种在政府主导下成立第三方服务机构的组织模
式是切实可行的。

　　信息业务协同中心在这里起到收集、管理需求信息、对各服务
系统的资源和服务进行调度的作用。中心将与知识创新价值链价值
实现过程相关联的各个信息服务系统的优势资源和服务进行集中管

理，根据知识创新环节的推进，整合服务资源和业务，提供链式服务。创新价值链上的上下游主体发出的信息需求通过指挥中心获取需要的信息，中心负责需求与服务系统的管理、匹配工作，中心通过将各个服务系统的优势业务进行优化重组，与需求进行匹配，进行服务的推送，适时满足创新主体的需求。

4.4　跨系统协同信息服务架构模型

跨系统的协同信息服务不是通过某一要素或内容的协同来实现的，而是由多个要素或内容协调后，与环境相匹配，再进行协同的结果。因此，有必要构建跨系统信息服务的框架模型，以此为基础，分析跨系统协同的过程模型，从而更好地理解跨系统协同服务的发展。

4.4.1　跨系统协同信息服务的框架模型

根据跨系统协同服务构成要素的分析结果，可归纳协同的六大要素，即战略、文化、组织、资源、制度、流程（平台是流程的具体化）要素。这些协同要素作用的发挥离不开协同服务的外部环境和内部环境。在此基础上，提出跨系统协同信息服务的框架模型，如图 4-8 所示。

跨系统协同框架模型的含义是：构成跨系统协同的战略、文化、制度、组织、资源、流程（平台）六大要素在外部环境和内容环境的框架下实现立体、全方位、全要素的全面协同，以实现协同效应。为方便研究，将该模型简化为平面模型，其中外部环境和内部环境可以渗透到六大要素中去。

由于跨系统的协同信息服务实际上可以认为是由战略协同、文化协同、制度协同、组织协同、资源协同、流程（包括平台）协同等共同构成的超协同，考虑到目前的跨系统协同信息服务仍以资源协同为基础，因此，以资源协同为中心视角来重点研究资源协同与其他要素间协同的全面协同过程。

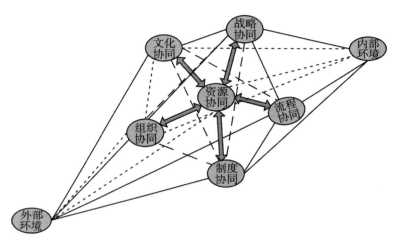

图 4-8　跨系统协同的框架模型

4.4.2　跨系统信息服务组织协同过程

要实现信息服务的跨系统协同，必须经过沟通、合作、协调、整合、协同五个过程，如表 4-1 所示。基于此，提出信息服务的五阶段跨系统协同过程模型。

需要指出的是，跨系统协同的五阶段过程模型只是对现实协同过程的一种抽象概括。事实上，跨系统协同实践中沟通、合作、协调、整合和协作这五个阶段不是截然分开的，而是一个有机的整体，如图 4-9 所示。各阶段之间尽管存在阶段安排的差别，但各阶段之间的有机联系却是其共同特征，后一个阶段的实现必须以前一个阶段的实现作为基础。由于内外环境存在差异，不同的跨系统协同服务，在发展阶段上存在差异，各个阶段的时间也会存在差异，在某些情况下，跨系统协同服务阶段也可能在一个短的周期内实现，阶段之间的衔接密切，甚至同步。从总体上看，将跨系统协同过程分为五个阶段，无论是从协同服务的实践上还是理论角度上都具有客观性，阶段划分一方面是对跨系统协同过程的细化，另一方面在实践上有利于跨系统协同服务的过程优化。

表 4-1   跨系统协同过程的五个阶段

阶段	名称	作用	典型行为/特征
1	沟通	跨系统协同的前提，交流与共享信息	信息服务机构协调联盟会议
2	合作	共享信息和部分资源，保障跨系统信息安全	跨系统信息互用和安全计划共享
3	协调	为共同目标而协作配合、共享信息与知识资源	组建协同服务实施机构或工作组
4	整合	围绕共同目标实现一体化资源整合	信息资源整合和内容开发
5	协作	实现整体的跨系统服务优化和协同效应	协同服务组织与服务效益最大化

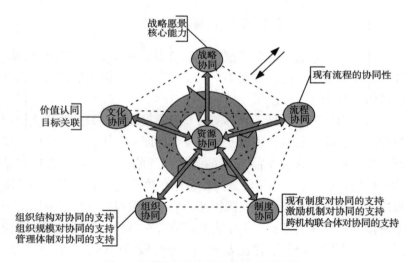

图 4-9 跨系统信息服务组织协同过程

以下是对模型的各个阶段的具体分析：

①沟通阶段。要实现信息服务的跨系统协同，首先要建立起正常的接触和交流沟通的渠道，促进信息服务机构之间的互动接触和信息、知识流的共享和传播，这是进行协同的基础和前提。沟通又

常被称为互动（Interaction），卡恩·肯尼斯（Kahn Kenneth）通过实证研究发现，互动是实现跨部门整合的基础，没有部门间的接触和互动，跨部门的整合就不可能实现①。在信息服务的跨系统协同中，沟通的实质是使未来需要参与协同的信息服务机构或要素能够通过相互接触实现彼此的相互认知，为后续阶段的进行奠定基础，因此沟通为阶段推进的核心。

从信息服务机构的实际情况来看，沟通阶段的典型行为是召开信息服务机构间的联席会议，主要目的是使各信息服务机构之间相互了解与接触。从组织结构上看，沟通阶段各信息服务机构之间是相互独立的，沟通也主要是通过正式的渠道（如跨机构联席会议等）和非正式渠道来进行的。其接触的动机有二：一是由于上级的指令与要求，如上级管理部门为了推进信息资源共享项目而要求下属信息服务机构召开联席协同会议；二是出于自身利益的需要，主动与其他机构进行接触沟通，如 Google 为了推进数字图书项目而主动与公共及高校图书馆进行联席。

在这一阶段，各信息服务机构之间只是初步地进行接触和相互了解，信息和资源仅得到初步的共享。这一阶段的典型行为有：被动或主动地参加跨机构联席会议或其他会议，如我国全国数字图书馆建设与服务联席会议、全国图书馆馆长联席会议等；机构负责人或工作人员之间的交流。

②合作阶段。合作是协同的下一个发展阶段，当信息服务机构意识到单独依靠自身力量无法解决面临的所有问题时，合作就成为必然的选择，典型的合作行为是信息服务机构同意为了某项活动而正式地一起工作。

合作阶段的活动目标为：在沟通基础上，各信息服务机构之间达成合作意向，当它们意识到自身的能力不足以完成某一目标时，必然尝试与其他信息服务机构合作，设立共同的目标和愿景成为合

---

① Kahn, K. B. Interdepartmental Integration：A Definition with Implications for Product Development Performance ［J］. Journal of Product Innovation Management, 1996, 13（2）：137-151.

作最主要的条件；为了实现共同的目标和愿景，信息服务机构之间必须建立相互依赖和合作关系，这意味着信息服务机构在某些情况下必须放弃单纯地从本机构利益出发看待问题的态度，以相互理解的积极态度来看待问题；合作阶段各信息服务机构之间沟通与交流的形式更多的是正式的活动或行为，往往通过协议或其他文件形式对合作相关事宜进行确认；随着各信息服务机构之间相互理解、信任程度的加深，信息和资源等有形和无形资源的共享程度也在提高。

③协调阶段。协同过程的第三个阶段是协调。当合作发展到能够被视作需要或定期进行配合的阶段时，通常需要一个框架来组织活动并且确保合作各方理解合作目的、要求与规范。这个时候效率变得更为关键，因此协同必须做好计划，以确保进度和合作计划的推进。同时，日程表、进度报告和其他交流工具在这个阶段是重要的。典型的协调活动是建立跨机构的咨询委员会或主题工作组，并在数字资产、元数据实践或跨机构馆藏建设中发挥作用。

协调阶段的主要特征是：效率成为最主要目标，当各信息服务机构之间的合作成为常态时，那么这个时候对合作效率的追求就成为共同的目标，合作效率在于对信息服务机构各项活动的安排；如果说相互理解是合作成功的重要因素，那么深度理解是协同实现中进行跨系统协调的关键，如果信息服务机构不能产生完全的信任和理解，那么协调就无法进行；信息和资源共享与深层利用，随着信息服务机构之间的业务协调和合作关系的建立，信息资源的共享程度应得到实质性提高，特别是在资源协调配置方面，变得更为重要。

④整合阶段。整合是在相互目标的承诺和合作协议都达到较高程度基础上的资源组织融合。整合是在明确共同的目标愿景和相互理解、信任的基础上进行的，以合作架构为基础，各方将进一步整合各自的资源和服务，使之分工协作成为一体。整合通常被视为实现协同的一种途径。整合阶段的典型行为是，通过各种方式使信息服务机构的资源一体化。

整合阶段的特点是：在整合阶段，各信息服务机构的目标愿景和价值观高度一致，整合后的目标愿景和价值观成为各信息服务机构统一目标愿景和价值观；拥有高度的信任是整合的前提，在整合阶段，各信息服务机构之间高度信任，合作氛围十分融洽，整合正是在这种氛围中稳步推进；在合作和协调阶段，组织结构不需要进行太大的改动，而整合阶段，是从一个整体的角度来看待组织及其合作，因此，在功能调整优化的同时，必须对组织结构予以调整；整合资源是最重要的，也是最后协同目标实现的需要，随着各信息服务机构之间依赖关系的确立，各信息服务机构的资源被视为一个整体，从而推进资源组织与服务一体化、平台化。

⑤协作阶段。在整合基础上产生协同效应，即通过协作发挥各自优势，协调配合，实现单独行动所无法实现的整体最优效果。协作的实现在于，强调各信息服务机构、目标的一致性，在此基础上通过各信息服务机构的整体协作工作取得协同效益。因此，协作被视为协同操作实现阶段。

协同阶段的典型特征是，在整合的基础上，信息服务系统作为一个整体产生单个信息服务机构所无法产生的协同效应，促进信息服务水平和绩效的显著提高。

4.4.3 跨系统协同信息服务的体系架构

跨系统协同服务的实现体系架构是指在协同系统的各主体之间构建面向各系统用户，且具有交互信息资源与技术支持的平台，继而通过门户进行面向用户的服务业务组织。

在面向科学研究的协同实现中可以将特定的一个或者多个领域的资源、工具和服务集成，为用户提供更为方便和快捷的检索和服务接口。其中，门户服务与管理技术，其核心是以用户跨系统信息需求为依据，进行资源组织和服务功能的配置，在面向国家创新发展的服务中，可以考虑由数据仓库层、管理系统层、服务系统层和用户层来构建跨系统协同服务体系，如图4-10所示。

具体考察四层架构体系可以明确，最底层的数据层由各种数据库和数据仓库组成，包含了导航信息、创新主体资料库、创新需求特征库以及学科资源来源索引；倒数第二层是管理层，这一层依据功能重要程度和安全要求分别向不同权限的管理人员乃至用户开放，包括系统运行模块、用户管理模块和资源管理模块，其中系统运行模块负担了资源管理的任务，而将信息资源采集、处理和发布的功能纳入其中；倒数第三层是服务层，是真正实现对用户进行信息服务的关键部分，根据不同的学科门户类型和要求，服务的功能应有差别，这里只列出了几项基本功能，如检索服务、新闻发布、信息导航、专家论坛和个性化服务等；最上层是用户层，是直接与用户交流的部分，主要由几个界面构成，它是系统与用户之间的接口，这些界面包括检索界面、登录界面和其他服务界面。

　　如图 4-10 所示，在跨系统协同服务体系中，首先利用多个数据库完成整个系统的协同数据存储、提供和更新，用户资料数据库主要负责接收、存储和适时提供用户的各方面资料，这些资料可能是用户注册的同时向系统提供的，也可能是在用户的其他信息行为过程中显现出来并被系统发现和保存下来的。

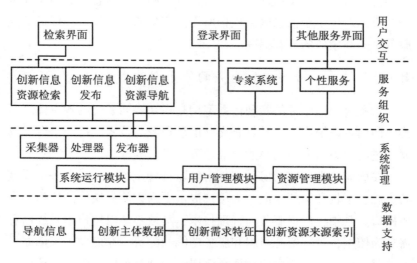

图 4-10　跨系统协同信息服务体系架构

　　资源管理服务层主要是实现跨系统信息资源处理和资源与用户管理功能；用户层，一是实现用户资料管理，二是进行跨系统用户接口和服务交互管理。相对而言，用户资料数据库对于固定的用户群来说是相对稳定的，不会出现大规模的更新和增删（新用户的注册和老用户的注销由于是个别的、暂时的，因而在这里不称为大规模变动）。在整个流程中，资源管理模块负责对资源元数据等基本方面进行控制和标准化，为整个资源组织活动提供管理支持和规范。同时，用户管理模块用来接收用户信息并传递给用户资料数据库，其中更重要的部分是在用户进行信息活动的同时利用各种手段进行监视和分析，利用智能抽取等技术自动分离和总结用户的信息行为规律，并提交给需求特征数据库保存。这也是系统的一个基本要求。

此外，如信息导航、专家论坛等功能需要在服务层实现。在用户层除了提供检索界面以外，还由于个性化服务和系统安全的需要，提供注册、登录界面和其他服务功能界面，这些界面无疑需要对用户"友好"和贴近用户的设计，最大程度地方便服务层各项功能的实现。

4.5　跨系统服务的联盟化实现

知识创新价值链的价值实现涉及的服务系统之间相互关联，如何协调各系统之间的关系，实现跨系统的服务联盟是重要的。基于此，需要围绕知识创新跨系统需求提供全程化服务，在跨系统联盟组织上构建从国家到地方的服务联盟，同时针对产业发展，按创新价值链的价值实现过程组建面向企业的跨系统服务联盟。

4.5.1　国家层面的服务联盟

从知识创新价值链的实现过程出发组建全国性信息服务联盟，需要在国家有关部门的协调下分步推进。立足于我国信息服务机构分系统组织现实及知识创新主体的需要，按协同管理架构，拟由国家统筹服务联盟的建设。在服务联盟中设立全国性协调机构，安排公共、科技、高校、经济和行业系统的资源和服务。协同组织可在现有基础上强化职能，例如可以考虑设立相应的理事会。由各系统加入的理事会具体任务是进行不同信息服务机构之间的关系协调，保障系统建设与运作投入，审定经费预算，制定协同信息服务管理规则，建立相应的合作关系，统筹协调参与协同服务的各方利益，采用统一的标准规范信息资源采集、处理、传递和服务业务，实现跨系统信息服务组织上的规范化。理事会拟在国家有关部门统筹下组建，如 NSTL 在实现跨系统信息资源共建共享中就由国家科技部统筹，在相关科技信息系统加入的基础上，实行联合体管理制度。这一成功模式，在开放服务环境下具有普遍意义。值得指出的是，理事会的建立可突破现有行政、系统界限，实施联盟运行机制，如图 4-11 所示。

图 4-11　国家层面的服务联盟建设

　　国家层面除了要设立联盟理事会负责统筹协调服务外，全国性跨系统联盟可以在深化合作中进一步强化协作关系，建立信息联合体。全国性跨系统信息联合体承担协调各系统信息资源建设的任务，通过推进数据共享、互用，实现统一界面上的系统互操作，规范信息资源采集、加工和整合任务。全国性协同服务机构通过联盟理事会制定的统一元数据加工标准和规范格式，对各系统内的信息资源元数据进行集中和加工整理，形成题录、文摘、目次、引文和全文等深度各异的信息资源体系；然后以统一的用户服务接口，通过覆盖全国的网络服务平台，采取多种灵活有效的服务方式和模式，实现"一站式"内容提供和信息协同服务。同时，全国联盟系统还应满足不同领域、不同地区、不同层次的创新信息需求。国家层面的联盟组建，主要依托已经建立并投入运作的国家公益性信息资源共享支撑服务系统，如 CALIS 系统、NSTL 系统等，以这些已经建立起良好运行机制的共享系统为联盟的核心主体，共同组成国家层面协同服务联盟体系。

4.5.2 区域性的服务联盟

国家层面服务联盟从国家整体需要出发对信息服务系统进行协同布局和安排，这是各地创新服务的基础保障。然而，知识创新主体需求的满足更多地还是通过本地的信息服务机构来实现的，它显示了信息服务具有就近服务的特点。因此，建立区域服务联盟也是跨系统协同信息服务推进的关键。围绕核心经济区的知识创新价值实现需要，在区域内的科技、教育、经济、行业、公共等信息服务系统发展基础上建立跨系统联盟关系，为知识创新各个环节主体提供信息资源和服务，是实现从创新源头到知识产业化、市场化转变的需要。

我国无论是发达的东部沿海地区，还是欠发达的西部地区，都集中了来自各系统、各部门的信息服务资源。各地区机构从行政隶属关系上分，既有中央级机构的下层地方机构，也有从属于地方的机构；在行业分布上，既有科研系统的、公共服务系统的，也有行业企业机构。各信息服务机构虽然隶属关系不同，行业性质不同，拥有的信息资源和服务能力也不尽相同。但它们地处同一地区，其资源与服务都是区域知识创新发展需要利用的。因此，在构建区域信息服务联盟中，应充分利用这些信息服务机构的资源和服务，这就需要打破系统之间的束缚，以服务于知识创新价值链主体为目标，建立跨系统的区域协作组织①。

我国区域经济发展存在不同的模式，区域创新结构与能力差异

---

① 吴新年，祝忠明，张志强．区域科技信息集成服务平台建设研究［J］．图书馆理论与实践，2008（5）：94-97.

也客观存在。这就对构建地区性服务联盟体系提出了个性要求，即要求我们在构建联盟时，应注重区域性经济与创新发展的水平，建构具有地区特征的区域性跨系统创新信息服务平台。国内外经验表明，建立地区信息联盟是实现地区跨系统信息服务联合的可行之路。目前，我国核心经济区域建设，如以首都圈为核心，以山东半岛、辽中南地区为两翼的环渤海经济带，长三角地区和海峡西岸经济区建设形成的东海经济带，由珠三角、广西北部湾经济区形成的南海经济圈，以武汉"1+8"城市圈、长株潭城市群、成渝地区、昌九地区为依托的长江中上游经济带，以中原地区、关中地区以及国家能源基地为依托的黄河中游经济带①等。依托区域创新体系，与区域经济发展相结合。以这些现有的核心经济区域为中心进行信息服务平台建设，需要科学的规划，依托国家创新发展的优惠政策，获得资金支持，同时根据区域需要整合各系统资源，在协同组织上形成优势，为跨系统协同信息服务的实施提供基础，如图4-12所示。

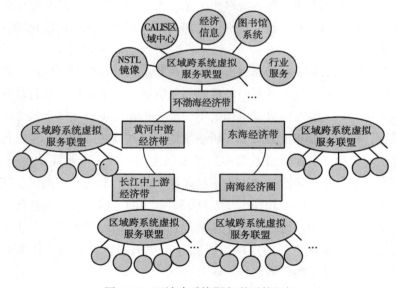

图4-12 区域跨系统服务联盟的组织

① 张娟娟，张伟. 代表委员热议我国区域经济发展寻找定位优势［EB/OL］.［2013-03-20］. http：//news. qq. com/a/20090316/000019. htm.

　　在区域服务联盟的组织层面，可设立区域服务联盟协调小组，下设联络工作组，负责资源规划组织、信息技术支持、用户培训与业务发展。其组织管理体系如图 4-13 所示。从管理层面进行区域协同服务制度建设，促进区域内相关信息服务机构（如地方科技信息机构、政府信息服务中心、公共图书馆系统、行业信息中心等）的深层次、制度化、过程化的协作和资源共享，提升区域内相关信息服务机构在区域信息服务联盟建设中的有效参与能力，创新适应公益性运作和市场化运作相结合的可持续发展机制，保证服务联盟体系的长期稳定运行。区域服务联盟视情况可采用虚拟联合、实体运行的方式组织。

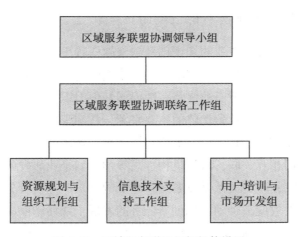

图 4-13　区域服务联盟组织机构设置

　　在资源组织层面，区域服务联盟的建设需要充分依托国家科技信息机构的资源（如 NSTL）和关键的部门或系统资源（如 CSDL、CALIS），构建面向本地区知识创新主体的科技、教育、技术开发和社会发展的区域跨系统协同服务网络，充分利用国家资源与部门资源整合地区教育、科技、行业特色资源，形成服务于本区域科技、经济、教育和社会创新发展的信息服务联盟体系。在联盟建设上，要结合本区域的经济特色和重点行业进行资源的组织和开发，构建地方特色信息资源数据库，建立区域特色跨系统信息服务平台，支持开发建设有地区特色的、针对地区发展特殊需求的信息资源体系，服务于区域经济创新发展，进而成为区域创新发展的重要支撑①。

区域服务联盟能够实现对所属区域范围内的信息资源的组织、开发和利用，然后通过跨系统的信息资源集成和整合操作，组建区域信息服务联合体系，为区域内创新主体提供统一的服务接口，同时将自己的元数据资源提供给全国协同服务系统，实现信息资源的跨系统分享。区域联盟建设应以本地区、本辖区的信息需求满足为目标，建立适合地方特色的资源库，将地域特色和实际需要相结合，避免联盟内数据库的重复，以及造成经费的不必要浪费。

4.5.3 基于企业创新价值链的服务联盟

网络化环境下企业的知识创新越来越依赖于从上下游相关企业及高等学校、科研机构、金融投资机构之间的合作。由于任何一个企业都不可能具有所有的优势，因而同其他组织合作所获得的外部资源应该成为企业竞争优势的重要来源。从知识的产生、扩散、应用到产业化实现过程价值链上创新主体相互作用上看，价值链上的主体和部门相互关联，科研机构、高等学校和企业研发中心之间形成的知识创新联盟关系是重要的。企业的创新产业链首先在本区域内形成辐射效应，带动区域创新经济的发展，继而不断向更宽广的范围延伸，其创新效应甚至辐射到全国②。在这一开放式创新发展趋势影响下，条块分割的信息服务系统已经不能满足企业创新发展需求，区域性的服务保障方式也存在局限性。因而迫切需要围绕企业创新价值链的实现来组织资源和服务，以解决企业的跨系统服务获取问题。在信息资源和服务共享的基础上，实现面向企业业务流程环节的资源整合和服务优化在于，将分散无序的服务转变为多系

---

① 周朴雄，余以胜. 面向知识联盟知识创新过程的信息资源组织研究 [J]. 情报杂志，2008（9）：63-65.

② 彭正银，等. 基于任务复杂性的企业网络组织协同行为研究 [M]. 北京：经济科学出版社，2011：76-77.

统融合的协同服务组织形式，如图 4-14 所示。

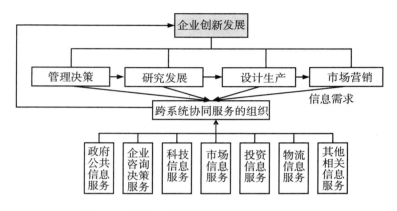

图 4-14 基于企业创新发展的跨系统联盟服务

跨系统服务联盟通过信息中心调度各服务系统的资源。在面向研究发展的服务中，研发所需的科学数据、科技成果、项目信息等通过向联盟发送服务请求，由联盟信息中心调度各个系统的资源进行保障；在应用的成果应用中，按企业的需要，联盟为其提供相关的定向信息服务，包括科技查新、技术前沿信息等，以更好地服务于技术化过程；产品发展环节，在将科技转化为产品的过程中，联盟提供行业关键和共性技术信息，以更好地满足企业市场拓展需求；在产品设计及试制环节，联盟可以为企业提供包括产品性能方面的检测信息、产品外包装设计等；在进行工业生产及后续的市场化过程中，联盟为企业的产品推广、市场营销环节提供信息支持，使产品成功推向市场，如图 4-15 所示。

基于知识创新价值链价值实现构建的跨系统服务联盟是一种开放式系统服务联盟，所有参与协同服务的组织、机构既要维持各自原有的稳定运行状态，又要在联盟中心的协调下，通过合理的组织结构进行协同运作，从而将分布式信息资源动态集成起来，向跨地区、跨系统、跨部门的用户提供快捷有效的信息服务。在协调过程中，各服务系统仍需要保留自己的核心专长和服务功能，基于各自的人才、技术、资源，通过一系列合作协议和利益分配机制进行协

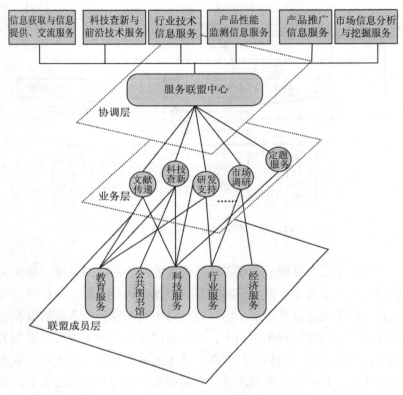

图4-15　面向企业创新环节的服务联盟

同，按照统一的规范、标准和协议，以集中服务和分布建设的方式
推进。如在应用研究环节需要高等学校、科研机构和企业等创新主
体共同参与完成，相应的信息服务系统就对应着教育系统、科技系
统和行业服务系统等。基于此，在联盟的组织中，应打破传统服务
系统的界限，无论哪个系统的用户发出服务请求，对应的将是所有
的服务系统资源，信息中心在分析此需求的基础上，应向能够提供
服务的系统发出指令，满足其需求。

5 面向用户的跨系统协同服务平台建设

面向用户的协同服务平台构建应适应知识生产、转移与应用的跨系统组织要求，以需求出发进行基于创新网络的跨系统协同平台建设。在平台建设中，首先应进行目标功能定位，以此出发进行面向用户的服务组织；其次应立足于产业链、创新价值链活动的协同关系，进行平台架构；同时需要解决的实际问题还包括协同服务方式的选择和面向用户的服务运行问题。

5.1 跨系统协同服务平台建设目标实现与发展定位

无论是企业之间的合作，还是产学研协同创新的实现，其最终目的是提升知识创新的核心能力，以此促进经济发展方式的转变。其中，面向企业的跨系统协同服务已引起企业和相关部门的高度重视。对此，美国学者罗思将企业视为互相渗透、不断进化的有机体，其创新发展合作者包括上下游企业、相关协同结构和部门。这种企业的运行需要突破垂直界限和管理层次之间的界限。对于支持企业发展的信息服务而言，必然要求进行信息服务的跨系统协调，突破系统间的界限，实现信息服务系统的协同进化和优化组合。

5.1.1 跨系统协同信息服务平台建设的目标选择

跨系统协同信息服务，指的是不同信息服务系统之间，运用技术手段，通过互动（Interaction）、合作（Collaboration）和整合（Integration）等有机配合的方式，协调、协同地完成特定的信息服务任务的行为方式和行为过程。这里的信息服务系统涉及各信息服务机构组建的系统，其中，系统资源的异构分布和组织的差异是跨系统协同服务平台建设的总体目标。按总体目标和平台建设中的系统关联，应进行数据建设目标、技术实现目标、服务推进目标进行跨系统平台建设的实施安排。图 5-1 从概念模型角度，按平台构架分析了平台建设的目标选择依据和基于平台的定位。

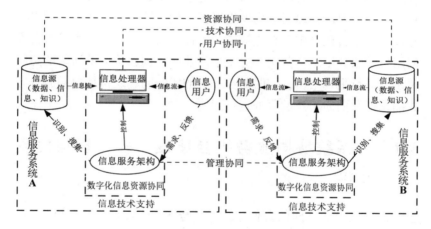

图 5-1　跨系统协同信息服务的概念模型

从图 5-1 揭示的 A 系统和 B 系统的协同关系上看，其协同平台建设应以资源协同、技术协同和面向用户的服务协同的实现进行架构，由此确立基于多重协同关系的平台建设目标。具体而言，平台总体目标可分解为信息源跨系统建设目标、信息处理跨系统实现目标、信息资源管理协同目标和面向用户的服务推进目标。其中面向用户的服务推进决定了多重目标的确立与实现。从组织角度上看，信息服务资源分布于：一是不同隶属关系的信息机构和部门，如政府信息中心、行业信息中心、图书情报机构等；二是专门化的信息网络服务机构，如数据处理中心、云计算中心搜索服务商等。从深层次上看，信息系统应包含专业信息机构和计算机信息系统①。因此，面向知识创新的跨系统协同信息服务的目标可作如下分解：

①知识创新导向。跨系统协同信息服务的本质目标是支持知识创新（包括学习性的知识架构和研究性的知识创新），其实质是一个协同知识创新的过程。服务于知识创新的跨系统协同服务是一个基于知识内容、应用过程和应用群体的有机交互集成的服务，它支持应用群体在应用过程中对知识内容的发现、分析、解释、交流和组织，从而支持知识的利用、传播和创造。在知识创新的过程中，始终将知识资源管理作为运作和管理的核心，服务于用户知识创新生命周期，致力于提高用户的知识能力。

②跨组织机构的协同。就组织体制和管理体制而言，由于国家和地方层信息服务系统具有按照行政层次体系确立基本格局和按行政管理体制运行的特点，因此，跨系统的协同信息服务意味着具有不同行政隶属关系的不同信息服务系统之间需要相互合作，彼此协调，以打破部门界限，实现以用户为中心的服务业务集成和整合。不同信息服务机构结成特定的契约组织，实现跨组织的人力资源协同和管理协同是其中的关键。

③异构信息系统的协同。从计算机信息服务系统运行而言，按照系统论的观点，物质世界不外乎存在三种性质的系统，即孤立系统、封闭系统和开放系统。它们之间的不同主要取决于系统本身与系统外界有无交换或交换达到何种程度。信息服务系统作为一种开放系统，借助其构成要素的流动，进行开放式的运行，跨系统协同信息服务的关键在于不同信息服务系统能否认可协同内容并建立一种有效的协作机制和交互机制，屏蔽分布在多个信息服务系统之间的差别，达到数据和服务共享，这也是跨系统协同信息服务的基点。

④多要素的协同。跨系统的协同服务组织需要突破服务机构的

---

① 马费成．信息资源开发与管理［M］．北京：电子工业出版社，2004：253-254.

限制和信息形态上的约束，在资源上应不局限于文献信息资源本身，而是将各系统信息资源、机构资源、人力资源、技术资源、信息基础设施资源集为一体，这是信息资源社会化共享和信息服务体系整体化发展的体现，是多网络、多系统服务面向服务对象的融合需要。

5.1.2 跨系统协同信息服务目标功能的实现

随着知识生产的加速发展和信息量的剧增，人们获取和吸收知识的负荷越来越重，要想在浩瀚的信息中搜寻到知识创新所需的信息，知识创新用户感到越来越困难。作为一项系统化的工程，知识创新需要相应的信息服务机制对其进行支持。面向知识创新的跨系统协同信息服务应针对知识创新用户的需要，有机地进行知识整合、知识定制、知识共享、知识传播，全面支持与知识创新活动有关的信息传递、沟通、处理及利用。这种服务理应成为知识创新活动的基础支撑，基于以上目标，可进行面向知识创新的协同信息服务功能定位，如图 5-2 所示。

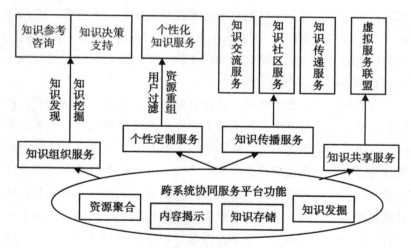

图 5-2　面向知识创新的跨系统协同平台服务目标功能

从协同平台建设架构上看，协同平台的目标功能包括内在功能和外在功能，其中，内在功能系指跨系统资源聚合、知识内容揭示、知识信息存储和知识开发与管理，外在功能为面向用户的跨系统服务的功能化实现。内在功能依赖于平台建设中的跨系统功能集成和整合；外在功能则是平台建设规划应着重解决的问题。面向用户的服务功能着重于以下几方面问题的解决：

①知识组织服务。知识服务是信息服务的深层化发展结果，知识服务的主体用户是从事知识创新的部门和人员，包括科学研究人员、管理人员等。从协同服务组织对象上看，包括针对创新用户的全方位知识信息保障服务和针对知识创新项目与过程的知识信息保障服务；从服务业务组织上看，不同信息服务系统基于信息资源的交换和共享，通过知识发现、知识挖掘技术，实现知识因子的重组和知识关联的重组，提供知识参考咨询和决策支持服务。基于跨系统的知识整合服务，拓展了知识功能，使隐性知识显性化，使无序的知识有序化，使用户对知识的利用从文献层次上升到知识层次，提升了知识创新的效率。

②知识定制服务。提供可定制的、合乎创新用户特定要求的针对深层知识信息需求的服务业务，其协同服务要点是开展面向创新用户的灵活性组合服务，包括服务内容、服务功能、服务资源的重构和重组。在个性化服务组织上，其业务组织的关键是主动推送服务、个性化知识资源重组和用户过滤的集成。不同知识创新用户具有不同的知识瓶颈，知识定制服务可实现定向创新的定制服务要求。

③知识传播服务。数字图书馆关键技术的突破和数字信息源共享工程的实施，大大提高了知识传递与扩散的效率，开拓了基于网络的协同信息服务新视角。在网络环境下，虚拟服务形式得到了迅速发展。跨系统信息服务组织完全可以在网络支撑下实现虚拟联合，按虚拟服务融合机制，建立基于协同服务的联盟。其联盟成员实现一定规则下的服务内容、形式、功能和用户之间的沟通，以构建面向创新用户的知识传播服务。

④知识共享服务。知识只有在共享中才能得到发展，知识创新也只有在知识共享的基础上才能实现。基于即时通信、电子邮件、虚拟社区等技术的推广和应用，跨系统的协同信息服务提供有利于用户交流的各种环境和情境，利用智能化的资源匹配和用户知识供需匹配机制以及营造良好的交流氛围，提供知识讨论区等信息交流

和传递功能促进灵活多样的用户交流服务，实现不同服务提供者、专家及用户群其他成员的交流和协同，搭建系统和用户群的桥梁，建立基于用户需求内容和方法的学习和交流方式。

5.1.3 跨系统协同信息服务的发展定位

基于平台的面向知识创新的跨系统协同信息服务具有三个层次的发展目标：

从整体实现上看，为适应信息服务支撑国家知识创新任务的要求，需构建基于知识联网的协同信息服务系统。无论是在地区范围还是全球范围，网络都是创新的基础，因为创新依赖于知识的流动。知识联网是将多个系统进行网络联结，通过对各系统进行时间、空间和功能结构的重组，形成合作—协调管理机制，目的是实现面向创新的信息服务系统的联动。这种联网应是跨部门和地域性的，因此需要改变原有的专业信息网络服务关系，实现包括科技、经济、文化、教育信息网络服务在内的各类信息服务系统的互通和行业信息服务之间的互通，即实现面向国家知识家创新的多网融合，重构面向创新用户的网络服务系统，通过建立服务系统间良好的依赖和协作关系，构建协调的信息服务生态系统。图 5-3 进行了基于知识联网的跨系统信息协同服务的发展架构。

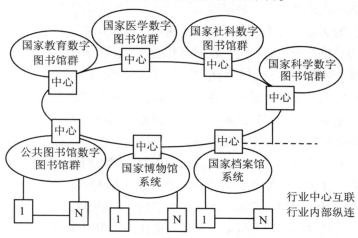

图 5-3　基于知识联网的跨系统协同信息服务发展

从实现上看，跨系统协同信息服务的目标是针对具体领域或机构，基于面向服务的开放架构，通过内部信息系统的有机组织和揭示以及外部资源服务系统的发现、融合、集成和嵌入，创建一个能够发现、管理、保存和共享机构内外学术资源、交流手段和学习资源的整体化的信息服务环境。图 5-4 显示了机构协同的发展定位关系。

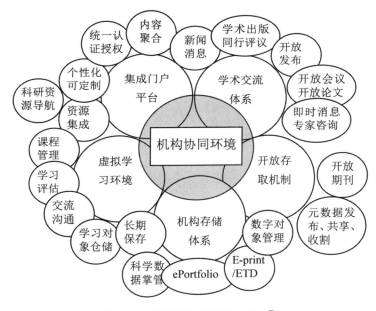

图 5-4　机构协同服务系统发展①

对于用户而言，需要通过跨系统协同服务满足全方位信息需求，享用一站式的全程服务。将用户个人资源系统包含在内，为用户提供个性化的交互式协同服务空间，实现以用户需求为导向的微观层次的资源和服务整合系统，建立基于用户体验的可用、互通、可塑的协同服务系统。把协作和无缝链接技术作为一项工作内容。

①　张智雄，林颖，等．新型机构信息环境的建设思路及框架［J］．现代图书情报技术，2006（3）：1-6.

通过各种办法，运用各种技术，为用户构建一个无缝、关联的信息服务空间，如图 5-5 所示。

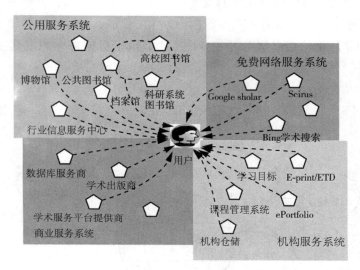

图 5-5　以用户为中心的跨系统协同服务系统

在复杂的研究和信息环境中，信息服务系统与用户不是简单的资源与服务提供与享用的关系，而是知识创新的伙伴关系，信息服务人员和用户交互共享知识技能和专业知识，信息服务系统嵌入用户创新环境，潜藏在用户创新的每个过程中，因此应积极促进双方知识信息的交流和协同共享。通过拓宽知识交流渠道和建立良好的信任关系来促进持续的知识共享和交流合作，从而加速知识的流动和转化，实现知识增值。从这个意义而言，跨系统协同服务不再仅是一个传统意义上的信息代理机构，而将成为为用户提供深层次的知识服务的知识交流中心。

5.2　网络环境下跨系统信息保障平台规划

信息化环境下，基于知识创新的国家发展决定了网络信息保障平台建设的总体目标。从信息保障平台功能结构和基于平台的服务组织上看，既存在着平台建设的规范问题，又存在着全国、地区和行业平台的布局问题。基于此，寻求科学的发展规划，以此出发进行平台建设中的系统协调是重要的。

5.2.1 面向多元需求的信息保障平台建设及其规划原则

互联网的全球延伸不仅改变着信息分布和组织形态，而且引发了知识创新组织形态的变革。除依赖于网络信息提供与交流服务外，知识创新主体越来越依赖于网络信息处理、融汇和嵌入服务，由此对网络信息平台建设提出了多元结构的功能需求。这种需求关系如图 5-6 所示。

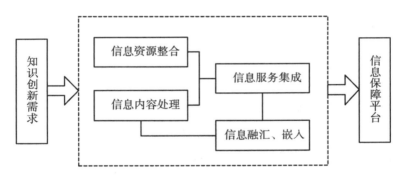

图 5-6　知识创新需求导向下的信息保障平台建设

知识创新中的用户需求，决定了跨系统信息保障平台构架的实现。从需求、环境和平台建设条件上看，信息保障平台可按以下基本类型进行规划：

①信息资源共建共享平台。信息资源共建共享平台的建设在于，进行信息资源的跨系统整合，从而实现分布资源环境下的信息汇集，以利于用户的一站式信息获取和利用。

②信息内容处理平台。信息内容处理平台提供统一的内容处理工具，以实现计算机信息处理能力的共享。其中云计算平台是信息处理平台的一种基本形式，用户可以按需进入平台来处理所拥有的数据，共享内容处理服务。

③信息服务集成平台。如果说信息资源共建共享平台进行了信息源汇集和信息的跨系统流动，信息服务集成平台则是各独立系统服务功能的整合和服务业务的协同。通过信息服务的跨系统调用，可以实现服务的互补。

④信息融汇平台。信息融汇平台是信息资源整合平台和服务集成平台的结合，即通过平台形式将相关系统的信息和服务融为一体，从而实现系统间的资源和服务互补。

⑤信息嵌入服务平台。嵌入式服务是将信息处理直接融入用户知识创新活动的一种创新方式，包括 e-Science、e-Research、e-Learning 等。嵌入平台的建设在于实现信息处理提供与用户知识活动的一体化。

⑥其他信息平台。其他方面的信息平台包括前述几种平台功能的结合、重组，以及信息平台的拓展，如组织内联网与信息服务网络的连接平台、信息交换平台等。

值得指出的是，在跨系统信息保障平台建设中，各种形式和功能的平台具有使用上的针对性。同时，由于系统的可分性和组合性，平台可以在一个系统内实现多系统的功能整合，也可以是相互独立系统的跨界结合。另外，在跨系统的平台构建中，任何系统可以同时加入多个平台，因此平台组织又具有灵活性。

平台所具有的功能结构和组织结构，决定了知识创新服务中的平台建设安排。这意味着，国家创新发展中的跨系统信息保障平台规划，应以国家创新发展目标和信息服务定位为基础，根据需要与可能性构建结构优化、功能合理的社会化平台保障体系。显然，这种体系突破了行政体制障碍、信息的分散分布以及信息技术的障碍，通过屏蔽系统之间的差异，可以有效实现知识创新信息保障的社会化。

目前在信息服务规划中，存在着两方面的战略问题，一是通过更多更好的硬件和软件来增强各系统的数据处理能力；二是强调建立更好的组织平台，通过资源与服务整合，为国家创新发展提供有力的信息保障。显然，这两方面的问题都很重要，特别是在现有基础上的平台建设，应是战略规划的重点。

在当前情况下，国家应由专门机构进行宏观规划，在推进信息基础设施建设、信息资源开发与服务的共享基础上，采用统一标准、充分利用、协调共建的总体原则，进行不同部门、行业之间跨系统信息保障平台建设，实现平台的互通互用。其中，规划内容包括所要开发的资源、资源库分布、信息服务组织、平台基础设施等。

在信息资源规划中，应完善信息资源整合机制，建立完备的信息资源保障与安全体系，通过有序地组织信息资源，实现信息资源组织的数字化、信息资源共享的社会化，以保证信息资源的增值利用。

在平台信息服务上，应以"一站式"服务形式组织资源共享及信息传递处理与利用服务，实现个性化定制服务和互动式远程服务。

在平台信息技术发展上，应加强现代信息技术的研发与应用推进，跟踪网络技术的发展，打造一个技术先进的网络基础平台，致力于信息组织技术向知识处理技术的拓展。

在组织管理上，应从平台的战略目标入手，不断优化整个平台系统的组织管理，注重不同信息服务机构之间的协调，通过合理的投入产出机制，保证平台的运行和发展。

跨系统信息保障平台规划的基点是，高标准、高起点地推进为国家创新发展，提供强有力的信息保障，使信息服务支撑向更深、更广、更高的集成方向发展。面向国家知识创新的跨系统信息保障平台的战略目标决定了规划的基本原则：

按政府主导原则，集中规划平台信息服务，从政策方面确定跨系统信息平台服务的改革方向和内容。在政策实施上，推动各主体的协同建设，确立政府主导国家信息保障平台的机制。新形势下的国家信息保障的运作无疑需要发生重大转变，即国家应基于创新需求，采取行政、法律和经济综合手段发挥政府在平台建设中的主导作用，以便形成从全国到地方、从公共到行业的社会化网络平台系统[1]。

---

[1] 沈固朝. 竞争情报的理论与实践［M］. 北京：科学出版社，2008：216-241.

按整体化原则，构建跨系统协同信息保障平台体系与服务体系。跨系统信息保障平台的建设必须打破部门的限制，实现跨系统的资源共建共享和联合，以网络技术平台的使用和专门性信息资源与服务网络融合为基础，构建支持国家知识创新的服务平台，解决各系统的互联和协调服务问题。这就要求统筹规划、协调发展，坚持规划先行、统筹安排，分步实施。从全方位考虑、从长远利益出发，理顺关系、合理布局，既防止重复建设，同时兼顾突出重点，以充分调动和发挥各方面的积极性和主动性。在平台建设中，应分阶段组织实施，边建设、边完善，边发展、边提高。

按利益均衡原则，实现跨系统信息保障平台建设与服务权益保护。面向国家知识创新的跨系统信息保障平台的构建，必然涉及国家安全、公众利益，以及服务机构、资源、组织者、用户和网络信息服务商、开发商的权益。保证信息安全、防治信息污染，是构建整合与集成服务的关键，它要求以法规约束、行政管理和社会化监督作保证，以便创造良好的社会环境及条件，最终在统一规划、集中管理的前提下，实现平台的分散使用与授权共享。

按有利于技术发展原则，建立完善的跨系统信息保障平台与服务实施的标准体系。基于网络的跨系统信息保障平台及服务取决于信息技术的应用，其基本要求，一是技术的应用与网络发展同步，对于关键技术可适度超前开发，兼顾技术的适用性和前瞻性；二是实施统一的技术标准，因此，在技术战略构建上，要求采用通用的标准化技术，实现整合和服务技术的优选，同时力求实施动态标准，对新技术的应用留有空间；三是以现有网络、业务系统和信息资源为基础，打破行业、部门、单位之间的界限，加强网络资源、数据资源整合，实现互联互通、信息资源共享。

按面向用户的原则，进行宏观战略规划和微观业务管理。跨系统信息保障平台中的资源整合要适应用户个性化需求与深层次服务要求，要立足应用、务求实效。这就要求坚持面向用户的组织原则和以需求为导向、以应用促发展的原则。具体来说，将通用平台和面向用户的平台接口解决好，使整合的资源能够通过具体的信息服务机构进行面向用户的重组，即形成以用户为导向的资源整合与集成服务机制，真正实现为用户提供"一站式"信息服务的目标。

在跨系统信息保障平台战略规划中，拟注重以下目标的实现：

①面向国家创新的发展目标。在国家创新发展中，跨系统信息保障平台不仅具有为知识创新和经济发展提供基本的信息支持作用，而且对促进国家实施自主创新战略，在各领域实现全面创新和协同创新具有重要的推动作用。跨系统信息保障平台建设的根本目的就是服务于国家创新系统建设与运行。因此，其发展规划应纳入国家总体创新发展战略轨道，始终与国家创新进程保持一致，围绕国家创新主体的信息需求进行跨系统的资源组织与服务，致力于提高国家信息化水平和自主创新能力，推动国家创新系统的高速运行，进而实现自身的可持续发展。

②跨系统优化组织目标。社会化信息保障平台是跨部门、系统的平台，通过信息资源、技术与服务的系统集成，实现不同资源系统的相互融合。因此，平台建设推进了适应开放式创新要求的跨系统资源优化组织的需要，为产学研联合创新提供了共享环境和协作空间。因此，跨系统信息保障平台应面向创新主体信息需求结构，通过系统互操作整合分布环境中的信息资源与服务，推动信息资源共建共享的开展，以此为基础实现信息资源的协同开发与利用。

③多元投入与产出目标。跨系统信息保障平台建设面向国家创新的信息强调创新主体的共同参与和密切合作。创新活动的顺利开展除了依赖政府的公共资源与 R&D 经费投入，还需要创新主体的配合和协调。因此，政府应积极调动各方力量，建立产、学、研一体的社会化信息平台多元投入机制，引导社会资源加大对创新信息服务的投入，逐步形成财政支持、主体投入、社会各界广泛参与的协同建设新局面。在拓展资源投入的同时，还应提高协同配置产出，即通过信息平台中的信息资源有效利用提高创新效益。

④平台的协同运行目标。跨系统信息保障平台集成了各种信息资源、系统和服务，用以支持国家创新目标的实现，在服务中需要相应的机构进行平台运行和维护。面对创新主体多元化的信息需求，应努力实现分布式资源系统基于平台的互联互通，建立一个覆盖全国的多层次、社会化网络资源保障体系。在体系建设过程中应

充分发挥政府的统筹规划作用，进行国家层面、地区层面、行业层面和组织层面的平台协同运行，以发挥整体优势，共同推进国家创新系统中的信息服务发展，从而提高信息资源的综合利用水平和保障作用。

⑤技术融合中的互用目标。跨系统信息保障平台建设离不开信息技术的支撑，在技术实现过程中，如何实现服务技术与信息处理技术的融合和集成化应用，是信息平台建设中需要解决的关键问题。因此，在技术融合过程中，应致力于技术标准规范的统一，采用国际通用的、可扩展的信息技术标准，实现平台技术的优化组合与技术平台的无缝对接，使协同技术渗透到各业务环节，进而推动资源的融合与面向创新主体间的协调服务的开展。

5.2.2　信息保障平台规划的实施组织

基于网络的跨系统信息保障平台建设受网络环境的影响，而网络的动态结构和信息环境的不确定性提出了动态环境下平台战略规划的实现要求。跨系统信息保障平台建设中的不确定性是绝对的，根据不确定性的主客观属性，可分为客观不确定性和主观不确定性。客观世界的复杂多变导致了自然状态的不确定性，主观对客观所处状态的识别及其一定状态下信息保障平台规划方案的不同选择造成了结果的不确定性。主观与客观的相互作用是不确定性形成的根本原因。信息保障平台规划以服从国家创新战略为出发点，因此，平台建设中的不确定性主要来源于发展的不确定性。

随着社会的发展，跨系统信息保障平台建设环境不断变化，不确定性越来越成为平台建设规划中最关键、最具挑战性的问题。跨系统信息保障平台建设是一项复杂的系统工程，对于跨系统信息保障平台建设中的不确定性，除人们主观认识引发的外，客观环境因素的不确定性也是不容忽视的。

跨系统信息保障平台规划是国家发展层面上的决策，更多的是基于国家创新发展战略目标作出的选择。具体而言，跨系统信息保障平台规划环境的不确定性主要表现在两个方面。其一是社会信息环境的不确定，其二是技术发展上的不确定。因此，对于跨系统信息保障平台的协同规划必须消除社会信息环境和技术发展不确定性的影响，在适时预测环境变化的基础上，进行相应的风险控制。

为了实现对客观事物更全面、更深刻的认识，实现对跨系统信息保障平台建设发展的全面控制，需要对不确定性进行全面分析，结合战略目标，在发展预测的基础上进行规划模型构建，继而进行风险控制和反馈调整，以期得到满意的结果。具体流程架构如图5-7 所示。

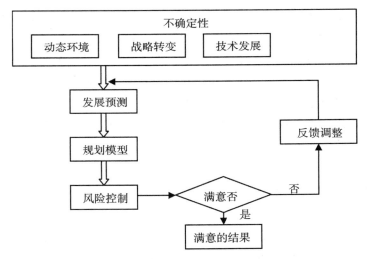

图 5-7　不确定性与跨系统信息保障平台规划风险控制

跨系统信息保障平台规划涉及硬软件、信息资源、资金等方面的协调，整个规划应注重以下问题：

在信息服务中，首先应明确跨系统信息保障平台的战略目标，制定总框架以及实施策略。这就要求信息保障协调机构明确跨系统信息保障平台发展目标。无论是信息资源的建设，还是硬件的建设都要有全局观念，要打破条块和部门的局限，按统一化、标准化、规模化的方向推进平台建设。

跨系统信息保障平台规划中必须认识到信息环境的多变性和信息需求的多样性，以便在动态环境下，确定跨系统信息保障平台构建的战略方向。值得注意的是，不确定因素使得信息保障平台规划充满了变数和风险，甚至导致系统无序发展。因此要紧密配合信息服务业务拓展战略，充分考虑可能出现的问题，评估系统环境、战略目标、技术等方面的不确定性，进一步明确规划战略意图。

在跨系统信息保障平台建设与服务集成规划中，应强调建立完整的系统框架和数据标准化体系，在此基础上进行应用系统开发规划，即按照系统框架执行技术标准化，以便从根本上解决信息资源整合与应用系统集成问题。

规划方案制定不是一次性的，需要经过科学合理的评估和调整，使之趋于合理。跨系统信息保障平台规划方案的最终形成是一个逐步优化的过程。规划方案形成后的优化，要考虑方案中可能存在的不合理要素，以便进一步优化平台建设的内容和流程。

跨系统信息保障平台建设规划的整体化实施战略可以从机构层面、组织层面和服务层面展开。图 5-8 显示了这一战略结构。

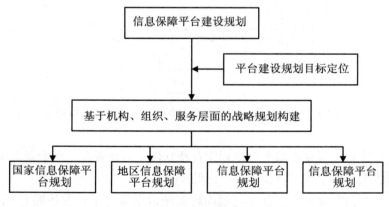

图 5-8　信息保障平台建设规划及其实施

在面向创新的跨系统信息保障平台建设中，信息保障平台的协同规划按国家信息保障平台规划、地区信息保障平台规划、系统信息保障平台规划和部门信息保障平台规划层次来考虑，由此构成一个全方位的、集中的面向创新的跨系统信息保障平台体系。

①国家信息保障平台规划。国家信息保障平台规划是在分析我

国信息服务整体发展基础上制定的，是平台规划建设发展的战略总纲，是指导和控制地区、部门信息保障平台规划战略行为的纲领，其目的在于确保平台系统规划能推进创新国家战略发展。在跨系统信息保障平台构建中，国家信息保障平台规划对象是我国所有的信息服务机构。国家信息保障平台规划战略分析及制定主要解决以下问题：分析国家信息保障平台所处环境与机会，确定跨系统信息保障平台总体建设范围和重点，制定跨系统信息保障平台规划战略总目标及国家信息保障平台规划战略措施等。

②地区信息保障平台规划战略。地区信息保障平台规划战略以省市、区为单位，建立各地区的信息保障平台规划战略。在国家信息保障平台规划战略指导下，地区管理者在分析本地区经济、社会、文化发展状况的基础上制定地区范围内的信息保障平台规划战略，其目的在于加速本地信息资源建设，发挥信息资源在本地创新活动中的支持作用。地区信息保障平台规划的对象是本地区所有信息服务机构，地区信息保障平台规划战略主要解决以下问题：贯彻国家信息保障平台规划战略，分析地区信息保障平台所处环境，提出地区信息保障平台系统规划的总体目标和要求，确定其战略重点和战略措施。

③系统信息保障平台规划战略。系统信息保障平台战略规划是行业系统内的信息保障平台建设规划和战略安排。其目的在于提高行业系统信息资源配置效率和服务效率。跨系统信息保障平台规划战略由一系列详细的战略方案和计划构成，涉及信息服务系统内部管理的各个方面，其重点在于对系统信息保障平台规划战略目标进行细分，以提高系统整体绩效为前提，根据内部资源的潜力，权衡每一项业务活动对系统信息资源与服务的需要，按照行业系统创新发展目标进行适应于全国和区域发展的战略构建。

④部门信息保障平台规划战略。部门信息保障平台规划战略比较具体，是我国各信息服务机构依据国家信息保障平台规划、地区信息保障平台规划和系统信息保障平台规划，根据本部门内部资源条件、用户需求等方面因素来确定本部门的信息保障平台规划的战略行为。规划目的在于深入开发信息资源，提高信息资源利用率，

满足部门创新群体多方面的信息需求。部门信息保障平台规划战略
包括以下内容：确定本部门信息保障与服务建设的基本要求，制定
信息保障平台规划战略目标和信息保障平台规划战略措施。

国家信息保障平台规划战略、地区信息保障平台规划战略、系
统信息保障平台规划战略和部门信息保障平台规划战略共同构成我
国信息保障平台构建的跨系统信息保障平台规划战略体系。其中，
国家、地区信息保障平台规划战略属于宏观战略；系统战略、部门
战略，更多的是信息保障平台建设的战略安排。国家信息保障平台
规划战略提出了信息资源建设在一定时期内的发展思路，时间跨度
较大；地区信息保障平台规划战略从属于国家信息保障平台规划战
略，是各地区为保证国家信息保障平台规划战略的完成而制定的战
略；同样情况下，具体的系统、部门战略，则根据各自的具体情
况，在国家和地区发展的基础上进行制定和实施。

5.3 跨系统平台的网络支持与服务平台建设

构建网络环境下的跨系统信息保障平台是实现平台服务的基
础。这要求充分利用现代技术手段和国家骨干网络系统，把有关的
信息服务系统内的信息资源、软硬件技术、管理条件有机结合起
来，构建统一的平台界面，即通过分布式信息服务系统的动态集
成，向跨地区、跨系统、跨部门、跨行业、跨学科的用户提供快捷
有效的信息集成服务。

5.3.1 知识创新信息保障平台的网络支持

面向国家创新的跨系统信息保障平台不是一个完全意义上的物
理网，而是基于物理连接的信息资源与服务的整合系统。平台的实
现过程，首先是进行全国或区域、行业信息服务系统的互联，由此
构成全国区域或行业信息保障平台的物理结构；其次是在物理互联
的基础上，通过网络协议构架，建设集信息资源与服务于一体的平
台结构。

采用开放式的体系结构，可以使网络易于扩充和调整。在信息

化环境下，网络使用的通信协议和设备由于符合国际标准可以支持多层交换。同时，开放构架可以使平台对网络硬件环境、通信环境、操作系统环境的依赖性减至最小。这样可以保证网络的互联，为信息平台的互通和应用互操作创造有利条件。

为了安全、可靠，应选用性能优良的设备，利用设备冗余、端口冗余、网络稳定、防火墙、用户验证等手段维护各平台的数据安全，防范非法用户的侵入。在实施中，应提供多种手段对网络进行设置、管理和灵活动态的监控。

由于互联网的扩展使得 IPv4（Internet Protocol Version 4）地址危机加速，由此 IPv6 应运而生。IPv6（Internet Protocol Version 6）是由 IETF 设计的用来替代现行的 IPv4 协议的一种新的 IP 协议，被称为下一代互联网协议。其 128 位地址长度有效地解决了地址短缺问题。此外，IPv6 在设计中弥补了 IPv4 的端到端连接、服务质量、安全性、移动性等方面的不足。其相关技术已成为网络发展的支撑。因此，平台可以在 IPv6 协议的基础上搭建。

在物理网络搭建中，即使在全国范围内，也可以通过国家通信主干光纤网络将现有的 NSTL、NSL、CALIS 等国家级的信息保障系统连接起来，然后再与区域信息保障平台（如上海市、湖北等地）、行业信息保障系统连接，这样就构成了由中央级信息保障平台系统和区域级、行业级、系统级服务平台系统以及镜像服务系统组成的网络服务平台系统，如图 5-9 所示。

在信息服务的开放化、社会化发展中，包括图书馆、科技信息部门在内的传统信息服务机构进行了新的服务定位，以此出发积极拓展网络合作服务业务。我国一些地区和行业已就基于资源共享的跨系统联合协同服务进行了探索，且不断取得进展。从宏观上看，跨系统协同信息服务要在全国范围内扩展，应以实现全国性的跨系统信息资源共享与协同服务平台整合为基础。从技术上看，我国跨系统的联合体协同信息服务是通过网络间各系统的物理互联和信息整合来实现的。

跨系统的联合协同信息服务平台建设，要求在各方之间形成良好的交流关系，有关各方应全面、及时地共享信息资源和服务。换

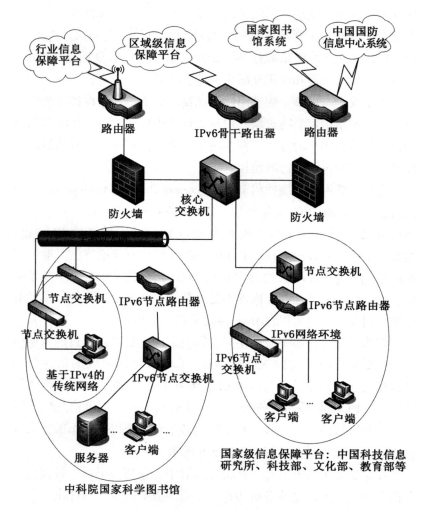

图 5-9 跨系统信息保障平台物理网络支持

言之，必须建立和维持一个基于互联网的公开、透明、畅通的交流网络平台，通过技术制度化方式交换使用各方的信息和服务，才可能维持基于协同平台的跨系统联合运行。

在信息平台服务架构中，利用 SOA（Service Oriented Architecture）进行构架是具有科学性和现实性的选择。SOA 的出现和流行是软件技术（特别是分布计算技术）发展到一定阶段的产物，已十分成熟。

Service-architecture.com 将 SOA 定义为：本质上是服务的集合①。服务间彼此通信，这种通信可能是简单的数据传送，也可能是服务协调活动。随着一系列新标准规范的问世，面向服务的系统架构（SOA）已十分成熟。Web Service 技术是 SOA 标准规范的重要组成部分，但 SOA 并不等同于 Web Service②。Web Service 只是 SOA 众多实现技术中的一种。此外，SOA 标准规范还包括 ebXML 系列规范以及其他专门协议规范等。而且，SOA 服务也不等同于 Web 服务，尽管 Web 服务通过补充部分内容可以成为 SOA 服务，然而 Web 服务仅仅是开启了 SOA 的大门③。在开放、动态、多变的网络环境下，基于 SOA 架构理念，实现组织间高效、灵活、可信、协同的服务资源共享和利用，仍需要其他相关技术、规范和标准的支持。

在如图 5-10 所示的服务基础框架中，应用流程的各个阶段以服务为中心进行安排，包括组合应用、表示层服务、共享业务服务、信息和访问服务。这些服务通过总线无缝连接，使各个个体的数据和内容有效整合，屏蔽应用上的障碍，直接提供面向终端的服务。

5.3.2 基于跨系统架构的信息服务平台建设推进

跨系统信息服务平台以现代数字网络技术为支持，其基本要素包括计算机硬件、软件和各种信息资源以及根据需求研制的信息处理工具软件、信息服务用户。平台建设的目的是通过信息基础设施和组织协调，构建一个跨系统、跨行业、跨机构的信息资源处理与

---

① Web Services and Service-Oriented Architectures［EB/OL］.［2013-06-05］. http：//www. service-architecture. com.

② Channabasavaiah, K. , Tuggle, E. , Holley, K. Migrating to a Service-Oriented Architecture［EB/OL］.［2013-02-15］. http：//www-128. ibm. corn/developer works/webservices/library/ws-migratesoa/.

③ Hamid, B. M. An Introduction to Service Oriented Architecture［EB/OL］.［2013-02-15］. http：//www. oasis-open. ors/committees/download. php/7124/ebSOA. introduction. pdf.

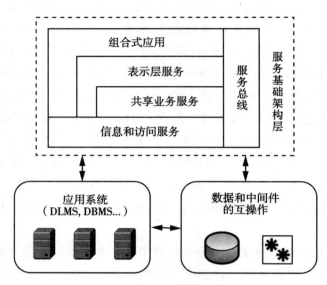

图 5-10　跨系统平台架构的概念模型

服务系统，实现对多种类型数据的整合，为一定范围内知识创新主体的知识创新活动提供不同层次的支持与服务。

跨系统信息服务平台的建设在于，以各信息服务系统的数字资源为中心，以为知识创新提供跨系统信息服务为目的，通过信息资源的跨系统整合，实现面向用户的深层次保障服务。跨系统信息服务平台通过一定形式进行信息集成和服务共享，它不仅要解决各系统之间的融合，而且要解决应用平台与异构资源和服务的集成。

基于 SOA 的跨系统信息服务平台构架是一种有针对性的选择。这种跨系统的平台要素包括信息系统资源、用户和 SOA 体系架构。具体如图 5-11 所示①。

---

　　① 陈凌. 高校自主创新信息保障体系及其运行机制研究［D］. 长春：吉林大学博士学位论文，2009：155.

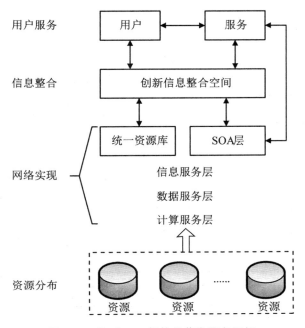

图 5-11　基于 SOA 架构的信息服务组织

　　面向知识创新的跨系统信息服务平台建设，应围绕信息资源的描述、组织、服务和长期保存的周期来规划和设计。根据跨系统信息服务平台各组成部分在结构和功能上的协同，将技术平台的总体框架分为 6 个层次：环境保障层、资源管理层、技术支持层、接口处理层、功能实现层和用户服务层。其中环境保障层是提供整个平台的底层技术保障和组织协调保障；资源管理层、技术支持层、功能实现层是平台资源整合加工的关键；用户服务层是面向用户提供一站式、全程服务的窗口，如图 5-12 所示。

　　①环境保障层。环境支持是跨系统信息服务平台存在和运行的基本条件，主要是网络服务及管理硬件平台支持。平台构建的首要环节是以网络信息设施为基础，构建覆盖相关信息服务系统与网络的平台。没有一个国家不是在网络技术高度发展的情况下开展信息资源和服务共享的。我国支持跨系统信息服务平台运行的网络环境已经形成，中国计算机公用互联网（ChinaNet）、中国教育和科研

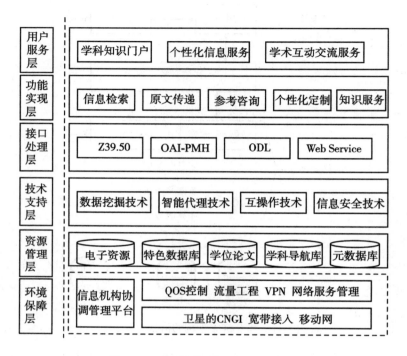

图 5-12　跨系统信息服务平台结构图

计算机网（CERNET）、中国网通高速宽带互联网（CNCnet）、中国科技网（CSTNet）、中国金桥网（ChinaGBN）、中国远程教育卫星宽带网（CEBsat）不断完善。同时，信息机构协调管理平台，从中央到地方、系统、部门和行业，已趋于完整。

②资源管理层。跨系统信息服务平台运行所依托的信息资源体系是一个覆盖相对完整、结构相对合理，且具有互补性的信息资源体系。信息资源建设中已具有足够的广度和深度来满足用户的不同需要。基于网络的跨系统信息服务平台，最主要的就是基于文献资源和网络资源加工形成的书目数据库、文摘数据库、全文数据库和事实数据库。如 CNKI 信息集成服务平台的核心资源就由专门数据库、互联网整合数据库、商业加盟数据库和各类机构数据库组成，核心资源层的资源在知识网格环境中呈现给用户的是一个虚拟的

"知识资源总库"①。

③技术支持层。技术支持层提供信息整合与集成、知识应用与服务支持技术。平台涉及的主要技术有网络数据安全技术，数字化信息生成、处理与存储技术，多媒体数据库技术，文本挖掘技术，知识发现技术，信息内容可视化技术，语音识别技术，自动标引，分类互操作技术，以及相关的标准技术和规范等。依靠技术支持，平台才可以方便地提供基于网络环境的服务、可靠的安全保证和平台系统的自动升级服务。

④接口处理层。接口层是各信息服务系统与信息服务平台之间的接口，在于搭建系统平台与用户之间的桥梁，提供各种数据导入导出和数据查询。特别是对异构资源的查询和获取，接口层的建设尤为重要。目前主要的接口技术有 Z39.50、OAI、Web Service 等。值得注意的是，标准协议的采用和基于协议的系统之间的链接和互操作接口的应科学设计与合理安排，对于这一问题的解决应有完整的实现方案。

⑤功能实现层。功能层面向用户提供信息检索、原文提供、个性化服务、研究学习、参考咨询、决策支持等多种服务功能。其中，信息服务人员可以根据用户需求和解决特定问题的需要，运用知识挖掘、个性化服务、知识可视化等手段和技术，从平台系统中获取所需要的信息和问题解决方案，可以在人与人的交流互动中得到新知识，从而实现知识增值。从功能实现上看，平台服务是资源建设、技术发展和应用相互融合的结果。

⑥用户服务层。用户层是用户与信息服务人员的交互平台和信息服务的协作平台，汇集和集成分布异构资源，在深度挖掘基础上，建立基于信息内容的知识网络，为用户提供统一的资源利用和个性化的服务环境。通过集成应用和服务等技术手段，用户层提供符合用户需求的信息，提供开放、及时、准确、便捷、主动、智能的知识服务接口。当前，在基于用户体验的交互服务推进上，应注

---

① 张宏伟，张振海．CNKI 网格资源共享平台——基于知识网格的门户式数字图书馆解决方案［J］．现代情报技术，2005（4）：6-9.

重用户参与和服务嵌入的实现。

在总体架构中，平台通过对包括异构信息在内的各系统数字资源的整合，形成统一的使用界面或门户，从而为用户提供方便快捷的、个性化的、安全可靠的服务。用户也可以主动获取由系统推送的信息。

跨系统信息服务平台作为一个互通系统，其结构决定功能。通过平台可以将各种信息资源及业务流程集成起来，从而提供一体化的服务。在平台上，可以实现信息服务机构与创新主体之间的服务沟通、创新主体之间的知识交流。按跨系统信息服务平台的体系架构，平台的基本服务功能由以下几个方面构成①：

用户权限的统一管理功能。用户权限管理包括用户登录、认证、计费、统计等内容，信息平台可以根据完整的用户权限管理方案提供全面管理工具，包括对信息服务利用过程中的用户权限管理，对用户访问和使用信息资源进行许可、控制和监督，以及保护资源拥有者和最终用户相关利益等。通过统一的用户界面，可以允许不同类型的资源、服务和应用以组合方式显示在统一的页面上，从而在服务平台之间实现单点登录和统一认证。

信息动态发布功能。网络时代的信息发布，作为互联网服务的一部分，其跨系统信息服务平台要求具备自动地根据数据库中数据的变化及深层开发的结果，动态发布相关信息的功能，从而及时地向外提供信息资源。平台除了支持信息服务机构在服务平台上发布信息外，还应支持用户发布信息，支持包括传统的 C/S 到 B/S 在内的多种信息发布，使系统做到对用户透明。

信息内容管理功能。集成服务平台不仅要管理本部门信息资源，同时要动态集成利用各种异地信息资源和网络信息资源。主要功能包括信息资源的发现与采集功能、信息资源的存储与管理功能和信息资源的加工与整合功能。应能将指定格式的资源文件批量装入资源数据库，如将导航数据、元数据、全文数据、多媒

① 胡昌平．现代信息管理机制研究［M］．武汉：武汉大学出版社，2004：363-364.

体数据等数据库中的结构化与非结构化数据通过复制、导入等技术聚合起来，建立联合资源仓储，从而不断完善基于集成服务平台的数据库系统，以便向用户提供多种资源的多种分类导航浏览。

集成化的信息服务功能。平台应具有强大的访问控制以及信息查询功能，包括文本和图像分析工具以及数字化音频和视频信息的查询工具，提供全文检索、基于声音和图像的检索以及自然语言检索等多种检索方式。同时，提供基于服务平台的信息定制、网络搜索和增值服务。这就要求平台不仅要将各服务应用模块集成在一起，而且要实现服务平台与其他门户间的互操作。

用户交流功能。用户应能通过跨系统信息服务平台进行相互之间的交流，一方面，用户之间的交流可以提高相互之间的信息资源利用能力；另一方面，相关用户还可以在交流中提高服务利用水平，从而体现以用户为本的服务原则。

用户反馈信息处理功能。平台的全部工作应围绕用户展开，因而用户反馈信息的处理，既是平台与开发必不可少的环节，又是考核服务平台成效的关键指标。通过对用户的反馈信息的处理，可以动态地调整用户的个人数据库，从而根据用户的个性化信息需求来组织和开发信息资源。

集成服务的协调功能。任何一个跨系统信息服务平台都很难满足用户的所有信息需求，但通过平台可以与其他信息机构进行协作，共同为用户提供满意的服务。同时，跨系统信息服务平台还要协调不同系统之间的用户需求和服务业务，应能及时处理用户意见，能根据用户反馈信息适时地调整平台运行。

5.4　跨系统协同信息服务平台用户管理

用户是信息及其服务的使用者，用户作为信息服务的对象始终处于中心位置，用户的基本状况和要求不仅决定了资源组织的方式和信息服务的内容，而且决定了跨系统协同信息服务的机制。在面向知识创新的跨系统协同信息服务中，用户的构成更加多元化、动态化和复杂化，如何根据用户信息需求的差异有针对性地提供信息服务，这就提出了用户管理的问题。

5.4.1 跨系统的用户信息集成

用户信息是开展跨系统协同服务的依据，用户信息应该共建共享①。用户信息的集成就是要求把各信息服务部门和机构的用户信息汇集起来，完善用户资源共享系统，以便在服务内容和形式上更好地满足用户的信息需求。

跨系统协同信息服务面向多个系统、多个领域的用户，用户类型多样、复杂和动态。

①信息用户类型复杂多样。在跨系统的协同服务中，不同信息用户受其所处地理位置、社会角色和职业特征、专业特性的影响，会有不同的信息需求，而不同类型的用户需求形成了复杂多样的用户群。从用户的职业来看，各行各业的各类职业者，都已经成为信息用户；从用户的年龄来划分，从老到少，各个年龄段的人都有；从用户结构来看，原有的用户类型在不断发生变化，潜在的用户不断出现而形成新的用户层。

②信息用户范围分散广泛。信息网络的高度发达，使信息资源更加丰富多彩，服务形式和内容逐渐向社会化、综合化、集成化、智能化发展。信息用户不用集中在单一信息服务机构查找自己所需的资料。由于跨系统信息用户分散在各地，享受到满意周到的信息服务化成为面向广域用户的跨系统协同服务组织所面临的现实问题。

③信息用户层次参差不齐。信息用户由于信息意识、知识结构、语言能力（文字语言、数字语言、信息检索语言、计算机程序语言等）的不同，信息素质和信息技能存在很大差异，水平的差异导致用户层次参差不齐。因此，需要区分不同的用户进行不同的交互服务架构。

---

① 刘兹恒，楼丽萍. 用户信息在图书馆工作中的应用 [J] . 图书馆杂志，2002（12）：17-20, 48.

在跨系统的协同信息服务中，用户的信息主要包括用户的基本信息、需求信息、访问信息和反馈信息等①。因而，用户信息管理应从多角度展开，其展开结构如图 5-13 所示。

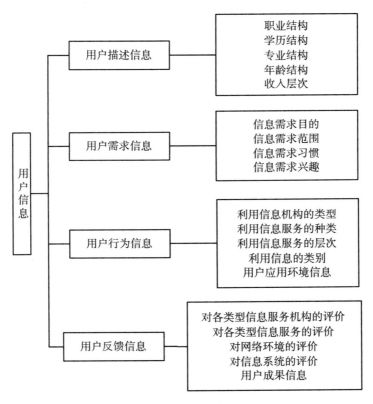

图 5-13　用户信息类型

①用户描述信息。用户基本信息主要是对相对固定的用户群体进行特征划分，同时对各类用户的特征进行登记和利用相关的反馈信息进行修改后形成的。在信息描述中，应尽可能包括用户的基本情况，如用户姓名、身份、单位、职业、学历、专业、年龄等，同时还应该包括用户的兴趣、爱好、研究领域、知识结构、习惯行为

---

① 胡昌平．信息服务与用户［M］．武汉：武汉大学出版社，2008，15.

方式等基本内容的描述。

②用户需求信息。用户需求信息包括用户信息需求的目的、兴趣、范围、习惯等。用户信息需求的获得，一方面要积极采用现代信息技术与最终用户进行互动式的信息交流，让用户能完全明确自身的信息需求；另一方面要充分利用用户资源，立足于为用户提供长期的信息服务保证，而不只停留在为用户的某次信息服务上。

③用户行为信息。主要是通过分析用户对信息服务机构及其网站的利用记录所形成的，如用户查询请求的描述、用户输入查询关键词、用户维护的 Bookmark、网站页面的访问、页面逗留的时间、文档长度、对每个页面进行的操作（如保存、打印页面、将页面存入 Bookmark），对鼠标和键盘的操作等。跨系统的协同信息服务除了要了解用户兴趣、偏好等认知模式，还需要对用户的应用环境进行清晰的理解和表达，包括用户接触的实体、访问的信息文本、任务描述、社会合作者以及其他相关信息。

④用户反馈信息。这是改进信息服务、提高工作水平的重要资源，用户反馈信息包括用户对信息集成服务所做出的评价，用户提出的有用建议，或指出的主要问题等。其中用户满意度是衡量信息服务质量的一项重要指标，直接反映了用户对跨系统集成信息服务水平的认同程度。用户反馈信息还包括对用户利用信息服务后所取得成果进行跟踪分析结果，它直接或间接地反映信息服务对用户所产生的知识作用效益和经济效益。

5.4.2 跨系统的用户模型构建与重用

用户数据模型是以用户为中心的跨系统协同信息服务开展的关键模型之一。用户信息集成的最终目的是构建用户数据模型，供各服务系统共享用户资源。用户模型问题在专家系统人机接口设计和智能系统设计中首先提出，是指与使用系统有关的用户信息组织模型①。模型构建中需要对某一用户行为、兴趣倾向进行描述，以确

---

① 宋媛媛，孙坦. 个性化推荐系统中的用户模型问题 ［J］. 图书馆杂志，2004（12）：53-56.

立用户所需信息资源及服务的类型①。

构建用户数据模型可以使服务系统更好地理解个体用户或团体用户的信息需求（包括需求内容、需求水平及其他需求参数），可以洞察用户对信息内容和服务的期望程度②。模型构建通常有 6 个基本的过程：用户数据收集，确定需要了解哪些方面的用户信息；构建用户数据仓库；用户多维特征分析，用户特征由用户的知识结构特征、用户的信息需求特征和用户的信息行为特征组成，采用简单关联、时序关联、因果关联等关联分析与序列规则进行数据分析；用户群体的聚类分析，对具有相似特征的用户建立模型，针对不同类型的用户群提供不同的个性化服务方案；根据服务情况对调查结论进行评价；根据持续的反馈机制对用户模型进行修正③。

当前的信息服务系统中一般包含各自的用户模型，这意味着同一用户在不同信息服务系统中有多个用户模型。在此场景下当用户需要从不同系统中获得服务时，必须分别向不同的系统反复提供个人信息。此外，各信息服务系统中的用户模型所采用户的结构和词汇也各不相同。这些局限性意味着，用户模型的可移动性和在不同领域共享用户模型的构建是组织跨系统协同服务所需要进行的特定工作。

对跨系统协同信息服务系统来说，对已有个性化系统中的用户模型的重用是关键。可重用是用户建模研究发展到一定阶段的必然产物。将用户模型可重用的解决方案归纳起来，可以分为三类，即通用用户建模系统、基于本体的可重用用户模型和基于 Web 服务的用户建模。

①通用用户建模系统。通用用户建模系统，又称"用户建模 Shell 系统"，是指一个应用（或领域）独立的、能够支持基本的

---

① 赵永森. 基于因特网的个性化信息服务研究［J］. 中国图书馆学报，2003（4）：20-24.

② 王丹丹. 面向跨系统个性化服务的用户建模方法研究［J］. 情报杂志，2012，31（6）：156-161.

③ Henczel, S. Creating User Profiles to Improve Information Quality［J］. Online, 2004, 28（3）：30-33.

用户建模功能（包括建立与维护等）的系统通用框架①。或者说是一个"空系统"，在具体应用开发时，通过添加领域特殊的规则而成为一个"实系统"，从而为不同应用提供具体的用户建模服务。不同的应用，可以添加不同的规则，通过规则的替换来实现系统的修改和可重用的。通常，它是作为一个分离的用户建模组件服务于特定的应用，通用用户建模系统的代表性研究有 Finin 的 GUMS（General User Modeling System）和 Kobsa 的 BGP-MS（Belief，Goal and Plan Maintenance System）。

②基于本体的用户建模系统。与通用用户建模系统关注于用户建模功能模块的重用不同，基于本体的可重用用户模型研究所关心的是用户模型本身的重用问题。正如朱迪·凯（Judy Kay）所指出的，用户模型的重用可以通过维护一个不同客户都可以存取的用户模型数据库来实现。同样的，它也可以通过使用一种可以被不同程序存取和解释的外部形式来存储用户模型实现。对于一个将要重用的模型，它需要一个被认可的本体和表示，才能为不同的用户模型客户程序所理解和使用。因而，基于本体的可重用用户模型研究大多在努力寻找一种可以支持模型重用的描述语言和表示方法。这些工作可以按照所使用的描述语言分为两类：一类是利用现有的各种标准；另一类是创建新的标准。

③基于 Web 服务的用户建模系统。以 Web Service 作为系统架构，利用 Web Service 的服务出版、发现和绑定机制实现对用户建模资源的动态集成和重用。一方面可以利用 Web Service 的服务调用机制实现对用户建模方法和功能模块的重用；另一方面可以利用 Web Service 的消息传递机制实现对用户模型内容的重用。通过使用基于 Web 服务的结构实现跨系统个性化服务，将个性化服务系统以松散耦合的形式组织起来，同时又不破坏其原有的个性化功能

---

① 江淇，李广建. 用户建模中的可重用性问题研究［J］. 现代图书情报技术，2005（12）：7-12.

及用户模型，达到有效地解决问题的目的①。图 5-14 展示了基于
Web 服务的跨系统的个性化服务结构模型。利用 Web 服务包装、
注册和映射，实现对用户模型的重用。

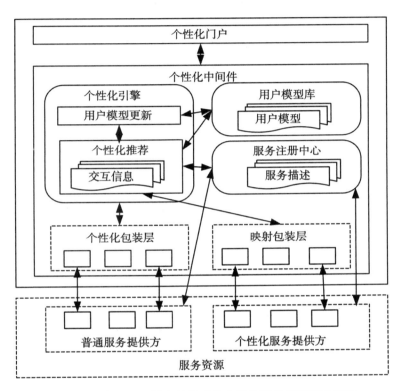

图 5-14　基于 Web 服务的跨系统个性化服务系统结构模型

5.4.3　跨系统用户使用管理

　　跨系统的协同信息服务系统往往连接多个分布的具有不同使用
条件的资源和服务提供者，服务于多个用户群（它们对多个系统
可能具有不同权限），而且某些用户可能同时隶属于不同用户群。

---

　　①　宋志正．支持跨系统个性化服务的用户模型研究［D］．秦皇岛：燕
山大学硕士学位论文，2007：21.

由于每个系统都拥有独立的用户信息管理功能，用户信息的格式、命名和存储方式也多种多样。为保证信息安全，各信息服务系统一般采用 IP 层加密技术以验证来访的用户计算机的 IP 地址是否合法，同时采用防火墙技术进行隔离。例如，许多高校图书馆网站将商用文献数据库限制在校园网用户内使用，校园网以外的用户无法访问图书馆互联网中的信息资源。用这种方式进行用户管理较为简单，但对用户访问和使用信息资源会造成一些障碍。如何保证具有馆际合作协议的外单位用户享受数字化信息服务，如何协调信息安全与信息服务之间的关系，是跨系统的协同信息服务必须解决的关键问题。

为了有效管理复杂环境下用户对服务系统的使用，必须建立用户使用管理机制，其核心功能包括：用户身份认证（Authentication），即确定请求资源者是否有合法身份；使用授权（Authorization），即确定该用户使用所请求资源的权限（见图 5-15）。

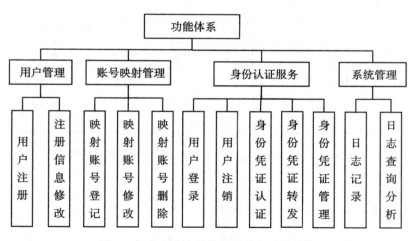

图 5-15　集中式身份认证策略的功能结构

用户身份认证是系统给每一个合法的用户提供一个唯一的用户标识符，而且提供一种验证手段，来确认登录用户的合法性的技术。验证的手段一般通过口令、密钥、签名、指纹等，更安全的方法是这些手段的组合运用。目前，跨系统协同服务身份认证可采用的技术包括：口令认证（Password）、IP 地址过滤（IP Address Filtering）、代理服务（Proxy Server）、电子证书认证（Certificate Access）等方式。其中，口令认证是最常用的验证手段。但是，它的缺点也很明显：口令往往会被用户遗忘、转移他人或被盗用，造成所谓的"口令扩散"（Password Proliferation）现象。IP 地址过滤技术上方便易行，对用户透明，资源和服务提供者能对使用进行有效控制，能有效保护隐私，安全保障也相对容易，但是，IP 地址过滤不能满足 IP 地址范围外合法用户的使用要求，不能对 IP 地址范围内的用户进行具体和细致的使用授权。因此，运用其他的验证手段或将上述方法组合运用是有必要的。例如，美国佐治亚州各大学、中学、职业技术学院及公共图书馆组成的 GALILEO 服务系统①，在各成员机构与数据库提供者的使用合同基础上，在大中学校园、公共图书馆、学校远程教学点可通过 IP 地址过滤来接入和使用；对大学教师、学生和职员发放远程接入口令和通行词，且每季度更改一次，但通行词只通过大学图书馆的专门人员根据各自的具体政策和认证方法向授权用户发放。

访问授权是指用户的身份通过认证后，系统确定该用户可以访问系统的哪些资源以及可以通过何种方式进行访问操作。传统的授权管理机制主要有基于用户名和口令的授权管理、基于公钥证书的授权管理等。

①基于用户名和口令的授权管理方式。将跨系统网络用户及其系统权限存储在用户权限数据库中，通过查找用户权限表来验证用户的权限。这种授权方式在网上直接传递用户的凭证信息，增加了系统的危险性，同时，企业或机构采用不同的授权技术保护各自的资源，也使得用户难以在不同应用系统之间进行跨应用的访问，当用户需要使用另一个应用系统的资源时，必须重新登录到该系统才能访问。另外，用户的安全信息比较分散，各种应用系统之间不能共享用户的认证和授权信息，增加了服务器的负担，整体的安全策

---

① GALILEO Access Policies and Information 1.1［EB/OL］.［2013-02-10］. http：//www. usg. edu/galileo/about/policies/accesspol. phtml.

略难以制定，不利于分布式异构系统间的互操作。

②基于 PKI 公钥证书的授权管理方式。利用了公钥证书扩展项功能，将用户权限信息存储在公钥证书的扩展项中，在身份认证的同时完成权限认证。PKI 体系采用非对称公钥技术，利用数字证书作为媒介，可以有效地解决大型应用系统存在的身份认证、数据保密、抗抵赖等安全问题，在授权管理和访问控制系统中有着一定的优势。但是公钥证书中用户对特定资源的访问权限与用户身份信息的生存周期一般不相同，这给公钥证书的管理带来了麻烦，有必要实现认证与授权的分离。

访问控制是一种加强授权的方法，是主体依据某些控制策略或权限对客体本身或是其资源进行的不同授权访问。目前使用的访问控制授权方案，主要有以下几种：

自主访问控制（Discretionary Access Control，DAC），针对用户给出访问资源的权限，如该用户能够访问哪些资源。

强制访问控制（Mandatory Access Control，MAC），该模型在军事和安全部门中应用较多，目标具有一个包含等级的安全标签（如，不保密，限制，秘密，机密，绝密）；访问者拥有包含等级列表的许可，其中定义了可以访问哪个级别的目标。

基于角色的访问控制（Role-Based Access Control，RBAC），定义一些组织内的角色，再根据授权策略给这些角色分配相应的权限。图 5-16 展示了桑德（R. S. Sandhu）等提出的基于角色的管理模型 ARBACO2[①]。

基于角色的访问控制是当前最重要且最普遍应用的访问控制策略之一，可用于跨系统的用户管理。基于角色的访问控制通过把用户划分为不同的角色，则用户自动拥有角色具有的功能权限，角色被统一管理。角色的定义不是由各个应用系统自行决定的，要由专人统筹管理。用户和应用系统之间通过角色，并且只能通过角色进行关联。基于角色的访问控制可以减少授权管理的复杂性，减少管

---

① 汤庸，冀高峰，朱君. 协同软件技术及应用［M］. 北京：机械工业出版社，2007：51.

理开销，而且还能为管理者提供一个比较好的实现安全政策的环境，尤其适用于用户量大、权限层次复杂的复杂、大型、分布式的应用系统。

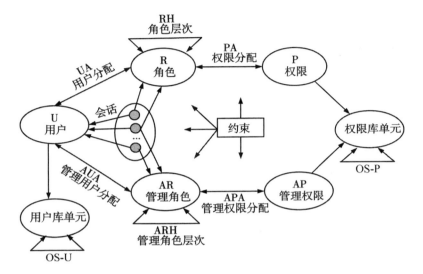

图 5-16　ARBAC 模型结构示意图

6 基于服务共享的信息资源协同配置

创新需求的变革推动了跨系统协同信息服务的整体化发展，越来越多的服务机构开始在新环境下进行跨领域的服务合作，以统一的平台为创新主体提供集成化的服务。信息服务共享的实现有赖于服务资源的跨系统调度与整合，因此需要进行科学合理的资源优化配置。在信息服务共享实施过程中，资源配置已日渐成为一种社会化行为，需要各主体的共同参与、密切配合与协调互动，使信息资源在服务运作中发挥最大效益。

6.1 信息资源的社会分布与基于服务共享的协同配置

信息服务共享是提高服务质量与服务绩效的必由之路，是信息服务机构在开放式创新环境下的必然选择。跨部门、跨系统的服务共享推动了信息资源配置的社会化转型。信息服务共享提出了社会化的资源配置要求，决定着信息资源的分布配置格局。

2010年，我们获准国家自然科学基金项目"国家创新发展中的信息服务跨系统协同组织"，当即展开了我国信息资源的分布与基于服务共享的资源协同配置调查，获得了2000—2011年的数据。在调查数据基础上所进行的分析，旨在为服务共享环境下的信息资源协同配置体系构建和优化提供依据。

6.1.1 国家创新系统中信息资源的社会分布

国家信息资源分布由国家信息资源的配置决定。在长期实行的国家计划管理体制下，我国信息资源是部门、系统配置状况。从总体上看，我国信息资源数量庞大、类型丰富，在区域创新系统、行业创新系统和不同创新主体间呈现出多元化的信息资源分布格局。

（1）信息资源在区域系统中的分布

区域创新系统是构成国家创新系统的基础。目前，对一国（地区）的信息资源测度一般采用信息资源丰裕系数 R 来衡量。R 代表着该国（地区）的信息资源生产能力和发展潜力。根据公布的统计数据，2006—2010 年我国主要创新区域系统的信息资源丰裕系数如表 6-1 所示。

表 6-1 　　**我国主要区域系统的信息资源丰裕系数**

创新能力排名	R 值排名	地区	2010 年	年平均增长率	创新能力排名	R 值排名	地区	2010 年	年平均增长率
1	2	上海	4.623	8.1%	13	15	黑龙江	3.767	5.3%
2	1	北京	4.657	7.3%	14	16	湖南	3.753	5.8%
3	5	广东	4.402	7.5%	15	17	河北	3.622	5.0%
4	6	江苏	4.384	8.0%	16	13	四川	4.024	6.1%
5	4	浙江	4.422	7.0%	17	18	河南	3.427	4.8%
6	7	山东	4.367	6.8%	18	14	吉林	3.875	5.1%
7	3	天津	4.532	7.2%	19	19	广西	3.302	4.3%
8	8	辽宁	4.331	6.3%	20	21	贵州	2.956	3.5%
9	10	福建	4.223	6.8%	21	22	新疆	2.542	3.8%
10	11	陕西	4.186	5.7%	22	23	甘肃	2.230	2.7%
11	9	安徽	4.329	6.0%	23	24	宁夏	2.012	2.8%
12	12	湖北	4.127	5.8%	24	20	云南	3.209	3.8%

从各地信息资源丰裕度来看，我国的信息资源主要集中在上海、北京、浙江、广东等经济发达地区，说明信息资源对促进我国

经济发展具有十分重要的作用。但是，从各地区的创新能力排名和信息资源丰裕度排名来看，两者却存在一定差异。以天津市为例，作为我国直辖市之一，天津市拥有丰富的信息资源储量和较高的信息资源生产能力，其信息资源丰裕度值在 24 个省市中排名第 3，仅次于上海和北京。但是在创新能力排名上，天津却仅排在第 7 位，这说明天津市在进行创新生产中，未能更有效地利用其丰富的信息资源，导致该地区的信息资源没有发挥出最大效益。与其类似的还有吉林省、云南省等。相反的，广东省的信息资源丰裕度只排在第五位，但其创新能力却高居前三位，说明广东省在未来的创新发展中对信息资源有着较大需求，国家应加大对其的资源投入。

如图 6-1 所示，从东部、西部、中部和京津沪四个大区的信息资源总体分布情况来看，我国信息资源在地区分布上呈现出明显的不均衡状态。京津沪作为直辖市，其信息资源总量几乎和整个东部地区相当。而西部地区却只拥有全国 13.2% 的信息资源量，两者差距非常明显。这主要是因为西部地区在信息资源基础建设和现代信息资源开发两个方面都滞后于经济相对发达的京津沪和东部地区，京津沪和东部地区自 1985 年起就开始了信息资源基础建设的大规模发展，而西部地区则是从 1995 年以后才开展致力于加强信息资源开发建设的工作。

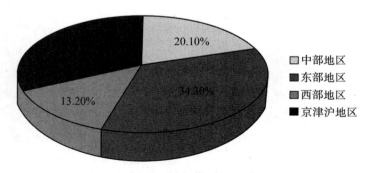

图 6-1　2010 年我国各大区的信息资源拥有比例

总体而言，我国信息资源在区域创新活动和地区分布上都呈现不均衡状态，需要进行合理的规划配置。在配置过程中，既要实现信息资源投入与创新发展能力的相互匹配，又要实现资源配置的地区协调发展。

（2）信息资源在行业系统中的分布

由于行业的信息资源存储量较难测度，而人才分布与资源有一定的对应关系，所以仅从信息人才资源拥有量上反映我国各主要行业创新系统的信息资源分布情况。根据国家统计局科技统计数据显示，2011 年我国各主要行业创新系统的信息技术人才资源分布情况如图 6-2 所示。从图中可以发现，我国信息技术人力资源主要集中在高新技术行业，特别是与信息产品制造相关的行业，如电子及通信设备制造业、电子计算机及办公设备制造业等，说明我国高新技术行业对信息人才有着较大需求。在国家创新系统中，高新技术行业是国民经济的战略性先导行业，也是国家创新产出成果的主要贡献者，其生产水平和创新能力直接影响着国家整体创新实力。因此，在我国创新型国家建设中，应充分重视高新技术行业领域内的信息资源配置，加大重点创新领域的财力、物力和人力投入强度，促进高新技术行业的快速发展。

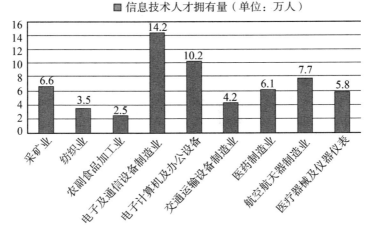

图 6-2 2011 年我国部分行业创新系统的信息技术人才分布情况

（3）信息资源在创新主体中的分布

对于各创新主体而言，信息资源也呈现不均衡分布状态。从信息资源类型来看，政府和公共信息服务机构（图书馆、档案馆等）是国家公共信息资源的主要存储者、生产者，其拥有的公共信息资源数量占总数的80%。因此，政府和公共信息服务机构在公共信息资源配置中承担着重要任务。高等学校、科研机构是文献信息资源、学术信息资源的主要拥有者，担负着基础研究、应用研究和人才培养的重任。企业则是信息技术、专利发明、科技成果等重要信息资源的生产者、存储者，承担着技术创新和将高校、科研机构的知识创新成果投入到实际生产的具体任务。

如图6-3所示，从信息技术人才的分布情况看，国家统计局2010年科技统计数据显示，我国的信息技术人才主要分布在企业、高校和科研机构三大创新主体中，其中以企业拥有的人才数量最多，占总数的68.9%，充分体现了企业在国家创新系统中的主体地位，同时也说明企业在创新生产过程中对信息人才有着较大需求。如图6-4所示，从信息技术人才在国家创新价值链中各环节上的分布情况来看，试验发展环节拥有的信息技术人才数量最多，占总数的73.6%。该环节的作用是将基础研究和应用研究所获得的知识转变成实际绩效，即将知识创新成果转化为生产力，这是国家创新价值链上的重要环节，需要大量的资源给予保障。从国家发展上看，基础研究与应用研究对一国长期的竞争力具有决定性影响。因此，在我国信息资源配置工作中，还需加大对基础、应用研究的信息资源投入。

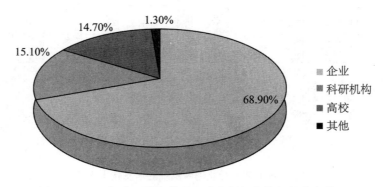

图6-3　2010年我国信息技术人才在创新主体间的分布情况

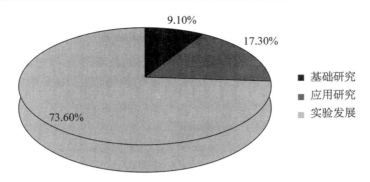

图 6-4　2010 年我国信息技术人才在不同创新环节上的分布情况

6.1.2　基于社会分布结构的信息资源配置效率

为了全面衡量我国在创新型国家建设中的信息资源配置效果，考察当前配置模式对国家创新系统有效运行的适用性，可以综合应用曼奎斯特（Malmaquist）生产率指数和数据包络分析（DEA）对信息资源配置效率进行分析。

Malmquist 生产率指数主要用来衡量生产活动在一定时期内的效率水平[1]；数据包络分析则是根据多项投入指标和产出指标，利用线性规划的方法，对具有可比性的同类型决策单元（DMU）进行相对有效性分析的一种量化方法[2]。两者结合能够对信息资源投入—产出效益、优化配置程度进行综合分析。Malmquist 生产率指数计算如下：

$$M_{t,\ t+1} = \left[\frac{D^t(x^{t+1},\ y^{t+1})}{D^t(x^t,\ y^t)} \cdot \frac{D^{t+1}(x^{t+1},\ y^{t+1})}{D^{t+1}(x^t,\ y^t)} \right]^{1/2}$$

其中，$(x^t,\ y^t)$ 和 $(x^{t+1},\ y^{t+1})$ 分别为 t 期和 $t+1$ 期的信息资源投入—产出值，且有：

$$D(x,y) = \ \inf\{\theta : (x,y/)\theta) \in P(x), x \in R^m, yx \in R^k, \theta \geq\}$$
$$= \left[\sup\{\alpha : (x,\alpha y) \in P(x), x \in R^m, yx \in R^k, \alpha \geq 0\} \right]^{-1}$$

①　孙巍. 基于非参数投入前沿面的 Malmquist 生产率指数研究［J］. 中国管理科学，2000，8（1）：22-26.

②　魏权龄. 数据包络分析［M］. 北京：科学出版社，2004：2.

其中，$P(x)=\{(x,y):$ 投入 x 能产生 y$\}$ 表示一定技术条件下的生产可能集，$\theta\in[0,1]$ 表示信息资源产出效率，如果 $\theta=1$，表示信息资源投入结构是合理的，能够产生最大效益；如果 $\theta<1$，那么表示信息资源投入存在一定冗余。$D^s(x^t,y^t)$ 的值可以由 DEA 中的 C2R 模型求得：

$$D^s(x^t,y^t)=\min\theta$$

$$\text{CCR s. t.}\begin{cases}\displaystyle\sum_{j=1}^{n}x_j^s\lambda_j\leqslant\theta x_k^t\\[2mm]\displaystyle\sum_{j=1}^{n}y_j^s\lambda_j\geqslant y_k^t\\[2mm]\lambda_j\geqslant0,j=1,\cdots,n\end{cases}$$

在此基础上，Malmquist 生产率指数可以分解为技术进步率和资源配置效率变化率的乘积。技术进步率反映了前沿科技的变化，代表 t 和 $t+1$ 两个时期内技术"前沿面移动效应"，表明了技术的进步和创新；资源配置效率变化率则主要用来衡量投入到生产活动中的生产要素是否得到了有效利用。Malmquist 生产率指数通过技术进步率和资源配置效率值可以确定技术进步因素和资源合理配置因素对生产力发展的影响程度。因此，可以从资源配置效率变化率角度来衡量面向技术创新的信息资源配置效率。若资源配置效率变化率大于 1，则证明配置是有效的[①]。

资源配置效率变化率可以进一步分解为纯技术效率变化率、规模效率变化率和要素可处置度变化率。其中，纯技术效率变化率反映的是资源配置模式、配置机制以及配置管理水平和技术水平的变化程度；规模效率变化率反映的是资源配置规模水平的变化程度，即资源投入数量的变化；要素可处置度变化率反映的是要素的支配程度，即资源配置形式是否按实际需求进行灵活调整的程度。如果这三个指标中的某一变化率值大于 1，则表明资源配置效率的提

① 杨顺元，吴育华. 基于 Malmquist 指数的我国邮政业经济增长的分析［J］. 西安电子科技大学学报（社会科学版），2007，17（3）：93-98.

高，反之则导致源配置效率的下降①。

按照 Malmquist 生产率指数和 DEA 的基本原理，结合对国家创新系统中的信息资源的分类，以下选取了信息资源、信息设备、信息人才三个指标作为投入指标，以高新技术产品出口额、技术市场合同成交额、发明专利申请授权量和产品产值四个指标作为输出指标。根据国家 2001—2011 年科技统计年鉴中的相关数据，应用 Matlab 软件计算出我国整体信息资源配置 Malmquist 生产率指数（见表 6-2）以及企业、高校和科研机构的信息资源配置 Malmquist 指数（见表 6-3、表 6-4）。它们分别从不同角度反映了面向创新主体的信息资源配置效率。

表 6-2 **2001—2011 年我国信息资源配置效率**

年份	信息资源配置效率变化率	纯技术效率变化率	规模效率变化率	要素可处置度变化率	Malmquist 生产率指数
2001	0.812	0.846	0.986	0.973	0.965
2002	0.867	0.943	0.973	0.945	0.966
2003	0.936	0.927	1.154	0.875	1.043
2004	1.027	0.958	1.016	1.055	1.122
2005	1.058	1.058	1.000	1.000	1.137
2006	0.984	0.869	1.029	1.100	1.164
2007	1.032	1.032	1.000	1.000	1.228
2008	1.109	1.122	1.017	0.972	1.246
2009	1.114	1.134	1.042	0.988	1.254
2010	1.115	1.130	1.041	1.000	1.250
2011	1.117	1.136	1.047	0.990	1.253
平均值	0.995	0.989	1.025	0.990	1.126

①　汪同三，张守一.21 世纪数量经济学（第一卷）［M］.北京：中国水利水电出版社，2009：260.

表6-3 **2001—2011年我国大中型工业企业的信息资源配置效率**

年份	信息资源配置效率变化率	纯技术效率变化率	规模效率变化率	要素可处置度变化率	Malmquist生产率指数
2001	0.854	0.857	0.977	1.020	0.877
2002	0.964	0.923	0.991	1.054	0.952
2003	0.985	0.967	1.132	0.900	1.048
2004	1.000	1.000	1.000	1.000	1.025
2005	0.962	0.958	1.140	0.880	0.973
2006	1.000	1.000	1.000	1.000	1.138
2007	1.000	1.000	1.000	1.000	1.146
2008	1.113	1.057	1.006	1.047	1.177
2009	1.023	1.103	1.100	1.087	1.193
2010	1.019	1.105	1.009	1.086	1.196
2011	1.024	1.104	1.103	1.090	1.197
平均值	0.993	0.986	1.039	0.988	1.059

一方面，从我国信息资源配置效率总体情况上看，近年来综合配置效率变化率值呈波动状态，虽然总体呈上升趋势，说明配置效率在不断提高；另一方面，历年的平均值却低于1，说明我国信息资源配置工作仍然有待进一步完善。就影响配置效率的具体因素而言，我国信息资源配置效率的提高主要得益于配置规模的增大（规模效率变化率的平均值大于1），即信息资源投入总量在不断增加，但是由配置管理水平、配置技术、配置模式带来的效率改善效果却并不显著（纯技术效率变化率平均值低于1），而且信息资源配置灵活度也不高（要素可处置度变化率平均值低于1）。

从我国大中型工业企业的信息资源配置效率来看，其总体效率变化率平均值也低于1，说明整体配置效率不高。就影响企业信息资源配置效率的具体因素而言，与国家整体资源配置情况存在相似之处，都是信息资源投入量很大，但配置管理水平不高，导致整体配置效率难以改善。企业作为国家创新系统中最重要的创新主体，占有大量的研发资源和投入经费，通过在创新中不断加大的资源、信息、人才投入来提高生产效益，但是，由于企业配置模式的局限，导致资源投入冗余，在一定程度上造成了信息资源浪费。

表6-4 **2001—2011年我国高等学校和科研机构的信息资源配置效率**

年份	信息资源配置效率变化率	纯技术效率变化率	规模效率变化率	要素可处置度变化率	Malmquist生产率指数
2001	0.818	0.95	0.847	1.017	0.865
2002	0.964	0.982	0.915	1.073	0.934
2003	0.985	1.042	0.957	0.988	1.039
2004	1.004	1.004	1.000	1.000	1.027
2005	0.974	1.05	0.971	0.955	0.984
2006	1.013	1.013	1.000	1.000	1.125
2007	1.022	1.034	0.988	1.001	1.137
2008	1.106	1.106	1.000	1.000	1.152
2009	1.100	1.114	1.000	1.000	1.160
2010	1.100	1.115	1.000	1.000	1.161
2011	1.101	1.115	1.000	1.000	1.165
平均值	0.989	1.035	0.964	1.001	1.049

我国高等学校和科研机构的信息资源配置效率总体上呈逐年上升趋势，但综合效率变化率平均值仍然低于1，说明其资源配置效率仍有进一步提高的空间。在各类因素对信息资源配置效率的影响程度上，高等学校和科研机构的情况与企业差别很大，其信息资源

投入规模效率变化率低于 1，说明高等学校和科研机构在基础研究和应用研究环节上可投入的信息资源量还十分有限。其信息配置效率的提高主要依赖其较强的配置管理能力、较为完善的配置机制和行之有效的配置方式，反映出高等学校和科研机构的信息资源配置能力强于企业。

综上所述，我国的信息资源配置效率总体上呈递增趋势，其中，配置规模效率变化较为显著，对整体配置效率的影响也最大，但技术效率提升情况并不明显。由此可见，在我国国家创新系统的信息资源配置中，要逐渐从规模和总量的扩充转移到配置管理手段、配置机制和配置模式的优化上来。同时，鉴于企业、高等学校和科研机构在信息资源配置方面有着各自的优势，因此，应积极促进产学研之间的配置合作，实现优势互补、协同发展，使我国的信息资源配置在保持资源总量增长的基础上进一步提高配置质量和配置效率，为我国创新型国家建设提供更加有效的信息资源保障。

6.2 信息共享中的资源协同配置基础与配置的跨系统发展

信息社会化共享需要信息资源的跨系统协同配置作保障，而资源的协同保障必然以协同配置基础建设为前提。自 20 世纪 90 年代以来，我国的信息资源共享模式已发生深刻变化，这些变化不仅体现在配置基础建设上，而且体现在基于数字网络的信息资源配置的平台化发展上。

6.2.1 知识创新中的资源协同配置政策导向和社会化体系建设

当前，我国国家创新系统中信息资源配置社会化趋势正在形成，这种社会化配置体现在国家信息资源的跨系统整合和社会化保障体系的构建，以及行业信息服务体系的变革上。同时，在信息资源的共享中，一是推进了公共信息服务体系建设，实现了政府信息向公众的公开，二是推进了网络信息服务内容的拓展，发展了数字化网络服务平台。

（1）信息资源协同配置的制度建设和政策导向

在信息资源社会化协调配置制度建设上，表 6-5 列出了 1999 年以来我国政府制定颁布的有关信息资源配置的制度性政策。我国于 2006 年颁布的《2006—2020 年国家信息化发展战略》，提出了实现资源优化配置和充分发挥市场机制配置资源的基础性作用导向，强调"对信息资产的严格管理，促进信息资源的优化配置"；在 2008 年颁布的《国民经济和社会发展信息化"十一五"规划》中提出了要统筹规划、合理布局，深化改革、突出重点，打破条块分割，整合网络资源，促进互联互通。通过信息资源是重要战略资源的政策推进，信息资源共享与优化配置效益正得以显现。2010 年以来，面对经济全球化中的调整和全球经济发展的瓶颈，我国立足于知识创新为核心的产业转型和社会发展需求，推进了数字化建设和信息服务的整体发展，确定了相应的政策框架和导向。

表 6-5　　　我国政府制定颁布的有关信息资源政策

发布时间	名　称	信息资源配置相关内容
1999 年	《关于加强技术创新，发展高科技，实现产业化的决定》	要加强供需信息库以及信息网络等基础建设，形成全国乃至国际的电子网络信息交易市场，特别要充分优化信息市场机制，发挥市场在信息资源配置中的基础作用
2004 年	《关于加强信息资源开发利用工作的若干意见》	充分发挥公益性信息服务的作用，提高信息资源产业的社会效益和经济效益，完善信息资源开发利用的保障环境，推动信息资源的优化配置，促进社会主义物质文明、政治文明和精神文明协调发展

发布时间	名　称	信息资源配置相关内容
2006 年	《国家中长期科学和技术发展规划纲要（2006—2020 年）》与《2006—2020 年国家信息化发展战略》	充分利用现代信息技术手段，建设基于科技条件资源信息化的数字科技平台，促进科学数据与文献资源的共享，实现信息资源共建共享；要以需求为主导，充分发挥市场机制配置资源的基础性作用，同时还要加强对信息资产的严格管理，促进信息资源的优化配置
2008 年	《国民经济和社会发展信息化"十一五"规划》	要统筹规划，合理布局，深化改革，突出重点，打破条块分割，整合网络资源，促进互联互通。树立信息资源是重要战略资源的观念，促进信息资源共享与优化配置，推动全社会的信息资源开发利用
2010 年以来	国民经济和社会发展"十二五"规划的发布，以及相关的政策文件。	在"十二五"规划的制定和执行中，国家立足于经济全球化和创新国际化环境下的信息服务需求，不断推进基于知识创新网络的服务业务拓展和社会化协同服务平台构建，实现信息服务向科学研究、经济和社会发展的转型

（2）政府主导下信息资源投入的多元化体系建设

近年来，我国积极探索政府扶持科技创新活动的资金投入机制，从原来单一的财政直接拨款调整到包括科学基金制、创新基金、引导性资金安排、财政贴息等多种政府资金投入体制的确立，对我国创新建设产生了积极影响，也为创新中的信息资源配置提供了经费保障。与此同时，政府还以多种政策手段调动社会投入，不断完善支持增加资源与配置经费投入的各项法规和配套政策，鼓励各类创新主体与民间投资机构的参与，从而形成了政府主导下的多元化投入机制。在多元投入机制牵引下，我国创新体系能够更好地实现参与者之间的良性互动，可以用不同投入方式调节政府和各类主体对创新活动的支持，为国家创新系统的高效运行奠定了基础，这在很大程度上促进了不同配置主体间的协调运作。

2007 年 6 月，国务院 6 部委联合在北京召开产业技术创新战略联盟大会，针对资源行业和装备行业的发展需要，提出了创新联盟建设和面向协作创新的信息服务协同组织战略，从而进一步提出了行业创新的协同组织和信息保障机制变革要求。随后，一批产学研创新联盟、知识创新联盟、服务联盟相继出现，对我国创新建设的快速发展起到了积极作用。创新主体间的合作创新带动信息资源的流动与共享，2001—2009 年我国各系统申请的专利数在一定程度上反映了产学研跨系统知识创新的协同发展，图 6-5 反映了这一情况。

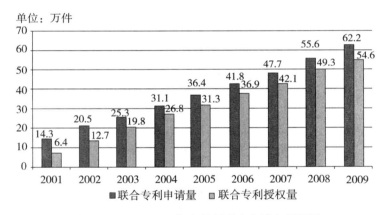

图 6-5　2001—2009 年产学研联合申请专利情况

为了促进各创新主体间的信息资源共享，适应协同创新的发展需要，全面提升我国的知识创新能力，改善知识创新信息保障，我国不断推进面向知识创新的信息服务资源的协调配置和平台建设，表 6-6 归纳了各资源平台系统的建设情况①。

①　章红.国内外信息资源共建共享模式探析及启示 [J] .图书馆理论与实践，2009（6）：20-23.

表 6-6　　　　我国信息资源共建共享平台建设情况

平台名称\内容特征	中国高等教育文献保障系统(CALIS)	国家科技图书文献中心(NSTL)	国家数字图书馆共享系统	全国文化信息资源共享工程	科学数据共享工程
启动时间	1998.12	2000.6	1998.10	2002.5	2003.1
组织管理	1个管理中心、4个全国文献信息服务中心、7个地区文献信息服务中心和1个国防文献信息服务中心	理事会领导,主任负责,科技部指导和监督,信息资源专家委员会和计算机网络服务专家委员会咨询指导	文化部统筹规划,具体由国家图书馆下设的数字图书馆管理处进行统一管理	文化部、财政部和国家图书馆共同组成领导小组,并聘请专家成立咨询委员会给予项目咨询	由科技部牵头成立了科学数据共享工程领导小组、专家委员会、协调领导小组和工作组
信息资源	目前已组成55个集团,购买了202个数据库	购买了39个中外文数据库,上网数据近3000万条	积累建设了总量近10TB的数字资源,进行了古籍的数字化加工	整合了全国范围内图书馆、博物馆、文化馆、艺术院团拥有的文化资源	将在重点领域和地区构建50个左右的科学数据中心或科学数据网
服务业务	公共检索、馆际互借、文献传递、协调采购、联机合作编目	全文数据库、期刊分类目次浏览、联机公共目录查询、文摘题录数据库检索、专家咨询系统、专题信息服务	电子文献、我的图书馆、咨询、查新、翻译、培训、特色馆藏服务	文化信息资源联合目录、数字资源建设、文化领域数据查询、文化信息服务	目录服务、浏览查询、公益性资料、科技数据、科技成果查询等服务
主持者	教育部	科技部	国家图书馆	文化部	科技部
参与单位	北京大学、浙江大学、清华大学、中国农业大学等高等学校	中国科学院图书馆、国家工程技术图书馆、国家中国农业科学院、医学科学院图书馆	文化部全国文化信息资源建设管理中心、科技部高科技产业司	国家图书馆及全国31个省级图书馆、全国文化信息资源建设管理中心	教育部、中国科学院、中国21世纪议程管理中心等

224

6.2.2　信息资源配置的跨系统协同发展

从我国国家创新系统中的信息资源配置效率和协同发展关系看，在建设创新型国家战略引导下，我国信息资源配置工作已取得明显成效，配置效率逐步提升，配置流程持续优化，协同工作稳步推进，为国家创新系统的建设与运行起到了良好的支撑作用。但是，由于我国创新系统建设工作起步较晚，信息化基础较薄弱。因此，与其他创新型国家相比，我国整体信息资源配置能力和配置效率仍然偏低，在推进信息资源社会化配置实施过程中应注意以下问题的解决。

（1）信息资源跨系统和跨地区流动障碍的克服

信息资源的流动性好坏直接影响着配置主体的联动效益①。目前，我国信息资源在地区分布和系统分布上还处于不均衡状态。首先，在地区分布上，由于东部和中部地区经济发展实力、创新能力较强，企业、高等学校、科研院所密集，因此积聚了大量丰富的信息资源，而西部地区由于创新能力较弱，信息基础设施建设不尽完善，创新机构数量有限，所以资源也相对匮乏，制约了西部地区的创新发展。其次，从系统配置上看，我国信息资源配置在很大程度上仍以短期利益为主，为了追求一时的经济效益而盲目扩大投入规模，导致资源的累积功能无法发挥，资源配置的可持续发展有待加强。最后，从创新主体间的信息资源分布结构来看，企业作为我国最重要的创新主体，拥有信息技术和人才资源，高等学校和科研机构则掌握了大量的科技文献信息资源，两者间存在较强的资源互补性。由于缺乏有效的信息资源流通渠道和传递机制，导致我国信息资源在不同系统和地区间难以快速畅通的流动。这种障碍如不加以有效克服，将拉大地区间的差距，同时使各类组织难以实现跨系统信息共享、知识交流和创新合作。

---

① 霍国庆．我国信息资源配置的模式分析（一）［J］．图书情报工作，2000（5）：32-37.

（2）信息资源社会化配置中政府引导作用的充分发挥

我国国家创新系统中的信息资源配置采取的是政府有效引导下的创新主体合作配置模式，因此，配置活动的协同运行很大程度上取决于政府的有效引导和组织管理。但是，由于体制和机制上的原因，我国政府的政策导向和调控职能尚未发挥最大功效，还未有效地调动一切积极因素参与到配置活动中来。在鼓励产学研进行合作创新方面，由于资源分配的标准化、规范化、公平性和透明度不够，责权利界限模糊，导致产学研合作动力不足。此外，在配置管理过程中，由于缺乏有效的监管协调机制，导致政府配置管理职能缺位，即在一些获利小，但公益性强的配置环节上没有对应的促动机制。相反，在一些获利高的资源配置环节上又存在多头管理的局面，从而使我国信息资源配置存在管理上的"盲区"，影响了社会化配置的推进。

（3）社会化信息资源配置保障机制的完善

面对国家创新系统发展战略的演变，我国信息资源配置模式也进行了相应调整，由传统的分系统独立配置逐渐转变为跨系统、跨部门的联合配置。但就合作程度而言，目前还停留在初步的"资源互补、供需均衡"阶段，只在部分行业领域内部实现了小范围的信息资源共享与合作配置（如能源化工产业等），真正面向国家创新发展的全局化信息资源共建共享体系还未建成，以至于制约了创新研发的启动和创新成果的转化。而且，在信息资源配置合作过程中，由于缺乏有效的信息沟通机制、协作机制和规范化的配置标准，导致创新主体间的利益关系难以协调，各方行为目标难以统一，合作关系维系困难，无法产生真正的协同效应。

6.3　信息资源社会化配置的协同实施

信息资源社会化配置的目标定位为国家创新需求导向的信息资源投入、供给和分配。针对知识创新的社会化发展和跨系统知识创新的实现，我国的信息资源配置模式正处于新的变革之中，这种变革集中体现在资源配置的协同实施上。在协同实施中的关键问题是确立信息服务的社会化体制，进行机构改革的深化，选择合理的配置模式和策略，从而为国家创新系统中信息资源社会化配置的有效实现提供支撑。

6.3.1 信息资源配置社会化协同体制的确立

信息资源体系构建不仅建立在制度创新的基础上，而且需要相应的体制作保障。一方面，我国创新型国家的制度建设和国家发展方式的转型，提出了与此相适应的信息资源体系社会化重构要求；另一方面，国家创新发展为信息服务的组织提出了新的发展基础和条件。这两方面的作用决定了信息资源协同配置的社会实现和新的资源体系构建。

（1）知识创新协同发展中的信息资源社会化体制建设

国家制度主导下的信息资源建设体制，随着国家的改革发展而变化，我国的信息服务体制也发生了一系列的变革过程。我国目前的信息资源"系统、部门"体制变革，从总体上落后于经济体制改革，目前信息资源系统仍然具有系统和部门界限，其隶属关系比较明确，从中央到地方的管理结构层次清楚。与此相对应，信息资源配置从组织结构和隶属关系上，区分为图书馆、档案馆、国家经济信息机构、科技信息机构和管理支持信息机构的资源配置。其中，经济信息机构以综合为主，由国家信息中心等机构构成，面向各行业进行保障服务；科技信息机构由综合性全国、地方服务机构和各部委属行业科技信息机构构成；管理支持信息机构则直接由国务院部委和地方厅局管理。

从全局上看，我国基于系统的信息资源建设由政府部门主导，承担面向从中央到地方的各级政府主管部门和面向系统内用户的信息资源保障任务；信息资源机构属于部门所有的事业机构，由政府投资建设，区分为经济信息机构、科技信息机构和管理支持信息机构；信息服务所面向的用户结构单一，在体制上具有经济所有制的同构性。在这种体制下，信息资源难以实现面向跨系统知识创新的协同开放与利用，机构之间的协同程度不高，跨部门和系统的服务合作有限。

从体制变革角度看，信息服务的社会化体制应以资源建设的体制变革为先导，从而打破信息资源条块分割和相对封闭的系统、部门界限，在面向跨系统创新的开放化服务中确立社会化服务体制。另外，进行新的资源配置组织定位和服务定位，形成多元关系的信息资源组织和服务结构体系。

首先，信息资源配置应由政府主导发展，在市场经济制度下，承担面向不同所有制关系的组织、机构和部门开展信息服务和保障。例如，在企业服务中，其用户不仅包括国有企业、民营企业，而且包括外企和合资企业；这些用户在服务利用上，应具有同等权利、享受同一内容的服务，这就需要进行相应的体制变革。

其次，国家信息服务机构应进行分类改制，经济信息服务和公共信息服务应由政府投入资源建设作保障，其行业配置也应有相应的投入产出。同时，信息资源配置体制是一种开放的体制，信息资源配置应具有跨系统的社会化组织特征。在服务配置上虽然有分工，然而服务的社会化协同已成为资源配置的必然趋势，因此需要确立开放服务中的协同配置体制。

（2）社会化知识创新发展中信息资源建设与服务体制改革的深化

在信息资源配置与服务体制变革中，可以作出如下分析：一方面沿着原有的路径和既定方向的体制变革，比另辟新径要方便，至少可以节省体制设计成本和实施成本；另一方面，在一种体制形成后就会产生在该体制下的既得利益集团，它们因此有可能采取多种手段来维持这一体制，从而妨碍体制变革。显然，这两方面的作用具有相矛盾的两极性。这说明，在体制变革中，既要借鉴成功的路径和方式，又要避免原有体制下的利益集团对体制变革的负面影响。这就要求顺应趋势，在利益调整中寻求最合理的方式。

原有的各部门信息资源服务机构、事业体制信息服务机构以及各系统的信息服务机构，其运作方式与原有的体制密不可分，在体制上体现为对系统、部门的依赖。这说明，对于与原有体制相适应的信息服务机构而言，维护原有的制度无疑可以减少改革中的风险性和不确定性。然而，基于原有制度的信息资源配置服务体制变革只能延续以往形成的基本利益关系，体制改革只可能是局部的结构调整和变化，难以实现新环境下的体制变革目标。如果从制度视角看待信息服务体制变革，必须面对制度演变所带来的体制不适应性和缺陷，从中找出体制变革的核心问题，以便在新的制度框架下对信息服务体制进行实质性变革。

我国信息资源配置与服务体制目前存在的问题主要在于：

市场化运行问题。目前，我国公众的信息需求主要是由政府和公共部门予以保障。我国体制改革中，一些国有信息服务机构开始走产业化的道路，民营信息服务机构开始成长。然而，受传统信息服务机构运行体制的影响，在市场化过程中，信息服务机构尚未建立完整的管理制度，未能形成良好的市场化管理模式或完整的产业链，信息商品化开发利用程度有限、产业资本投入不足、信息服务市场规模有限，对发展中出现的问题缺乏及时的应对措施，因而在国际竞争中的优势尚不明显。因此，在大力发展信息服务业的今天，信息服务业自我发展能力有待加强。

社会化管理问题。我国信息服务管理体系是分部门、分系统的管理。这种条块分割的管理体制存在着管理机构多元、体系分散、协调不够、职责不清等问题，因而影响了信息服务的效率和绩效。此外，在缺乏内部竞争机制和激励机制的管理环境中，从业人员业务素质相对较弱。这种状况在信息服务转型期应得到及时改善。

资源的重新配置问题。在信息服务事业制中，政府部门负责信息资源的分系统建设。信息资源在很大程度上属于部门、系统所有，除公共信息资源外，社会化开放共享受到限制。随着系统的开放和政府信息公开的推进，需要从社会发展的全局出发进行资源的协同配置和深度开发。从总体上看，我国现有的社会化资源体系构建和资源开发水平滞后于信息的社会转型发展。相对于发达国家，我国信息资源建设基础还比较薄弱，对国民经济的支持作用还比较欠缺，资源利用的部门障碍还未能完全消除，因而需要从体制上解决资源的重新配置和重构问题。

深化我国信息服务的体制变革，应从管理体制、法律体制、监督体制、保障体制和运行体制的变革着手，以此出发解决服务转型等一系列发展问题。

①从管理体制上看，信息服务行业管理机构有待组建。我国信息服务业的协调发展，虽然由国务院信息化领导小组负责（大部制实施后，由工业和信息化部负责），然而在信息服务的组织管理上，却由各部门分头负责实施，即国家发改委、科技部、文化部、教育部、统计局、档案局等分别管理各自的系统，以至于条块分割的问题未能从根本上得到解决。在信息服务业的转型发展中，其中暴露出来的矛盾，需要国家部门通过创新管理体制来解决，以利于服务的持续发展。在管理中，必须形成跨部门的协力，在国家创新发展的全局上，从大产业的角度来协调，因此，管理体制创新是推进信息服务体制变革与发展的首要问题。在国务院机构的大部制改革中，将原信息产业部和国务院信息化工作办公室的职责并入工业和信息化部，由其下的相应司来承办原来的工作。其改革总体上有利于加强信息服务业在国家宏观层面上跨行业、跨部门的管理与协调，然而，规划、协调体制和管理、监督体制有待完善。

②从法律体制上看，专项法规有待健全。信息服务和社会信息活动在宏观上依赖于国家信息政策与法律的指导和约束，在微观上依赖于一定政策下的信息资源法律和具体的管理规则。不可否认，信息服务为社会发展提供了强大的动力，同时，由于其服务中的不规范行为也会对信息环境产生负面影响，如信息资源服务市场的不正当竞争、知识产权侵权等。信息资源管理、数据和软件保护及信息咨询服务等方面的法律法规尚存在一定的缺失，创新型国家建设中的信息服务发展政策比较宏观。因此，在服务的社会转型中，应从微观上进一步完善体制改革中的法律法规。

③从监管体制上看，信息资源组织与服务的社会监督体制有待完善。传统信息服务监督是以单位、部门和系统为主体的监督。如科技信息服务监督由国家科技管理部门组织实施，即通过部门按照管理要求进行服务质量、资源利用等方面的监督；经济信息服务的监督由国家计划与经济管理部门在系统内实现，主要对经济信息的

来源、数据可靠性和信息利用情况进行监督；其他专门性信息服务，则有各专业部门负责业务监督。其分散监督体制显然无法对开放化的信息服务进行有力的监督控制。其监督分散、监督机构不健全等问题仍没有有效解决，随着信息服务领域的不断拓展和新的技术手段的应用，往往导致了监督空白的出现。因此，亟待建立完善的信息服务监督体制。

④从保障与运行体制上看，在创新过程中，围绕创新信息资源的存储、开发、组织、传播和利用的信息保障，其公益性、社会性以及在国家科技进步、经济繁荣和社会发展中的关键作用，决定了其在国家创新发展中的地位。作为建设创新型国家和提高自主创新能力的基础性保障，信息服务只有在科学合理的框架之下，才能为国家创新发展提供必要的、有效的支持。因此，信息保障需要建立与国家创新发展相适应的组织实施体制，推进跨系统信息服务平台的协调建设。信息资源配置与服务机构隶属关系和运行关系有待理顺。

面向跨系统创新的社会化信息服务的推进，不仅改变了信息资源配置的组织关系和结构，而且提出了在国家体制改革的基础上建立信息服务协同配置体系的问题。当前，信息资源协同配置应由政府主管转变为政府主导发展的体制。在体制变革中，一是完善行业体系，二是实现公益与市场的双轨制管理。

6.3.2 信息资源社会化协同配置的模式与路径选择

国家创新发展中强调知识创新中的政府引导和政府主导下的知识创新信息服务的协同实现。波特从企业的核心竞争优势出发，利用价值链分析工具构建了信息资源配置模型。实践证明，在国家创新系统中，政府主导下的公共配置和市场配置的结合是有效的。在面向知识创新的信息资源的协同配置中，应围绕企业、研发机构、市场运营和管理部门的需要进行信息资源的整体化配置，图6-6反映了这种配置模式的基本结构。

信息资源跨系统协同配置的实现，不仅需要各资源系统的协

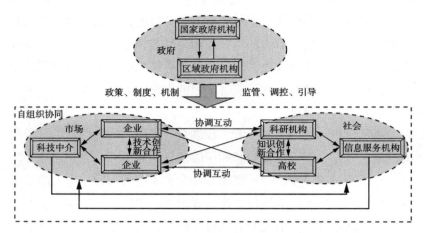

图 6-6 国家部门主导下的社会化信息资源协同配置模式

调，而且需要进行科学的配置路径选择和层次安排。这两个方面的问题涉及资源系统之间的合作、国家统一规划下的协同，以及各系统层次上的实施安排。

基于社会化协同的资源配置实现需要根据国家创新发展方向，立足于开放创新中的跨系统信息资源需求，进行信息资源的组织和开发。然而，由于我国原有信息资源系统的部门特征，这就需要在信息资源配置协同体系构建中进行全方位的改革，使之适应于国家创新发展的需求和环境。

图 6-7 显示了信息资源社会化协同配置的实施路径，在实施中需要明确信息资源的不同配置阶段的基本结构。图中所展示的信息资源配置经历了国家战略规划下的系统配置阶段、多元协同配置阶段以及社会化效益主导的发展阶段。同时，体现了信息资源的累积、内容开发和开放化服务的发展。由此可见，信息资源社会化协同配置的实现是一个动态发展过程，在配置中应注重自主创新导向下的需求变革、基础建设和科学化配置的实现。在配置中，应注重科学的战略规划、多元化协同发展和资源效益的发挥。

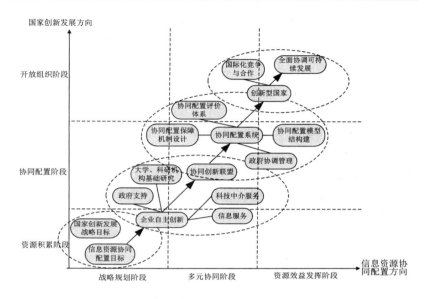

图 6-7　信息资源社会化配置的实施路径

6.4　信息资源社会化协同配置体系建设

在面向 21 世纪的国家建设中，我国自主创新能力的提高和创新型国家的建设离不开信息化环境，需要有充分而完善的信息资源社会化配置作保障。这种资源保障不仅体现在跨系统信息需求的满足上，而且体现在协同创新发展的总体目标实现和科技与产业的融合发展上，存在着总体上的战略实施管理和具体的体系建设问题。

6.4.1　总体建设战略目标的实现

我国在深入推进国家创新系统建设的同时，也对信息资源配置工作进行了相应的规划部署，从而促进了我国信息资源配置模式的优化转型。我国信息资源社会化配置工作部署与我国创新型国家建设战略目标紧密相连。在社会化配置战略制定上，既要顺应全球化创新发展趋势，也要符合我国具体国情。结合《国家中长期科学和技术发展规划纲要》中提出的"全面推进中国特色国家创新体系建设"要求以及我国信息化发展目标,面向国家创新发展的信息资源社会化配置总体目标应定位于:以科学发展观为指导,通过国家统筹协调改善我国当前信息资源地区、行业分布不均的格局,实现各类创新机构间信息资源的共建共享,形成覆盖全国的信息资源共享网络,整合全球高质量信息资源并为我所用;大力提高我国国家创新系统中的信息资源投入—产出效益,充分发挥信息资源在促进国家经济、政治、文化、社会和军事等领域发展的重要战略作用,以此推动国家信息化水平和自主创新能力的提升,为我国 2020 年建成创新型国家这一战略的实施提供有效的信息保障。

在总体目标引导下,服务于知识创新的跨系统社会化信息资源配置体系建设应随着国家创新发展战略的推进逐步落实,在不同发展阶段设立相应的阶段配置目标,如图 6-8 所示。当前的信息资源配置体系正处于新的变革之中,它要求处理好各阶段的衔接关系,按国家创新发展的战略目标和社会化知识管理的实现进行配置模型的优化,以此出发构建面向多用户的社会化资源体系。

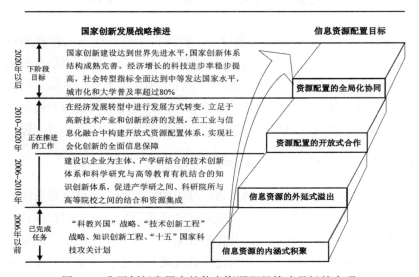

图 6-8　我国创新发展中的信息资源配置战略目标的实现

6.4.2 信息资源配置协同管理机制确立

信息资源配置管理上，需要构建整体化的资源配置协同体系。这种体系在国家、地区、行业层面上进行。除国家管理协调中心外，各省市的管理机构与各行业中心协同作用是必不可少的。当前，我国中央、地方和行业层面的信息化建设已取得显著成效，信息资源配置作为信息化中至关重要的一项内容，其整体配置已和各领域的创新活动融为一体。为了更好地协调各管理部门间的权责关系、整合各部门的配置管理职能，需要在大部制基础上，强化国家网络安全与信息化推进中的信息资源配置统筹管理。在中央网络安全与信息化领导小组的统一部署下，进行信息资源的配置转型，同时对信息资源社会化配置进行监督评估，以保证信息资源安全配置目标的实现。我国信息资源配置协同管理体系可考虑如图 6-9 所示的结构。

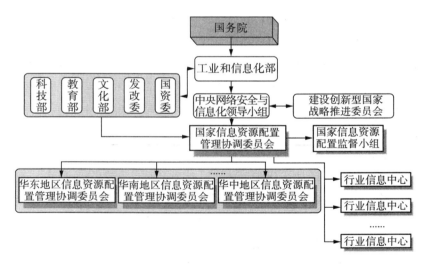

图 6-9　我国信息资源社会化配置管理体系结构

信息资源社会化配置体系在信息资源社会化配置战略实施基础上构建，包含配置管理机构、配置主体、协同运行机制以及各类资源要素的安排。就功能而言，信息资源社会化配置体系通过改变系统内的信息资源流动方向调整创新主体间的关系，使创新主体间产生整体联动效应，同时通过调整系统内的资源分布提高资源利用效益，不断维系和推动国家知识创新信息系统的稳定运行。在信息资源社会化配置过程中，不同层面的信息资源共建共享系统建设已具规模，如各地信息资源共享平台和全国文化信息共享平台等。其规模化建设为我国地区间、行业间的信息资源共建共享和联合配置奠定了坚实的基础。鉴于此，在面向未来的发展中，需要在政府统筹规划下，立足于我国创新型国家建设全局，通过现有信息共享系统间的互联互通，整合各地区、各行业的优势信息资源，推进地区、行业层面的开发与利用。

我国信息资源社会化配置体系的建设管理应由国家信息资源配置管理协调委员会负责，结合国家颁布实施的《国家科技基础条件平台计划》进行。

①国家信息资源优化配置应建立在基于网络的机构合作和业务协同基础之上，这就要求以社会化资源共享为核心，构建基础保障平台，平台在各省、市设立分中心，且对应的地区信息资源配置管理协调委员会根据各行业、地区的信息资源利用效益以及创新需求调整国家对各地区的资源投入数量和类型。各省市级分中心负责整合本地区的信息资源，对地区信息资源进行统一规划与配置，同时向中心节点提出信息资源需求。

②各领域信息资源整合共享。将我国已经建成的信息资源共享系统纳入信息资源社会化配置体系，按其所属领域划分为科技、文化、教育、经济四大板块，不断对各板块的资源内容进行补充、建设。同时，专门设立"政府信息公开"管理中心，与我国各级电子政务平台进行对接，为用户提供政府公共信息服务。

在此基础上，我国信息资源社会化配置体系总体架构如图6-10所示。

我国信息资源社会化配置的开展需要以国家现有的骨干网络为依托，实现多系统的信息联网，在此基础上实现开放的跨平台资源共享和利用。值得指出的是，目前各共享系统都有各自的相关标

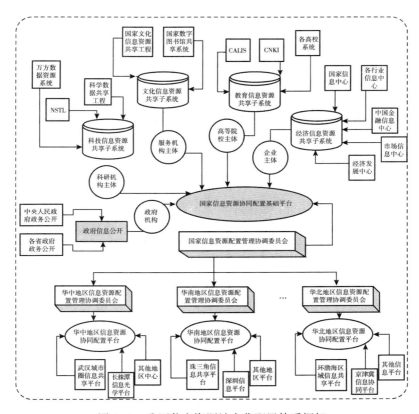

图 6-10　我国信息资源社会化配置体系框架

准，专门针对国家基础平台建设的标准体系还未形成，这就需要进行跨行业系统和地域的共享资源建设，实现基于动态标准的资源共享和流通。

在信息资源组织开发的技术实现上，由于各系统的元数据规范、资源分类、资源标识存在技术差别，元数据描述规则、核心元数据与资源分类标识规则的不统一，导致了实现跨平台的元数据整合的困难。由此可见，统一规则、协调各系统现有标准规范，特别是协调现有的各种元数据标准是重要的。因而，应根据国家创新发展中的跨系统知识共享需求，在数字资源整合基础上进行各专门化资源库的协调建设。

7　跨系统信息服务平台的技术支持

　　跨系统信息服务平台建设不仅需要在制度变革基础上进行系统重构，而且需要通过跨系统平台进行信息资源组织、内容发掘和服务集成。这意味着，平台建设必须有相应的技术作支持。在实现基于数字网络技术的跨系统信息平台建设中，信息管理技术的应用必须与信息平台建设发展同步。

7.1　信息管理技术发展与信息平台技术构建

　　在信息平台技术推进中，如何组织技术研发和应用是必须解决的重要问题。因此，有必要从信息平台所依赖的信息管理技术来源、构建和应用层面出发，针对其中的关键问题，进行跨系统技术应用。

7.1.1　信息管理技术与信息平台技术

　　信息技术的进步不仅改变着信息载体的状况，而且决定着信息的组织、开发和服务机制。从技术推进的角度看，其技术来源如图7-1所示。

　　科学技术的进步为信息管理技术平台的构建奠定了基本的技术基础。在社会的信息化发展中，信息技术的进步，使依赖于信息网络的信息服务得以迅速发展，从而导致了全球经济一体化发展中新

238

的信息机制的形成和完善。在这一背景下，各国无一例外地构建了具有自己特色的、适应于信息化环境的信息管理技术平台，实施信息基础设施建设计划。从信息化发展上看，信息技术在信息管理与服务中的应用已成为科技、经济和社会发展不可缺少的基础性工作。

从技术实践的内容上看，信息管理平台技术由信息传输技术和信息处理技术构成。其中，信息传输技术来源于通信技术和控制技术，信息处理技术来源于计算机技术。从技术推进的组织上看，科学技术管理和社会其他方面的管理不仅对信息管理技术平台构建提出了基本的要求，而且为以信息传输和处理技术为核心的信息管理技术的推进奠定了管理基础。这说明，社会实践是实现信息管理技术研究与发展的又一条件。信息资源管理技术的推进需要数理方法、信息论、控制论和系统论的理论支持。同时，也需要对信息管理技术推进进行人文层面、社会科学层面的研究，以实现信息管理技术的社会化应用与发展。这一切都是以社会发展以及管理理论与实践发展为前提的。

信息管理技术是近二三十年来迅速发展起来的技术领域，通常是指在计算机与通信技术支持下用以采集、存储、处理、传递、显示各种介质信息的技术总称。信息管理技术是在信息技术基础上发展而来的。

在社会信息化发展中，发达国家和发展中国家都十分重视国家信息组织与开发技术的推进。20 世纪 70 年代以来，一些国家和国际组织的信息计划纷纷推出并实施，如法国以诺拉和孟克（Nora and Minc）报告为起点的计划、英国发展信息技术的埃尔维（Alvey）计划、欧洲高级通讯研究计划（RACE）、欧洲信息技术战略研究计划（ESPRIT）、欧洲信息市场计划（IMPACT）等。其中，最引人注目的是美国政府以国家信息基础结构（NII）行动计划为起点，不断致力于网络信息技术发展及应用拓展，随之出台一系列计划。这些计划的推出和实施既是信息社会的发展需要，又是社会信息化阶段性发展的结果。它标志着信息管理技术发展新时期的到来。

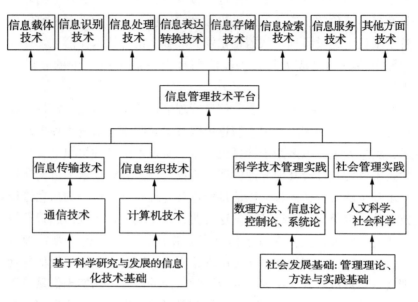

图 7-1 跨系统信息技术平台构成

在新的技术发展时期，技术推进与信息基础建设有机结合。随着技术发展，信息基础设施不断改善和更新，发达国家相继启动了新的信息技术发展计划。2003 年由美国国家科学基金会（NSF）资助的《网络信息基础设施：21 世纪发展展望》（*Cyberinfrastructure Vision for 21st Century Discovery*）研究报告已被联邦政府采纳。欧盟执委会在第七框架研究与发展计划（2007—2013）中，不断强化信息技术与信息资源管理技术的研究和应用。包括我国、日本和韩国在内的亚洲国家也不断加强基础技术投入和网络建设。由此可见，信息管理技术的发展已经走上一个新的技术台阶。

7.1.2 基于信息组织与保障的平台技术构建

跨系统信息平台技术是指平台建设和实现所需的各种技术，包括信息平台构建技术、平台化资源管理技术、平台中系统间的信息转换技术、信息资源整合和集成服务技术等。跨系统信息平台技术来源于信息技术，是信息技术应用于信息跨系统整合和服务集成的分项技术组合。显然，信息技术的进步决定了技术平台的发展，而技术平台水准的提高，又直接关系到信息平台化组织与基于保障平台的信息服务业务开展。

在新的发展阶段，平台化信息资源组织、开发与利用的信息管理技术推进，已成为业界普遍关注的问题。信息平台技术首先具有通用性，要求采用同步发展的技术平台，同时在跨系统信息组织中也具有特定要求。信息化环境下的跨系统平台服务，要求建立在信息平台技术的研发和应用基础之上。基于此，我们完全可以在信息管理技术的全局上考虑问题，以根据技术应用确立信息技术推进的总体框架。图 7-2 反映了框架的基本结构。

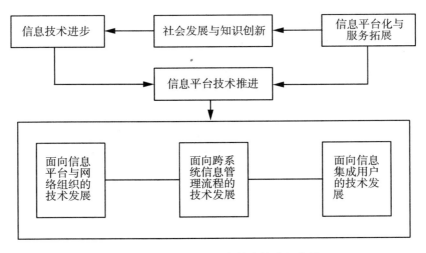

图 7-2　跨系统信息平台技术推进与发展

图 7-2 表明，跨系统协同信息平台服务要求的满足必然依赖于信息管理技术的进步，而信息管理的技术推进又源于科学技术进步。与此同时，跨系统信息平台服务的拓展与信息平台技术相互依赖，从而决定了跨系统信息平台技术推进体系的形成。

从跨系统信息平台建设角度看，跨系统信息平台技术推进中最迫切的问题是跨系统信息平台与网络建设技术问题、跨系统信息管理技术保障问题和面向用户的集成信息服务技术支持问题。

①基于信息网络的跨系统平台构建技术发展。基于网络的平台与网络和数字化信息技术相适应,其相应的技术水准决定了跨系统信息平台服务的发展水平,其中网络技术水平的提高和网络升级,对于跨系统信息平台构建至关重要,特别是在网络上的系统互操作,必然随着计算机、通信和网络技术的更新而发展。

②面向跨系统信息管理流程的技术发展。面向信息管理流程的信息技术发展体现在跨系统信息管理的流程实现上。在面向信息资源管理过程的技术推进中,对信息管理有全局影响的是信息组织、开发与利用的技术发展。当前,新一代网络组织技术,如网格技术、信息内容开发技术、知识识别技术、信息单元检索技术、信息构建与安全等方面的技术,构成了完整的技术体系。

③面向信息用户的集成技术发展。跨系统信息平台建设的最终目的是提供服务,信息平台如何根据用户的深层需求提供高质量的服务是其中心环节,由此提出了用户潜在需求的发掘和面向用户的服务汇聚要求,这就需要在服务上实现个性化、互动化、人本化和全程化。对于跨系统信息平台服务而言,更重要的是提升服务的价值和水平,以此决定服务技术发展的基本内容和模式。

以上三方面问题构成了跨系统信息平台技术推进的基本方面。在这些基本问题的解决上,应有全面规划和系统的实现方式。源于信息技术的信息管理技术是建设跨系统信息平台和实现社会化服务的基础,其关键集中在平台信息组织和基于平台的服务实现上,因此在跨系统平台建设中应强调基于业务的技术构建,以便明确信息化技术推进以及信息平台技术的研发思路。

从跨系统信息平台管理层面进行技术的拓展是平台建设的需要,平台信息建设中的技术组合(如网络信息组织技术、信息安全技术等)是其中的又一关键。基于信息技术进步的信息平台服务的不断拓展,进一步促进了跨系统信息平台技术的整合。

基于网络的跨系统信息平台服务,由于新技术的采用,分布、异构的信息资源已融入信息平台之中。利用跨系统平台,信息可以在系统之间交互传递。就目前情况而论,传统的信息系统界限已被突破，信息系统之间的融合已成为网络信息资源组织的必然趋势。信息的跨系统平台化组织应立足于多种媒体对象数据库服务器、索引数据库服务器和数据库管理技术的开发。

跨系统信息平台技术在面向用户的网络服务发展中，应以服务拓展为导向，以此进行基于信息资源管理与服务的组织。跨系统信息平台技术的发展构架如图 7-3 所示。

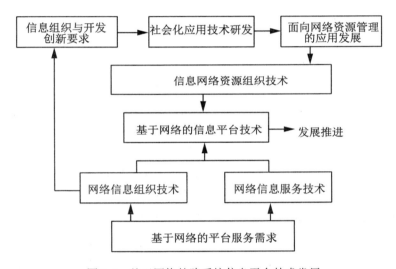

图 7-3　基于网络的跨系统信息平台技术发展

如图 7-3 所示，以信息资源平台技术为基础，推进信息整合、服务集成和服务嵌入的发展，推进平台的使用，是其中的关键。同时，在跨系统平台建设中强调技术的标准化和动态技术标准体系的建立是值得关注的又一重要问题，要求既能适应现实的技术环境又能适应未来的技术发展和服务拓展需要。

7.2　网络环境下的信息平台资源组织与服务技术支持

网络环境下的跨系统信息平台建设依赖于基于网络的数字化信

息组织、服务与安全技术的发展。其中数字化信息组织技术是平台构建基础层面的技术，技术发展决定了信息内容的组织形式和揭示深度；信息服务技术是平台面向用户的接口技术，涉及信息平台中的资源调用和信息资源的价值实现；信息平台安全技术是平台信息管理和服务的保障技术，包括对信息权益的保护和环境的维护。这三方面技术的整体化发展决定了跨系统信息平台的建设与运行。

7.2.1　网络技术发展中的信息组织技术

从信息层面的组织、内容层面的组织，到信息处理与知识管理层面的组织，信息网络技术经历了从信息互联向信息处理与服务互联发展的过程。在面向知识创新的服务中，网格的发展和云计算技术的应用，将网络信息平台服务推进到一个新的发展阶段。解决当前信息孤岛的较为理想方法是构建信息网格。信息网格技术作为一种新的技术，正处在不断的发展和变化当中。网格是利用互联网将分散在不同地理位置上的多个资源进行全面连通和统一分配、管理及协调，通过逻辑关系组成"虚拟超级计算平台"。

在网格环境下，一是可以使用户高效地利用知识；二是能通过"计算"产生新的知识。为了高效地使用知识需满足两个必要条件：一是让网格环境中的知识更加形式化、标准化；二是提供标准化、可扩展的知识推理工具。

2001 年，伯曼（Fran Berman）在知识网格（Knowledge Grid）利用数据挖掘和推理进行知识抽取和重组，从而构建了最初的知识网格构架。在此基础上，人们对知识网格进行了多方面的应用试验，且在知识平台构建、知识联网和知识发现中取得了实质性突破。

在跨系统信息平台建设中，基于网格技术的知识平台构建了一个可共享的开放知识系统。它以网格/语义网为基础架构，实现异构语义资源的平台化整合与获取，以此提供基于语义资源的服务。

　　知识网格的层次结构如图 7-4 所示①。知识网格层次结构中的组织层在一定知识空间中按社会规划形成的用户空间结构，由知识空间、用户空间和组织规则所决定。知识空间结构具有客观性，由现存于网络的知识内容结构和分布所决定；用户空间即用户的认知空间，是客观知识对用户作用的总体结构；组织规划由知识空间和用户空间的作用关系决定，是二者关联匹配的结果。语义层中的知识表示空间包括用户活动、需求空间和语义、服务空间，反映了根据用户知识活动中的服务需求所形成的语义描述和服务表达结构。从语义表示上看，构成了语义层面的空间结构。值得提出的是，在语义层面，用户和服务可以通过需求来表示。在服务空间中，语义空间通过规范构建来实现，最终进行知识网格的联结功能。

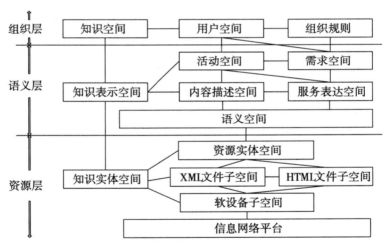

图 7-4　知识网格层次结构

　　跨系统信息服务平台建设的最终目的是为分布于网络中的用户提供信息保证，为了达到这个目的就要进行跨系统的知识组织，要求能够在适当的时候将适当的知识传递给需要它的用户。

　　① 李春卉，曾炜.知识管理的前沿技术——知识网格［J］.情报理论与实践，2006（3）：371-373.

知识网格构建以知识服务的开展为目标。知识服务是一种基于语义资源系统、以知识检索与利用为目的的过程服务，是知识网格的主要应用。基于网格的服务包括知识导航、知识检索、知识发现等应用服务。知识导航是通过知识语义关系引导浏览知识的服务；知识检索进一步提供基于概念的知识来源；知识发现则从数据库中发掘有潜在价值的知识，或提供集成数据源。跨系统信息平台中的具有语义关联的资源系统，是开展跨系统平台服务的基础。

知识网格有助于智能平台跨系统信息服务的开展。知识网格纵向地为用户提供了集成一体的方案。从知识存储到用户利用知识，它不再需要进行二次开发，只要做简单的配置，就可以建立服务平台。智能化可以使平台的灵活性增强，可以为用户提供可靠的访问文件系统，从而屏蔽系统的异构特性。层次化的元数据设计，为实现用户对资源透明性的访问提供了可能。以此出发，可以实现更宽广范围内的知识共享，从而促进跨系统平台服务功能的拓展。

7.2.2 面向集成信息需求的服务技术支持与安全保障

跨系统信息服务平台建设与服务组织是相互关联的两个方面。其一，跨系统平台服务的开展取决于基于平台的信息组织，信息组织技术发展服务业务拓展；其二，跨系统平台信息服务技术应与信息组织技术相协调，力求通过平台服务端的技术进步，推动平台整体化信息组织技术的创新。从平台服务组织上看，信息挖掘、个性化服务和智能化代理技术是值得重点关注的。

在基于网络的跨系统信息平台服务中，应寻求合理的技术组合，在组合中进行技术创新，以支持面向用户的服务发展。在跨系统平台服务中，个性化信息推送技术，是根据用户的个性需求，有目的地将用户所需的信息主动发送给用户的服务技术。

服务支持中的推送技术使跨系统平台服务器能够自动告诉用户平台系统中哪些信息是最新的，如果用户需要，可以将其定制发送给用户。在跨系统信息平台服务中，信息推送可以提高用户获取信息的及时性和有效性。

推送技术作为整个推送系统中最核心、最关键的支撑技术，很大程度上决定了推送系统性能的优劣。根据实现途径的不同，个性化推送技术主要包括：基于内容推送、协同过滤推送和组合推送。

信息安全技术是跨系统信息服务平台建设中非常重要的基本技术，涉及信息设备的安全、软件的安全、信息资源的安全、信息网络的安全等技术层面。在互联网的社会化发展中，安全性问题愈来愈突出。网上传输的信息，从起始节点到目标节点之间的路径是随机选择的，信息在到达最终目标之前会通过许多中间节点，在同一起始节点和目标节点之间发送信息时，每次所采用的路径都可能各不相同。因此，保证信息传输中所有节点安全就显得十分重要。由此可见，安全技术应在多个层面上推进。对于跨系统信息平台整体而言，最终目标是支持和保障平台的系统功能和服务业务的安全稳定运行，防止信息网络瘫痪、应用系统破坏、业务数据丢失、用户信息泄密、终端病毒感染、有害信息传播、恶意渗透攻击等现象发生，以确保跨系统信息服务平台的可靠性。

跨系统信息服务平台安全覆盖平台系统的各个方面，包括安全战略、安全规范、安全管理、安全运作及安全服务。

为了保证平台系统的安全运行，必须遵循国际、国内标准和规范，通过系统的技术防护措施和非技术防护措施建立安全保障体系，为平台系统提供一个安全运行环境。

安全保障体系包括基础设施安全体系、应用安全体系和安全运维体系三大部分。三个技术组成部分之间是密切相关的，在实际应用过程中相互结合而成为一体，如图 7-5 所示。

图 7-5 所示的安全保障具有以下技术功能结构：

①基础设施安全体系构建在网络基础设施之上，提供网络边界防护、系统主机防护、入侵检测与审计和完整的防病毒技术，辅之以远程访问接入及终端准入控制，构造一个切合实际的、行之有效的、相对先进的、稳定可靠的网络安全系统平台。

基础设施安全构建提供整体防护功能，针对关键区域，采用负载均衡系统，可提供更高效率的服务，满足业务持续性的要求；可以避免因某个环节的不安全导致整个体系安全性能的下降。

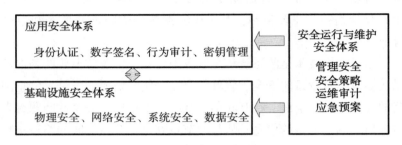

图 7-5　信息系统平台安全保障技术体系

②应用安全体系支持平台以密码服务为核心，以身份认证为基础，提供人员身份认证、数字签名、数据加密等功能，在远程访问、网络接入及应用服务等方面，强认证措施可以弥补访问控制的很多缺陷，数据加密可以为系统提供纵深防御。

应用安全支持平台通过密钥管理中心、身份认证系统提供针对应用系统的安全服务，整合应用系统的认证、授权、加密操作，建立密钥与应用相隔离机制，既能保证密钥使用、管理对应用系统透明，减轻应用系统开发、部署面的压力，又能进一步提供管理的安全。

③安全运行与维护安全技术提供对整个平台运行的支持，包括对安全设备进行集中的事件管理，对人员进行集中的身份管理，对系统平台提供全方面的威胁管理，保障管理数据传输的安全。同时，对运行维护操作内容进行审计，以完善统一安全监控、事件管理，保障系统的安全、可靠运行。

跨系统平台的可靠、安全运行是信息保障和服务业务组织的基本保证，是对平台正常运行的重要支撑。跨系统信息平台所依赖的网络，配置的主机、存储备份设备、系统软件和应用软件应具有极高的可靠性。同时，为维护用户的合法权益，平台数据中心应具备良好的安全策略、安全手段、安全环境及安全管理措施。

为了跨系统信息平台的安全运行，需要构建可靠的、安全的、可扩充的软件架构，建设应用安全支撑平台，满足应用安全、数据安全等方面的要求。

身份认证系统在数字证书认证系统的基础上，使用数字证书鉴别用户身份，为跨系统信息平台提供安全的用户身份鉴别。同时，身份认证系统基于用户的身份提供统一的权限管理及访问控制功能，通过与跨系统信息平台应用相结合实现不同权限粒度的权限控制。另外，身份认证系统支持建立加密通道，为跨系统信息平台提供数据传输安全保障。

行为审计系统通过查询、接收身份安全认证系统、安全认证网关、签名验证系统的日志等数据，通过采集、分析、识别，实时动态监测用户证书签发、使用情况。在用户对平台系统的访问中，发现和捕获访问应用操作中的违规行为，在对应用系统访问信息进行关联分析的基础上，为整体应用系统安全控制提供可靠的支持。

值得指出的是，在跨系统信息平台安全保障技术推进中，应实现安全技术与平台资源管理技术和服务技术的同步。以此出发，构建安全技术推进方案，以确保平台的正常运行和全方位、社会化信息保障的实现。

7.3　基于平台信息共享的系统互操作技术推进

社会化信息服务平台的建设，不仅涉及同构系统之间的信息资源整合，而且更多地需要异构系统之间的资源互用和服务集成。这就需要在系统之间构建互操作平台，实现跨系统的信息整合和服务融汇。从技术实现上看，要求构建与平台资源管理和服务同步的互操作技术体系。

7.3.1　平台信息共享中的系统互操作

在跨系统信息平台服务重组中，存在着协调分布框架下的面向知识创新需求的系统间信息共享问题。要解决这一问题，除制度与管理上的改革外，在技术上解决分布、异构环境下的信息互用问题至关重要。

基于信息共享的系统互操作的研究始于美、英等国。在电子政务信息共享的互操作实现中，美国、欧盟、新西兰等先后制定了电子政务互操作战略，其中英国电子政务的互操作已经推出了第6版①。英国政府 UK e-GIF 是系统化的电子政务互操作框架，它全面描述了电子政务中需要考虑的互操作层面，将相应的标准规范为系统互联（System interconnection）、数据整合（Data integration）和信息获取（Information access）三个方面，包括通信协议、安全机制、数据编码、数据标记、元数据、数据交换等层面的互操作。我国发布的《国家中长期科学和技术发展规划纲要（2006—2020）》提出了强化共享机制、建设科技基础设施与条件平台的构想。在科技信息资源建设和跨系统共享中，以资源整合、优化配置为主线，以共享为核心，将共享平台建设纳入国家创新发展计划加以实施。其实施要点是，根据各类创新活动的需要，按照不同类型基础条件和资源保障特点，采取多样化的共享模式，实现信息资源的高效利用，为推进创新活动提供稳定支撑②。对于跨系统信息平台服务而言，由于信息来源的多系统分布的现实，面向跨系统用户的服务组织必然以系统间的无障碍信息资源共享为前提，系统的异构障碍必须克服。只有克服系统之间的信息交流障碍，才可能保证信息资源的有效整合和利用。其中，系统间的互操作无疑是必须解决的关键技术问题。

互操作（Interoperability），是指分布信息系统间无缝交换、共享信息资源和服务，在不损害各分布系统自主性的同时，构成一个集成系统的逻辑操作。

在跨系统信息服务中，由于平台运行和数据安全等方面的原因，各系统大多有着自己的运行环境和支撑环境，它们各自独立，相对而言，沟通度不高。实现信息的跨系统组织和基于平台的服务重组，在强调系统安全、独立的同时，需要不断推进系统间的共享服务，由此对系统间的互操作提出了新的技术要求。

---

① UK GovTalk：e-Government Interoperability Framework Version 6.1［EB/OL］.［2013-02-15］. http：//www. govetalk. gov. uk/schemasstandards/egif_document. asp? docnum =949.

② 国家中长期科学和技术发展规划纲要［EB/OL］.［2013-01-17］. http：//www. gov. cn/ivzg/2006-0209/content. 183787. htm.

2006—2012 年国家科技图书文献中心（NSTL）推进了学位论文公益服务的系统工程，旨在对分布在高等学校系统、中国科技信息研究所系统、中国科学院和中国社会科学院等部门的学位论文库资源，实现共享服务，以建立起集中搜寻、分布获取、分级保障的国家学位论文服务网络，满足社会发展对学位论文的多层面需求。在项目推进中，构建共享平台，实现各系统之间的互操作服务是必要的①。在信息资源的跨系统共享中，同样也会涉及系统间的共享操作。以此出发的开发案例，如我们近 5 年在湖北省科技信息资源条件平台建设的互联信息资源的集成提供、农业信息服务中的多系统资源整合和广东省纺织行业的信息系统互联服务的技术实现中，进行了研发实践。

从国内外研究实践上看，基于信息共享的系统互操作技术在于以下基本问题的解决：

①支持多样化的信息资源处理形式和功能，使多系统之间能进行信息资源的交换、转化和服务。

②在实现信息的跨系统交换和交互转化的同时，支持各分布系统的自主性，保证各系统的自主建设、数据管理和技术更新的独立性。

③保证分布式信息资源系统在信息资源共享、交换与管理上的低成本，在相应的元数据格式和系统协议基础上，保证有效的操作运行。

④提供互操作的可伸缩性和机动性，要求容纳动态组织的信息资源，能够适应异构的信息服务组织平台。

这里所说的独立性，是指各系统的每一构建在本质上是可独立的，同时在与其他系统的互联中实现操作上的独立。服务是协同操作的构建基础，要求执行一个或一种活动操作，同时性能应可靠、数据应安全。互操作是在一定的物理环境中实现的，其物理环境是指网络中系统的位置和硬条件，要求与互操作环境和软件相适应。

---

① 胡潜，张敏. 学位论文资源的跨系统共享与集成服务的推进［J］. 图书情报知识，2008（6）：75-79.

以此为基础，实现协议上的开发，要求适时进入或退出系统。

7.3.2 信息系统互操作的技术推进

平台信息的跨系统共享是在分布资源环境和系统异构技术环境下展开的。这意味着，在不同地域、不同技术平台和不同信息结构条件下，需要实现信息系统间的互操作。互操作中的系统异构可概括为信息资源层面的异构和信息技术层面的异构。

信息资源层面的异构包括：在信息资源处理上的主题异构，信息资源命名上存在着不同的标准是其根本原因；在信息资源存储中，标引格式的不同所导致的不一致；在信息资源内容描述上，采用不同概念体系的表达所产生的差异等。

信息技术层面的异构，系指因系统所采用的应用系统、数据库管理系统，乃至操作平台的不同，从而形成的异构技术环境。不同的信息系统硬件设施和软件的区别，使各系统运行在非一致的操作环境中，从而导致资源难以交换和共享。

分布和开放的信息资源网络环境，使平台信息共享的内容、格式较其他系统差异更大。同时，随着系统更新时空差别的扩大，系统间的共享和互操作已不是一个静态问题，而是一个开放性、动态性和全局性技术问题。从总体上看，平台信息资源的共享和整合，必须解决资源和系统分布结构的异构集成问题，在自然环境中实现资源的通用和技术的对接。在技术不断进步、技术标准同步更新的环境下，各系统的统一难以实现，这就要求在系统操作上实现相互兼容。事实上，平台信息体系结构的重组变化，改变了原有的系统结构和资源状态，因此必须从整体化体系建设角度来考虑问题，同时要求适应新的体系结构，创建自适应的技术互操作环境。

从实现上看，平台信息资源共享、整合和集成服务，需要跨越分布异构和资源体系障碍，实现服务的一体化。因此，互操作必然涉及对不同数字资源对象、系统结构和服务功能实现上的互通，以此决定了不同技术层面的互通问题。同时，互操作还包括不同的资源组织过程、管理过程等方面的问题。随着内容对象的动态组合、迁移、重组的变化，对其操作技术的适应性要求愈来愈高。

基于此,互操作关键技术的推进在于,实现对多个系统的信息交叉浏览,交互检索和共享获取,提供一个通用的操作入口和平台入口。为了保证互操作的实现,需要相互支持的技术、方法和系统,在技术推进上包括应用层互操作和资源层互操作。具体推进内容如表 7-1 所示。

表 7-1　　　　　　　　　　**信息系统互操作的技术结构**

互操作层面		互操作内容	互操作技术进展
应用层	应用系统	在硬件协调的情况下,信息系统软件互操作技术的使用在于,克服不同软件构建的差异问题	发展外部中介或中间件技术、基于软件代理的互操作技术、分布式对象请求技术等
	传输协议	解决不同机构的不同技术管理手段、背景下的一致性服务问题,实现基于协议的互通	信息共享和信息资源集成服务的协议包括 Z39.50、LDAP、WHOIS+、OAI、open VRI 等
资源层	知识组织	知识组织的互操作在于,从知识层面上进行系统间知识无障碍获取和重组	知识组织上的互操作处于初期发展阶段,在知识管理和知识服务中,各国以项目方式推动应用发展
	元数据格式	元数据是对数据进行组织和处理的基础,元数据包括资源描述、管理和推进资源体系的交互检索	在元数据描述和互操作上,解决元数据映射问题,在开发环境下实现开发描述和元数据共享
	数据编码、知识本体等	数据编码在于通过编码转化方式,利用对应关系实现信息共享,知识本体在共享概念模型的前提下进行抽象规范,实现知识信息转化	数据编码技术从表层向深层不断取得新的发展,基于知识本体的语义互操作已成为一种提取、理解和处理信息内容的共享工具

表 7-1 对基于平台信息共享的系统互操作实施方案作了分析。

从表中可以看出，信息系统互操作在应用层和资源层上已形成固定的技术模式。对于基于传输协议和元数据格式的信息共享和服务集成，我们在国家社科重大项目"建设创新型国家的信息服务体制与信息保障体系研究"中进行了具体实证与探索；在学位论文共享体系构建中，利用已有技术，进行了模型构建和应用实践；同时在构建区域性农业信息集成平台上和广东省纺织行业信息资源共享服务平台中，应用了基本的互操作功能。从国内应用推进上看，基于平台信息共享的系统互操作技术推进，拟采用图 7-6 所示的技术推进路线。

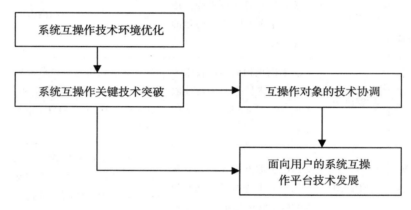

图 7-6 基于信息共享的系统互操作技术推进

如图 7-6 所示，在技术推进中，拟强调以下几方面的工作：

①系统互操作技术环境优化。系统互操作技术环境，是指信息网络环境以及在网络环境下的各系统技术环境。在环境优化中，一是根据网络技术向网格技术的发展趋势，利用数据网格层将不同地域、不同接口的分布式信息系统的各种资源进行有效连接。在技术规范上推进行业信息服务重组中的技术升级，促进行业知识共享的技术发展。二是根据硬、软件环境的变化和信息处理能力的提升，避免目前类似的技术差异情况出现，从而在环境改善和技术升级中解决资源命名问题、格式和内容提炼问题，同时进行环境建设的联动。

②系统互操作构建技术的进一步突破，要求在系统互操作关键技术上注重应用系统与传输协议技术研究上的互动。在传输协议优化的情况下，重点突破应用系统技术。对于我国的行业信息系统互操作来说，可以在关键技术成果的应用中提升目前系统的元数据应用水准，在基于本体的信息组织和服务中，开发适用的共享技术，突破系统之间存在的技术应用障碍。

③系统互操作对象的技术协调。在多种可能的技术方案中，按信息系统的互操作实现路线，存在着基于标准的方法和基于非标准的方法。在实践应用中，"标准"与"非标准"各具优、缺点，目前已逐渐发展为一种混合方法，这种混合方法 2005 年在清华大学建筑数字图书馆中已得到应用①。通过几年的应用发展，日益显示了其技术优势。因此在技术协调中，拟进行"标准"与"非标准"的有效结合；在技术应用的组织协调上，拟进一步优化互操作技术保障体系，推进技术的无障碍应用。

④面向用户的系统互操作平台技术发展。任何互操作的实现，最终目的是使用户跨系统获取所需的信息资源。对于跨系统信息服务而言，企业愈来愈迫切地需要将科技信息、经济信息、市场信息和管理信息进行整合，这就涉及不同内容系统的互操作。在解决这一难题的过程中，拟采用信息表层向深层拓展的平台构建技术模式，即根据技术发展，从信息线索提供入手，构建结构相对简单的互操作平台，然后逐渐向知识集成互操作发展。因此，拟在动态技术环境下，实现平台技术的不断突破。

7.4 平台信息组织与服务技术的标准化

平台信息资源组织与服务技术标准是在网络信息管理与服务中为获取最大效益而制定的资源管理的指导原则、技术法规等特定文件。标准文件的执行与实施不仅是行业问题，而且是各领域的信息

---

① 郑志蕴，宋翰涛，等．基于网络技术的数字图书馆互操作关键技术［J］．北京理工大学学报，2005（12）：25.

管理与服务的共同问题，因此应在开放环境下进行标准化管理。基于此，技术标准化推进应有普遍的原则、任务和推行措施。

7.4.1　平台信息组织与服务技术标准化推进的原则与任务

信息组织与服务技术标准建立在信息管理实践的基础之上，其实践发展决定了标准推进的任务、体系和原则。跨系统平台信息资源组织与服务技术标准化推进的原则可以概括为以下几个方面：

整体优化。网络信息资源组织与服务技术标准是网络信息管理系统建设和运行管理的技术准则，网络信息组织与平台服务技术不可能只涵盖一个技术标准的内容，而需要同时使用多个技术标准的组合，这些标准应当形成一个有机整体。在处理各种标准的关系时，要以整体最优为出发点。

协调一致。协调统一对网络信息平台化组织与服务技术标准尤为重要，这是因为，标准的统一性越好，其适用范围就越广，实施标准所获得的社会和经济效益也就越大。因此，要优先考虑制订和采用那些适用范围广泛的标准。

实验推广。有关制订、修订、选择和贯彻实施的标准，只有经过一段时间的试运行才能最终确定。特别是对于那些重要的行业信息组织与服务平台技术标准实验验证尤为重要。对于我国来说，为了有利于面向未来的技术发展，目前拟采用的国际标准也需要进行面向未来发展的技术变革实践验证。

适时扩充。由于网络信息资源组织与服务技术发展迅速，信息组织与服务平台技术产品更新换代加速，市场需求日趋多样化，在制订或采用各种网络信息资源组织与服务技术标准时，必须留有充分的修改或扩充空间。只有这样，才能使标准化适应网络信息资源组织与服务技术发展的需要。

相对稳定。网络信息平台组织与服务技术标准贯彻实行以后，在一定的使用期限内，应尽可能保持相对稳定，这样才有利于行业信息资源整合和合作服务的发展。

平台连接的各信息服务系统中使用的信息资源组织与服务技术

标准不但种类多，而且数量大。因此，在网络信息资源组织与服务技术标准化推进中，应明确其基本任务。从综合角度来看，跨系统网络信息平台化组织与服务技术标准化的主要任务包括以下几个方面的内容：

①国际标准的采用。为了实现世界范围内的行业信息交流和信息资源共享，积极采用国际标准是网络信息资源组织与开发服务标准化的重要任务①。采用国际标准要有三个条件：一是要坚持国际标准的统一和协调；二是要坚持结合我国具体情况进行试行验证；三是要坚持有利于促进网络信息资源组织与服务技术进步的原则。

②国家相关标准的贯彻。网络信息资源组织与服务技术标准由国家标准化部门批准、发布，在全国范围内适用。信息技术国家标准范围非常广泛，包括企业信息系统、行业网络使用的各种标准。到目前为止，我国已发布了数百项信息管理技术国家标准，其中大部分是通信方面的，直接和信息组织与开发有关系的有 100 多项。在这一大框架上，应针对网络信息资源组织与开发技术应用的发展，在关键的技术环节上扩充旧内容，为现实问题的解决提供完善的技术依据和准则。

③标准体系的确立和完善。建立和健全标准体系的最根本目的是在网络信息平台化组织与服务的各个环节上将有关技术标准进行有序组织和整合，并使之形成有机体系，以利于规范组织与开发技术平台建设。值得指出的是，在信息服务组织中，可结合具体情况，逐步形成信息平台化组织与服务专业标准，以提升信息服务的支持水平。

④标准的科学化管理。推进网络信息资源组织与服务技术标准化，应注重标准的贯彻实施，好的标准如果得不到认真的贯彻实施，也是不会获得任何效益的。要做到真正贯彻实施好标准，就要加强对标准的管理维护，也就是说，要对各种信息组织与开发技术

---

① Kim, Y., Kim, H. S., Jeon, H., et al. Economic Evaluation Model for International Standardization of Technology ［J］. IEEE Transactions on Instru- mentation and Measurement, 2009, 58（3）：657-665.

标准的贯彻实施情况，经常进行督促检查，发现问题，采取措施。

7.4.2 信息平台组织与服务技术标准体系构建

跨系统平台信息资源组织与服务技术标准体系的构建，应考虑技术的形成和来源，按技术应用环节来组织。在跨系统平台信息资源组织与服务技术标准化的推进中，信息技术的进步决定了基本技术的应用标准，网络信息资源的用户需求决定了服务技术平台的标准，信息网络综合发展决定了网络信息技术标准。在技术实施上，其内容有：信息资源载体组织技术标准化，包括资源载体数字化技术所包含的所有方面；信息资源开发与服务过程标准化，包括面向过程的技术研发标准、组织和实施标准；信息资源服务技术标准，包括个性化服务技术、数字挖掘技术以及各方面技术推进标准。这几方面的内容有机结合成一体，在技术标准化推进中应全面考虑。

跨系统平台信息资源组织与服务技术标准化推进，应保证它在全国被广泛接受。跨系统信息资源组织与服务技术，随着互联网的迅速发展，正在成为信息管理与服务的一项基本技术内容。

随着网络信息服务的发展，网络化的平台信息组织与服务出现了一些新的特点：手段现代化、方式便捷化、环境虚拟化、对象社会化、内容务实化、发展适时化等。基于这一情况，跨系统信息平台组织与开发技术标准化推进的基本内容应包括信息载体技术标准化、信息内容技术标准化、信息组织与服务技术过程标准化和信息服务业务技术标准化。

①信息载体技术标准化。它是指所有与计算机和通信设备的设计、制造和网上信息传输、交换、存取等有关的技术，都应遵循通用标准。其目的是使用户正确地应用共同的信息技术，保证网络信息资源开发利用的质量和效率。

②信息内容技术标准化。信息技术标准化不一定带来信息技术内容格式的标准化。信息内容格式标准化对于提高跨系统平台信息资源的共享、降低格式转换成本，有着重要作用。当前，虽然难以实现完全的信息内容格式化标准化，或者说难度很大，然而，这又是必须解决的问题，因此应尽快加以解决。

③信息组织与开发技术过程标准化。信息组织与开发过程标准化与信息内容格式标准化相联系，信息内容是针对信息产品而言的，信息组织与开发强调的是对象。信息组织与开发过程标准化有助于减少信息冗余，提高管理效率。

④信息服务业务技术标准化。跨系统平台信息资源组织与开发服务业务标准化，旨在为网络信息资源的开发、保护信息的采集、分类、识别、存储、检索、传递与应用提供通用的标准，为网络信息业务的开展方法、程序、安全等方面提供通用的技术依据，以利于平台信息资源的社会化组织和服务的推进。

7.4.3 平台信息组织与服务技术标准化推进措施

推进跨系统平台信息组织与服务技术标准化，应从多方面采取措施：

①专门机构作用的强化。跨系统平台信息资源组织与服务技术标准化是一项连续性很强的工作，联系面十分广泛，需要进行协调和研究解决的问题也很多，因此只有设置或授权专门的管理机构，明确其职责范围，强化其管理职能，才能使各项任务落实。同时网络信息资源组织与服务技术标准化管理机构要加强与行业协会的联系，充分发挥各种标准化协会和专业技术委员会的作用。

②规章制度的建立和完善。推进跨系统平台信息资源组织与服务技术标准化，必须建立和完善相应的规章制度，使各有关单位在工作中有章可循。具体而言，其标准化主管部门要对信息资源组织与开发的各个环节进行标准化审查，审查合格后才可运行标准。各有关单位必须执行系统规定执行的各种信息管理技术标准、规范和规定，对违反规章制度的单位要进行必要而有效的制裁。

③国际化进程的加速。推进跨系统平台信息组织与服务技术标准化，应重视加强同世界各国的联系与合作，在制订标准化政策和认证制度方面要按照国际惯例办事，并确保其透明度。除了尽可能多地采用国际标准外，还要使国家标准同 ISO、IEC 和 CCITT 等国际标准协调一致，在制订一些重要网络信息资源组织与服务技术标准的时候，应参与国际合作业务活动。

④用户需求引导作用的发挥。随着平台信息资源组织与服务技术迅速发展，用户对网络信息资源组织与服务技术标准化的要求显得十分重要。因此，应通过各种渠道搜集用户对开展行业信息组织与服务技术标准化的意见，争取尽可能多的用户直接参与网络信息组织与开发技术标准化的活动。必要时，可以设置用户委员会来随时掌握各行各业用户对开展网络信息资源组织与开发技术标准化的需要和改进意见，使其更具有针对性。

⑤标准化实施的改进。贯彻实施标准是跨系统平台信息资源组织与服务技术标准化的关键环节，再好的标准如果得不到贯彻实施也不能发挥作用。网络信息资源组织与服务技术标准化的一切效益都来自标准的贯彻实施。所以，要采取一切必要的措施确保标准的贯彻实施。首先，对标准的实施情况要随时进行监督和检查，发现问题要及时解决；其次，对拒不贯彻执行标准的情况要进行制裁。

在技术标准化推进中，必须注意新技术的标准化发展，例如网格计算的标准化就是如此。当前网格计算虽然还没有正式的标准，但在核心技术上，相关机构与企业已达成共识：由美国 Argonne 国家实验室与南加州大学信息科学学院 ISI 合作开发的 GlobusToolkit 已成为网格计算事实上的标准，包括 IBM、Entropia、Microsoft、HP、Cray、SGI、SUN、Veridian、富士通、日立、NEC 在内的 12 家计算机厂商已宣布将采用 GolbusToolkit。作为一种开放架构和开放标准基础设施，GolbusToolkit 提供了构建网格所需的多种基本服务，如安全、资源发现、资源管理、数据访问等。目前重大的网格项目都是基于 GolbusToolkit 提供的协议与服务建设的。这些研究与应用发展值得重视，为此应采取积极的标准化措施。

8 基于平台的跨系统信息服务协同推进

跨系统协同信息服务平台不仅在于实现信息资源的跨系统共建共享，而且在于实现跨系统信息服务的协同。基于平台的协同信息服务由平台连接的诸多信息系统承担。各系统既是一个独立自治的实体，又存在基于平台的交互关系。在平台服务中，系统之间的协同直接关系到信息的跨系统整合和服务的集成化推进。因此，有必要在平台服务的关系协调和流程重组中不断完善跨系统信息服务的协同机制。

8.1 信息平台的协同服务与协同关系建立

基于平台的跨系统信息服务协同取决于多个信息服务系统的交互，通过信息交互，在多个合作者之间需要确立一种稳定的协同关系，以此形成信息组织规范、服务内容和技术支持上的规范。这种规范不仅维持平台运行，而且制约基于平台的各信息系统的信息资源、技术与服务管理。由此可见，完善信息平台的协同机制，确立合理的协同关系是重要的。

8.1.1 基于信息平台的跨系统协同服务关系

跨系统信息服务平台建设的实现，并不意味着协同服务的完成。事实上，平台连接的各个系统，可能仅限于信息资源层面的共享和用户的互用，并非服务业务层面和用户管理层面的融合。据此，可以将基于信息平台的跨系统服务区分为以下几种情况：

协同服务的初级形式是在平台基础上实现各系统的服务互补。在这一层次，允许某一系统的用户分离地利用其他系统的服务，实现互补性服务。这种服务，通常仅限于基于平台组织的信息资源开放共享，并不产生新的服务组织方式，因而是一种浅层次的协同服务（如系统间文献传递服务的开展等）。

基于平台的服务合作与互补服务不同，是系统间基于平台的实质性服务合作，如在平台中提供交换接口，以便用户通过接口利用各系统的相应服务。在这种协同中，各系统的服务具有一定的异构性，因而不能实现服务兼容，以致影响了服务的合作效果。

基于平台的服务协调是在平台上实现的实质性服务协作，即按平台标准、技术规范和协议，安排各系统的有关服务，实现各系统的平台连接，以此提供面向用户的一站式服务，实现服务定制和信息利用的集成。

基于平台的服务融合，是平台的协同服务的最高形式，即在各系统交互基础上实现完整的资源共享和服务集成。在融合服务中，用户可以通过任何一个系统进入其他系统的服务，从而实现平台资源与服务的无障碍利用。

显然，基于平台的协同服务发展是一个连续的变化过程，从服务互补到服务融合，每一个阶段都以前一个阶段的工作为基础，跳跃性的发展是不现实的。在基于平台的跨系统信息服务协同组织中，各系统信息服务的互补和合作主要体现在信息资源的共建共享层面上，而服务协调和融合则是各系统服务的实质性协同。从总体上看，可以将信息资源共享服务视为协调服务，而跨系统融合服务可以归之为协同服务。可以说，它们的联系在于，信息资源共享是跨系统协同信息服务发展的必经阶段，跨系统协同信息服务是信息资源共享的进化。

在跨系统信息资源共享服务中，通常会建立跨系统的信息资源共享咨询委员会或工作组，它们在数字资产、元数据描述、技术框架和馆藏协调等方面发挥着主导作用。通常，会形成信息资源共享协议，明确参与共享机构各自的责任和权力，共享的进度也被视为共享成功与否的标志。

在跨系统协同信息服务阶段，信息资源已实现无障碍共享，正式的协同协议也已达成。关键问题已不在信息资源是否共享，而是这些共享后的信息资源是否能够用来创造新的服务，是否能够带来服务层面质的变化。在此阶段，信息服务机构之间的联系更为紧密，信息的交流更为频繁，信息服务机构之间的信任不断加强，由此导致了基于平台的信息服务机构变革和服务变革。

以上分析表明，跨系统协同信息服务与信息资源共享的区别在于：

信息资源共享侧重于信息资源的机构间的共享互补，这种共享会涉及服务，但并不改变服务的结构，因此在目的性上两者存在本质的区别。

信息资源共享依靠正式的协议进行，而跨系统协同信息服务除了要制订正式的协议，更要借助于信息服务基于平台的融合，需要信息服务机构之间进行整体化合作。

信息资源共享是对信息资源量的增加，跨系统协同信息服务是一种质的飞跃，它强调信息服务机构的流程变革，由此而带来的服务业务拓展非信息资源共享可比。

从跨系统协同信息服务的运作上看，在基于平台的服务组织中应以信任为合作基础，建立机构的独立平等关系，实现信息服务的平台化运作，确保服务的开放性和相对稳定性。

①信任合作基础。跨系统协同信息服务的运作管理主要有契约和信任两种形式①。契约是借助正式的契约手段规范协同行为，如利用参与平台协同的信息服务协作组织架构、服务共享、运作流程、利益分配和冲突解决协议进行服务协作规范。契约是一种硬性约束，它可以规范平台协同服务的组织行为，减少风险。然而，由于跨系统协同信息服务中的多利益团体结构与服务异地分布的特

---

① 吴剑琳. 建立虚拟企业合作伙伴信任关系的途径［J］. 经济管理，2007（17）：60-63.

点，仅仅依靠契约是不够的，因此跨系统协同信息服务还需要考虑一些"软约束"。其中，信任是一种可靠的约束，只有参与跨系统协同信息服务的平台机构之间相互信任，才能推进稳定的协同服务业务开展。

②独立平等关系。跨系统协同信息服务所产生的效益远大于平台中各系统的单独运作效益，但在投入关系上却难以体现这一效益。就基于平台的跨系统协同信息服务而言，它实际上不是一个具有命令系统的组织，而是一种协议性的联盟组织，因而各系统的独立性是基本的。这说明，跨系统协同信息服务应在平等合作的前提下进行。在整个协同过程中，参与协同机构的地位都是平等的，各系统仍然保持着独立的地位，并没有明确的隶属关系。同时，一个信息服务机构也可以同时参与多个跨系统协同信息服务组织。

③服务的平台化运作。如果说信任合作基础是跨系统协同信息服务得以实现的软性条件，那么信息技术支持下的服务平台化运作则是跨系统协同信息服务得以实现的硬性条件。没有协同平台，信息服务机构之间的服务协同就是不现实的。在跨系统信息服务的平台化运作上，要求各系统实现基于平台的信息映射和服务衔接，以使各系统的服务得以融合。实际上，如果没有一个便利、快捷的信息化运作平台，跨系统协同信息服务便不会如预期的顺畅，同时，跨系统协同信息服务的关系维护、利益分配、冲突解决，也需要在运作平台上实现。

④稳定的组织保证。跨系统协同信息服务过程是一个动态、开放的组织过程，它的组织界面模糊，且不受地域限制，可以分布式扩张。这一点类似于企业的动态联盟。然而，与动态联盟具有的时效性相比，跨系统协同信息服务具有相对稳定性。其一，跨系统协同关系是比较稳定的，这是因为参与协同的信息服务机构之间的信任关系稳定。其二，跨系统协同信息服务仍是动态性的，但这种动态性是可预知和可控制的，因此跨系统的协同信息服务的稳定是相对的。据此可以构建具有动态稳定结构的组织管理体系。

在基于平台的跨系统协同信息服务中，信息服务系统之间协作关系的动态演变过程，是一个随信息环境和用户需求变化而变化的过程。在关系演化中，不断进行协同目标、协同对象及协同对象之间的适应性调整是必要的。一方面，协同对象随用户需求可动态变换；另一方面，各协同对象之间的交互作用引起协同服务系统发生自组织演化。

跨系统的协同信息服务具有开放性。各信息服务系统之间通过平台不断进行信息交换、技术共享和信息资源互用，从而使系统走向有序。信息服务系统之间各协同要素存在非线性作用关系。由于用户需求的变化，各要素随时间、地点和条件的不同，体现不同的相互作用效应。技术因素的影响、用户需求的改变必然导致协同服务偏离原来的稳定状态。由此可见，跨系统的协同服务系统存在着自组织的演化。

平台连接的信息服务系统发展也是不平衡的，因而它们之间不可避免地存在着竞争协同作用。一方面，系统竞争使各系统趋于非平衡，这正是系统自组织的重要条件；另一方面，系统之间的协同在非平衡条件下趋于稳定。因此，在跨系统协同信息服务实施过程中，必须认识到，协同服务系统追求的目标并不是建立一劳永逸的静态有序协同关系，而是要建立起具有活性的动态有序协同关系。同时，协同服务关系形成后，应在新的环境中寻求关系的合理变革和调整，以维持平台协同服务的有序发展。

8.1.2　基于平台的跨系统协同信息服务环境建设

对用户而言，基于平台的跨系统的协同信息服务开展意味着它的用户可使用统一的界面访问多个系统的服务。显然，这种服务融合需要实现相关应用系统之间的交互，即在用户和信息服务协同平台的交互中形成一个"整体环境"。在这样的环境中，用户身份认证和平台服务利用才可能实现。

协同环境是跨系统协同服务的必要条件，因为任何事物都不可能脱离与周围的联系而孤立存在和发展。协同环境如何，对于协同服务的实施具有重要的影响①。

---

① United States Intelligence Community. Information Sharing Strategy 2008［EB/OL］.［2013-10-10］. http://www. dni. gov/reports/IC＿Information＿Sharing_Strategy. pdf.

　　2007 年美国国会通过的《信息共享国家战略》（*National Strategy for Information Sharing*，NSIS）提出了发展跨部门、跨系统信息服务共享环境建设任务。其环境建设包括以下内容：制定一个对跨系统信息的访问与共享能起实质作用的政策，以改变相互叠加和互不协调的状况；在组织特定领域的信息服务中，确立程序化的协同管理体系；制定跨系统的协同信息服务需要的统一纲领；在各个系统中推进用户参与的服务协作，实现应用对应用的数据交换；将业务流程重组聚焦在跨组织的信息服务共享与访问中；创建跨系统信息共享标准，根据需求不断地进行标准调整与融合。基于环境建设要求，NISIS 提出了跨系统信息共享环境（Information Sharing Environment，ISE）的技术架构，如图 8-1 所示①。

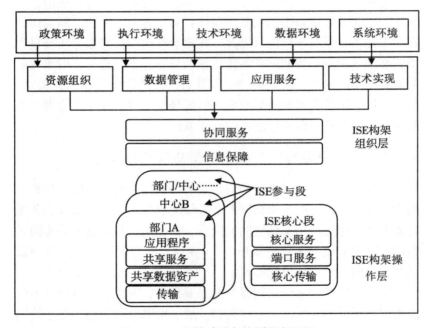

图 8-1　ISE 环境建设与协同服务组织

①　United States Intelligence Community. Information Sharing Strategy 2008 [EB/OL]. [2013-10-10]. http://www. dni. gov/reports/IC _ Information _ Sharing_Strategy. pdf.

在平台服务的协同实现中，除政策和管理环境外，技术、数据与系统环境对具体环境产生直接作用。网络环境下的协同作业平台，对协同服务的保障应是实时、动态、集成、有序和开放的。协同服务环境的构建应该以人为本，以协作共享为中心，从应用的角度和需求角度来构建，而不是简单地从资源角度和流程角度进行协同。在以平台为支持的协同服务组织中，应注重以下三个方面的问题①。

①以互联网为基础。服务协同是在网络发展基础上的协同，它强调的是基于互联网的跨区域、跨组织、跨部门的平台协作。第二代互联网的互动性使其成为协同软件的应用平台，IPV6 的推广以及网络平台技术的应用可以实现如实时与异步的信息流动与共享、知识采集与利用以基于互动的知识管理等。

②以流程协同为主。流程管理是近年来非常重要的一种管理模式，平台协同流程管理在于，如何规范业务流程，促进平台服务发展。在以流程为主的协同技术应用中，流程已成为其串联各项事务管理的主线，且呈现出柔性化、可视化特征。这也是平台协同技术环境区别于其他信息技术环境的主要特征之一。

③以用户为中心。协同技术的核心是以用户为本，用户中心体现在协同应用系统的功能实现、流程组织和服务操作等方面。服务协同技术应用中的"人"可以是单个的自然人，也可以是部门、群组等。协同技术的"用户中心"特性主要体现在协同流程以人为中心来定义，它赋予相应的协同操作权限，有利于实现用户与环境的协同。

平台协同服务得以发展的技术环境包括计算机及其网络技术环境，其中群组通信技术、协同控制技术、同步协同技术、协同系统的安全控制技术、协同应用共享技术、应用系统开发环境和应用系统集成技术环境的形成是重要的。在技术环境中，核心技术组件为跨系统协同服务的实现提供支持。

① 胡昌平．面向用户的信息资源整合与服务［M］．武汉大学出版社，2007：132.

传统的信息系统协同利用机器理解应用集成技术，随着 Web 2.0 的广泛应用，不同信息服务系统的交互协同越来越注重用户参与。一些专门设计的、可集成的 Web 部件，如开放 API，将系统部分功能延伸到系统之外，使信息服务系统在用户的操作上得以协同。基于平台的信息系统不能再被作为一个纯粹的客体对象进行设计，跨系统用户行为对系统的影响必须体现。显然，技术环境的改变决定了服务中的用户参与。在用户参与下，基于平台的信息系统的交互，使平台服务具备了内在的演化功能和对环境的动态适应功能。

值得关注的是，基于平台的跨系统协同信息服务，随着服务的开放和环境的变化，其服务组织已跨越平台边界，从而形成了与整个信息生态系统协同的运作机制。

图 8-2 展示了英国、澳大利亚联合开发的开放式教育信息生态系统 e-Infrastructure 结构（JISC & DEST）①。其中，研究服务、学

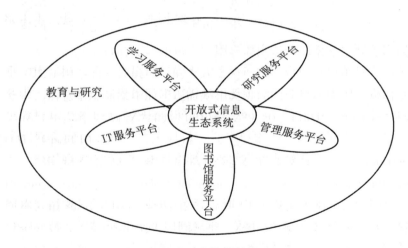

图 8-2　开放式教育信息生态系统建设

---

① e-Infrastructure Programme［EB/OL］．［2013-01-12］．http：//www. jisc. ac. uk/whatwedo/programmes/einfrastructure.

习服务、IT 服务、图书馆服务、管理服务等信息平台，共同构成了支持用户教育和研究活动的协同服务体系。体系中的平台运行在整体化的信息环境中。在环境作用下，各系统彼此协调，形成了与外部生态环境相容的分工协作体系。协同环境下，各系统交互合作，根据用户需求、知识应用环境和知识内容结构进行服务组织与调节。

从环境的变迁中可知，基于平台的协同信息服务将进一步突破平台边界和系统的限制，在面向用户的开放化需求中，寻求与整个信息生态环境的融合。这一发展趋势，在平台开放协同服务中体现在泛在环境下的服务融汇上。

8.2 跨系统信息服务协同层面与实现路径安排

基于平台的信息服务系统之间的相互协作和协同不是线性的，而是网状的关系。系统之间的服务组织，既有协同层次安排问题，也存在协同路径和方式问题。同时，用户的集成需求还提出了协同服务中的流程重组要求。

8.2.1 协同层面安排

跨系统的协同信息服务的最终目标是屏蔽异构分布式信息服务系统之间的差别，提供一致的服务。其实现，通常按照信息资源、流程组织、服务实现层次进行整合和集成。这三个层次的协同在平台信息服务中是客观存在的，在系统协同上具有相互联系的互补关系。

信息资源层面的跨系统协同是指各系统信息资源的异构性或非一致性，需要平台进行格式转化，使之形成统一标准下的映射关系。这种协同实际上是信息转化和共用协同，需要具有平台协作关系的若干个信息提供者，按照一定的标准和形式，提供信息资源转化机制。在信息共享平台上，只有按照一定的服务规则和技术标准进行信息提供，信息使用者才可能在平台的范围内共享信息和数据。当前，信息共享平台的信息资源建设协同主要集中在数据共享

269

方面。信息资源层面的协同关注的是应用接口层的转换和应用系统之间的数据流动，因此，实现对数据库、应用程序以及相关服务的对接就成为面向信息资源层面协同的关键①。

图 8-3 直观地显示了信息资源层面的跨系统协同组织模型。在基于平台的 A-B 系统数据交换和共享中，需要数据的一致性作保障。如果 A-B 数据库存在异构，就需要按平台标准协议进行数据格式的转换或内容上的映射重组。如果 A-B 两系统的数据需要通过平台提供给第三方共享，其数据协同可采用虚拟数据库方式进行数据的跨系统聚合，然后以数据文件的形式按需提供给第三方。同时，当基于平台的跨系统协同信息服务接受集成数据的请求时，需要通过集成代理的方式进行数据获取，这就提出了基于接口的集成问题。可见，信息资源层面的协同组织具有多方面的要求。对于不同要求，有着不同的处理机制。

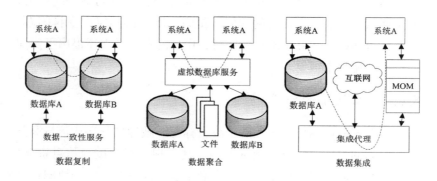

图 8-3　信息资源层面的跨系统协同

在基于平台的跨系统信息服务协同中，存在着数据程序调用、功能模块或处理工具的互用问题，这就需要在业务流程上进行协同。服务组织上的协同过程如图 8-4 所示。

---

①　走向未来的企业应用集成：从信息、过程到服务［EB/OL］.
［2013-02-20］. http：//www.cnblogs.com/dujun0618/archive/2008/01/23/1050
138.html.

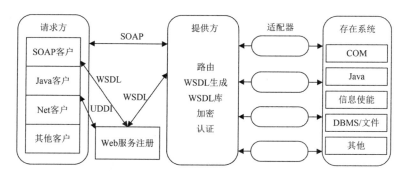

图 8-4   流程组织层面上的跨系统协同

流程组织层面上的跨系统协同，是通过调整业务层来实现的，具体体现为一种共享对象上的"功能"调用，在于实现动态的应用集成和平台范围内的业务逻辑共享。这种共享模块通过基础服务为多个系统所共享，可以位于集中服务器和分布服务器上，以标准的"Web 服务"来提供。在平台中，信息服务提供商（Application Server Provider，ASP）可以按照一定的标准和协议，根据服务要求，动态封装为在线服务调用模块，提供协同使用。

服务实现层面的协同可以通过平台的标准接口来实现，图 8-5 显示了 NSTL 的接入服务。

图 8-5 展示了 NSTL 基于规范服务接口（包括检索接口、全文传递接口、代查代借接口、嵌入式服务等）进行跨系统的嵌入和链接协同服务的实现方式①。NSTL 开发的应用系统的接口规范包括 OAI-PMH、OpenURL、NISO Metasearch XML Gateway 等。OAI-PMH 主要用于数据仓储与联合编目、数据加工系统之间的数据交互。对于 OpenURL 标准而言，NSTL 网络服务系统中所有开放的服务组件均提供符合 OpenURL 1.0 标准的接口，允许已授权的第三方系统调用。NSTL 的统一检索服务则遵循 NISO Metasearch XML

①   张智雄. NSTL 三期建设：面向开放模式的国家 STM 期刊保障和服务体系 ［EB/OL］.［2013-03-09］. http：//www. nlc. gov. cn/old2008/service/jiangzuozhanlan/zhanlan/gjqk/yjjb. htm.

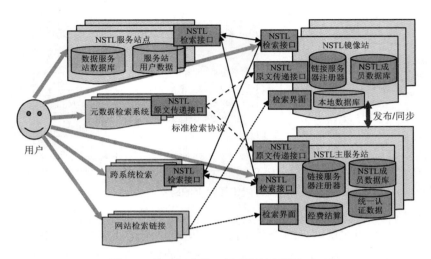

图 8-5　基于标准接口层面的协同服务实现

Gateway，建立了一套基于 MXG XML 格式的资源与服务发现机制，允许第三方检索系统采用单一搜索方式在众多服务资源中查找所需内容。NSTL 统一检索服务支持第三级别的 URL 访问请求，同时，允许已授权的第三方系统以内嵌方式整合 NSTL 的检索服务。

　　基于标准接口规范，NSTL 网络服务系统在原有的主站、镜像站、服务站三种服务模式的基础上增加了"嵌入到第三方检索系统""检索结果链接到第三方""NSTL 文献传递"等协同服务方式。

8.2.2　协同服务的实路径

　　在基于平台的跨系统协同服务的实现上，存在着路径选择与协同目标的实现问题。

　　（1）协同路径选择

　　从协同的行为路径看，跨系统的协同信息服务应该是有组织的协同，而不是自发的协同。有组织的协同是协同组织中的成员依据平台结构和组织制度相互协作完成组织目标，从各方业务流程、组织结构、资源配置等方面入手，确定协同服务的行为路径。

272

从协同实施过程来看，协同服务可通过会话模式、会议模式、过程模式、活动模式、分布式协商模式开展业务活动。

①会话模式。会话模式是一种基本的协同方式，它将复杂的协作活动分解为一系列交互会话协作活动，从而实现群体协作。在跨系统的协同服务中，会话模型规定了信息服务机构之间的协作关系，表现为服务提供者之间、服务提供者与用户之间的交互协作过程。

②过程模式。过程模式在于，将任何一项复杂任务或操作分解为一系列相互关联而又相互独立的串行（见图8-6）或并行（见图8-7）的子任务或操作进行协同完成，以形成一个完整的工作流。过程模式严格规定了协同各方的任务、操作、规范等。

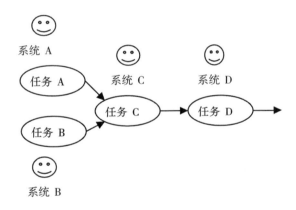

图 8-6　串行行为过程

③活动模式。活动模式和过程模式相似，但它并不是将一个协同任务描述成多个操作协同步骤，而是将一个任务分解为多个按一定分工，具有一定目标的由主体和客体组成的活动。在此基础上，任务群体成员根据一定规则利用合适的工具一步步执行各个活动，协同完成任务。

④层次模式。基于平台的服务需要不同层次和不同方式的协作才能完成，由于单一协作模式不能满足对协同任务和协作过程的描述，因此，对一些具体任务需要采用多种模式的结合。

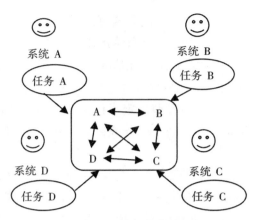

图 8-7 并行行为过程

（2）协同服务的目标实现

如图 8-8 所示，按照平台协同服务实施，可以根据不同的目标，选择不同的协同方法。

①构架协同。构架协同是一种全局性宏观协同，指的是信息服务系统之间所组成的新系统（平台）和原有系统的协同。这一协同方式的关键是元素的选择及各元素位置功能的设定，其核心元素是业务、资源、技术等，具体位置和功能由系统总体结构决定。

②元素自协同。这是跨系统平台服务中信息机构各元素的自我解构、自我组织，从无序走向有序的过程，如服务过程中相互调剂服务要素、交互利用技术来实现服务协同。这种协同方式追求的是微观层次的协调。

③感应协同。这是一种强调外界影响的协同，既强调信息服务机构与外界环境之间的感应和对自然、社会环境造成的影响，更强调外部环境对信息平台服务的作用。在这一作用下，由信息服务机构和各类信息资源要素所构成的服务平台应不断接受外界刺激，调整自身的运作模式。

基于平台的跨系统协同信息服务是在协同动力机制的作用下，实现信息服务系统之间基于战略、管理、资源、流程和用户的协同过程。

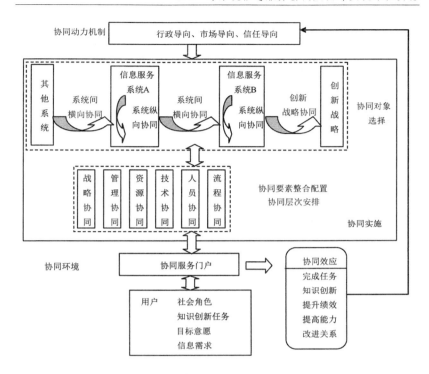

图 8-8　跨系统协同信息服务的目标实现

基于平台的跨系统协同信息服务的实现包括协同对象任务选择、协同要素整合、协同环境的构建等基本环节，如图 8-8 所示。其进行应有一定的程序。一般情况下，协同服务进行应达到以下目标：

明确协同业务。这是协同活动的起点和指导整个过程的核心，也是检验协同活动的依据。只有明确了协同业务目的，才能确定协同过程其他方面的活动。

确定协同任务。协同目的明确以后，就应该根据目的确定协同对象（客体）任务，即明确各系统在协同服务中应进行的工作和应展开的活动。

稳定协同关系。在平台建立的基础上进一步明确各系统的协同工作关系，在稳定关系的基础上规范各自的行为。

优选协同方案。在信息保障平台建设基础上，进行协同服务运

275

作规划，按规划提出可行的协同服务运行方案，以便进一步明确各系统的工作。

实现服务协同。方案制订后，必须进行落实，才能发挥其应有的作用。在方案实施过程中，要随时监督、调整方案的执行，以确保方案适应客观环境和主客观条件的变化。

检验实施效果。如果方案的实施效果达到了既定目标，则此方案就是成功的；否则，要在协同服务实践中查找原因，以便进行改进。

8.3 跨系统联合体的协同服务组织

信息服务系统之间的相互合作方式和协同内容是多种多样的，可以通过多种模式，从多角度或多层次实现跨系统协同信息服务。因此，需根据协同目的进行服务模式的选择。从基于平台的信息服务协同业务组织上看，可以将跨系统协同信息服务区分为跨系统联合体服务模式、跨系统的协同定制服务模式、一体化虚拟学习协同服务模式和跨系统协同数字参考咨询服务模式等。事实上，在跨系统协同信息服务实现过程中，还会存在服务模式的综合。

8.3.1 联合体服务组织架构

跨系统联合体协同服务模式是指不同系统的信息资源和信息服务提供者，本着资源共享和互用的原则，通过协议结成协同服务联盟，在统一的结构框架下，进行信息资源的共同分享和联合服务，以使信息资源的效用最大化。跨系统的协同服务联盟成员之间同意支持一组共同的服务标准，以便在成员之间提供互操作。联盟的成员只要支持共同约定的一组平台化的服务，就可以拥有完全不同的系统。

跨系统联合体协同服务模式的组织架构如图 8-9 所示。不同系统的信息服务机构以信息资源的共建、共享和共用为目标，在已有的各类数字资源基础上，通过遵循统一的标准规范，将多种信息资源以及服务进行多种形式的整合，建立一个分布式、开放的数字化信息服务环境，以便向用户提供全方位、多层次、无缝链接和个性化的信息内容服务（包括统一检索、全文传递、参考咨询等协同服务）。

如图 8-9 所示，各系统的信息资源，分散存储于各自的系统进行自行管理维护，由资源整合中心（平台）利用分布式数据库技术统一集成，建立索引，为用户存取信息提供入口，按照共享原则向授权使用信息的系统或人员提供信息联机存取和传递服务。这些系统和人员共享一个在逻辑上公共的资源库（物理上可能是分布在不同地理位置的多个数据库集合），各自与数据库进行信息交换，通过资源共享平台入口达成互联。在这一流程中，为逻辑资源库提供源数据的系统实际上也是一种用户系统。它们一方面向资源整合中心提供资源，另一方面又从中获取共享资源。

基于资源共享的联合体协同服务模式具有如下特点：

①以信息资源的交换和共享为目的，实现多个服务系的互联，其共享资源具有分布式结构特点。

②联合体中的各信息服务系统相对独立，彼此独立，相互关联，形成一种松散耦合的结构。

③联合体中的系统，通过开放链接实现资源与服务的整合。

④任何一个系统都是联合体协同服务体系中的一个有机组成部分，各系统遵循同样的功能/服务规范、数据标准和接口标准规范。

跨系统的联合体服务以信息交换和共享为基础，关注应用接口层的转换、应用与系统之间的数据流的流动，以及基于平台的数据交换与整合。因此，跨系统的信息资源交换机制的构建、数据库应用程序以及相关服务的接口规范就成为其中的关键。

信息交换是服务协同的基础，信息资源交换的目的是，使离散分布的信息资源系统发生数据和应用关联，通过彼此之间的作用，形成网状信息资源交换协同。

信息资源交换最大的难题是组织困难。从宏观上看，我国信息资源处于离散的分布状态，总体上还没有统一的交换制度与机制，缺乏统一的信息资源交换标准和信息共享基础。这就要求在信息保障平台中确立有效的交换协同机制。

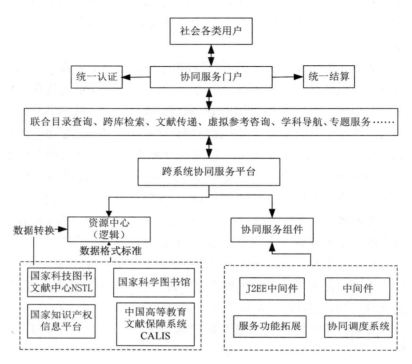

图 8-9 跨系统联合体协同服务组织架构

信息资源交换的展开是为了用户之间的信息共用，因此基本架构应包括数据连接与访问、应用服务支撑以及数据转换等内容。信息资源交换的支持环境是信息网络和基础软硬件，它必须保证参与信息资源交换的网络无障碍互通，这是交换的前提。传统的信息资源交换主要有：专门开发数据交换接口、总线和适配器技术、数据仓库技术、基于元计算的信息资源交换等①。由于基于传统技术构建的信息资源交换系统没有统一的信息表示标准，并且可扩展性和可复用性比较欠缺，因而，需要解决如下问题：

屏蔽数据层数据结构和表示方式的异构，实现信息的统一

---

① 牛德雄，武友新．基于统一信息交换模型的信息交换研究［J］．计算机工程与应用，2005（21）：195-197，226.

表示；

信息的语义识别、数据格式应能满足业务的要求；

数据应易于传输，能兼容各种网络系统和通信协议；

建立数据格式、数据内容、网络传输和权限控制等不同层面的安全防护机制。

在信息资源的交换和传输中，协同服务的联合体应建立联合仓储系统，以便将各信息服务系统的特色资源，甚至包括商品化资源和公共网络资源进行组织、集成、链接，以此形成一个异构的资源联合仓储系统，从而实现跨库检索和资源调度协同。根据数据共享的形式，联合体的协同服务方式大致可分为数据联合和数据整合两种方式。

如图 8-10 所示，数据联合协同服务方式实现了处理分布式数据的同步实时集成。数据联合服务器提供了有效链接和处理来自异构信息的解决方案。数据联合服务器负责接收定向到各种来源的集成视图查询。它使用优化算法对其进行转换，从而将查询拆分为一系列操作，然后将其集成，最后将集成结果返回到原始查询，从而以同步方式实时完成服务协同。

数据整合在于，将空间与时间上有关联的信息资源集成为具有多维立体网状结构的整体。对于不同结构、不同加工级别、不同物理存储位置的信息资源，在重复与冗余剔出后，通过关联知识的网络化，使相关资源构成一个统一的有机整体，以发挥信息服务机构拥有资源的整体功能与效益。

如图 8-11 所示，数据整合服务在各系统数据交换和共享的基础上，还要完成数据抽取、转换和装载过程（ETL）。通过抽取和转换，可以对各种异构资源（如关系型数据库、文件数据库等）进行有效整合、重组与集成，从而屏蔽资源的异构性，最大限度地提高现有资源的利用率。数据整合通过整合服务器收集或提取来自不同数据源的数据，然后对源数据进行集成转换，最后将经过转换的数据进行有目标的存储。这个过程可以重复，或者由业务流程重复调用。

联合体协同服务的开展以文献检索和传递服务为主，包括统一

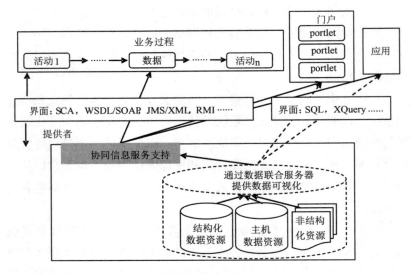

图 8-10 数据联合的协同服务方式

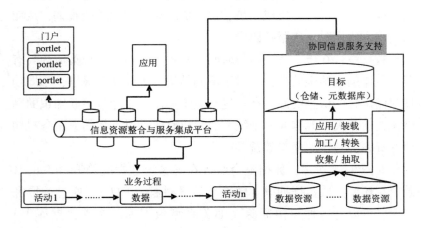

图 8-11 数据整合协同服务

检索、本地知识库建设以及全文传递、代查等其他扩展服务。

统一的标准规范是跨系统的协同服务联合体构建服务调用的基础。协同服务联合体所遵循的标准规范包括：项目建设规范、各级门户建设规范、数据规范、接口和集成规范等。元数据标准规范和应用接口的标准规范是其中的关键。统一的基础信息包括统一文献信息和统一用户信息。统一的基础信息保证服务系统采用标准化的数据收割协议，规范统一的元数据标准支持外部信息服务与数据交换。

8.3.2 基于平台的联盟服务组织

随着知识创新的全球化发展，越来越多的组织不得不处理多个学科相互交叉、多种技术相互融合的问题，在高技术领域尤其如此。然而要求每一研发机构都具备多种必要的创新知识是不现实的，因此寻求信息保障平台上的知识是重要的。由此可见，基于平台的知识联盟是实现协同知识保障的可行方式。

根据知识创新价值链的形成，可以考虑各系统、机构服务的协同组织问题，以便构建面向开放式创新的协同服务平台，更好地服务于知识创新①。基于此，新的环境下跨系统信息服务需要根据知识创新价值链的价值实现过程，围绕基础研究、应用研究、试验发展、产品设计、工业生产直至市场营销提供全程化的链式信息服务。因此，面向创新价值链的平台建设和协同服务的实现就显得十分重要。

面向创新价值链的跨系统协同信息服务的实现在于，将各服务系统的资源和服务进行协同，对业务流程进行重组，以实现服务的协同推进②。服务联盟是以分布、协调合作的方式实现服务的一种新的组织模式。它将处于知识创新价值链中不同系统的信息服务提供者，按面向价值链的服务原则，通过平台结成服务联盟。由于联盟具有内在的关联关系，因而可以开展基于价值链的联合服务。

知识创新价值实现过程涉及多个系统的创新主体，这说明创新本身具有跨越组织机构界限和相互渗透的特点，创新的实现过程也

---

① 胡潜. 创新型国家建设中的公共信息服务发展战略分析 [J]. 中国图书馆学报，2009，35（108）：22-26.

② Panteli, N., Sockalingam, S. Trust and Conflict within Virtual Inter-organizational Alliances：A Framework for Facilitating Knowledge Sharing [J]. Decision Support Systems，2005，39（4）：599-617.

是主体之间核心资源的优化重组过程。相应的信息服务系统在服务于如此复杂的知识创新链的各个环节时，也应采取跨系统联盟的服务模式，这一选择是由知识创新实现过程的动态复杂性和联盟服务机制共同决定的。当前，信息服务的网络化体系已经形成，在知识网络环境下，处于价值链中的服务机构完全可以在网络支持下实现虚拟联合，按虚拟服务融合机制，建立信息服务组织基于服务协同平台的联盟，其联盟成员可以超出现有信息服务网络的范围，实现一定规则下的服务内容与功能拓展。

从知识创造、转移、应用的全过程看，知识创新需要多元化、相互依赖和多向交流的信息服务系统支持，以促进信息在企业、研究机构以及政府等不同创新网络中的流动。这就要求在分布、异构和动态变化的资源和服务环境下，提供跨系统、跨部门、跨学科、跨时空的信息，实现创新资源和创新活动、创新人员的紧密结合，保证创新价值链中工作流、信息流和知识流的通畅，从而促进创新价值链中各环节的耦合和互动。知识创新价值链价值实现过程中，每个环节需要的信息资源分散在不同的服务系统中，科学研究中需要用到的科技文献、科学数据等资源分布在高等学校和科技信息服务部门，而技术开发所用的标准、专利等信息存在于相关部门的系统之中，市场营销需要的客户需求信息往往又需要通过行业信息服务机构或专业的咨询公司获得。为了完成知识创新的价值实现过程，用户需要从不同的信息服务机构获取信息资源。然而，信息资源的分系统、分部门分散服务的现状却增加了用户获取信息的时间成本和经济成本，这就需要信息服务机构面向创新价值链的服务协同。

围绕基础研究、应用研究、试验发展、产品生产直到市场营销，信息服务系统应充分发挥联合服务优势，确保信息资源在创新价值链上的顺畅流动，在充分共享信息资源的同时通过协同服务和创新合作实现信息资源价值的增值。通过协同管理和整合，要求把各个独立的资源系统融合成一个不可分割的整体，从而确保信息资源的整合不受系统、部门的限制，以实现全局性的协同服务优化。在信息服务面向价值链的平台组织中，要求能够跨越组织结构和部门系统的障碍，在技术上提供统一的平台界面，以满足知识创新各环节的资源需求。

知识创新价值链的运作和演化决定了信息服务联盟的变革方向。基于知识创新价值链的信息服务规划、管理、组织与平台化推进，必然要求以创新价值链的价值实现为导向，进行科学的平台服务业务重构，围绕价值实现环节，协同服务平台应根据各环节所需的信息进行服务业务的优化。针对信息服务的系统局限性，知识创新价值链导向下的信息服务协同旨在实现服务的升级和服务功能的集成，为不同创新主体提供一个有利于知识获取、挖掘、共享、利用的信息保障环境①。

跨系统服务联盟的业务流程协同的关键，是将创新活动环节所需的服务业务分解为更小的业务环节，从而对信息服务系统的服务业务进行重新组合。在基于平台的协同中，现有服务系统可以将各自的业务进行分解，将其中更为细小的部分视为一个独立的系统组件，其中每个子服务独立自治，这样就可以围绕更小的业务单元进行服务的跨系统组织，从而达到服务优化的目的。

跨系统服务联盟的全程化服务组织包含两方面的意义：一是围绕知识创新价值实现的过程提供全程服务；二是开展各信息服务系统基于平台的服务协同。根据知识创新价值链的价值实现过程，通过构建服务平台的方式组织跨系统全程化信息服务，可以将信息资源系统、服务业务系统和用户系统融于同一网络空间中，从而按知识创新价值实现过程来组织、集成、嵌入服务，实现各类信息资源之间的链接、交换、互操作、协作和集成。

服务联盟平台能够及时处理和链接所有相关信息到创新价值链上的主体系统中，平台中心是连接各信息服务系统和价值链的核心节点，具有数据存储、数据处理和存入/读取的功能。价值链上所有的创新主体和服务系统通过平台连接，形成了一个共享信息系

---

① Liu，B.，Liu，S. F. Value Chain Coordination with Contracts for Virtual R&D Alliance towards Service ［C］. The 3rd International Conference on Wireless Communications，Networking and Mobile Computing，2007：3367-3370.

统。由此可见，共享系统的协同应是信息服务机构之间以及服务机构与创新主体的全面协同。

8.4 基于平台的跨系统协同操作实现

基于平台的数字资源与服务系统的内在联系不是单向或线性的，而是呈多样的复杂关系，因此需多角度、多层次地揭示这些内在关系，采用链接、集成、嵌入、组合等多种方法实现服务的协同。对于基于信息平台的系统互操作而言，在标准、非标准和混合方法的应用中，形成了平台中系统互操作与服务协同的技术体系。就目前的实际应用而论，可分为三类：一是基于标准协议的协同服务技术，核心是解决系统间数据交换与互操作问题；二是软件技术，主要有中间件和体系结构等，核心是形成协同保障与服务环境；三是语义互操作技术，包括元数据和本体技术。

8.4.1 基于协议的协同操作

基于信息平台的互操作在于向用户提供一致的服务，因此协议是实现互操作的一种最可行的方式之一。在平台信息资源整合与服务中，信息系统互操作的实现需要相关协议的一致性应用，对信息集成与互操作影响较大的协议包括 Z39.50、LDAP、WHOIS++、OAI、OpenURL 等。

Z39.50 是信息检索应用服务定义和协议规范（Information Retrieval Application Service Definition and Protocol Specification）的简称，最初由美国国会图书馆等机构开发。国际标准化组织（ISO）1996 年将其采纳为国际标准。Z39.50 起源于图书馆界，最初是针对图书馆机读目录（MARC）数据库共享而开发的标准。Z39.50 通过对编码方式和内容语义的标准化来实现不同系统间的互操作。Z39.50 是一个模块化的标准，其检索语法、记录格式、字段语义或整个操作都可以增加，因此 Z39.50 协议比较复杂。为了满足不同的 Z39.50 应用程序之间的互操作性，在不同应用领域的实现上，目前已形成基本的大纲（Profile）。

　　WHOIS++协议最初作为目录服务开发，在提供简单的、基于模板的、分布式的和可扩展的信息查询服务的同时，提供为建立分布式数据库索引的通用架构。这一架构可以把许多 WHOIS++服务器连在一起建成一个分布式、可检索的广域目录。在分布索引、互操作、跨平台要求较高的项目中，它起到了十分重要的作用。在欧洲和美国，许多信息门户或主题网关的项目，都采用了利用目录系统支持链接地理上各自分布的元数据集方式，通过分布式整合，形成了一个整体上统一的数据资源库。WHOIS++协议部署简单，可以提供灵活、跨平台数据查询和多语言支持。需要注意的问题是：WHOIS++只提供有限的检索方式，在部署相对简单的服务时，可以采用 WHOIS++协议；WHOIS++协议和CIP 协议结合使用，才能实现查询路由和分布式索引；协议应与一定的安全认证机制相结合。WHOIS++协议和它提供的检索路由机制，目前已在 ROADS 软件平台和 TERENA 的 TF-CHIC 架构中得到了实现。

　　开放文档先导（OAI）最初起源于电子出版（E-print Community）的互操作计划。随着 OAI 的发展，它的应用远远超出了这一范围，原则上对任何数字对象都适用。由于 OAI 协议的简单性、灵活性和平台独立性，在信息资源整合和集成中，越来越多地受到关注，许多数字图书馆项目都提供了 OAI 接口，如"美国的记忆"、我国的 CSDL 项目等。Open Archive 是在数据库（Repository）结构（Architecture）上的开放。Archive 随着 OAI 的发展，已用于各种电子文档管理之中。如同 Z39. 50 在图书馆基于MARC 标准的应用一样，OAI 也规定了统一的元数据标准 Dublin Core。当元数据格式过多时，对各系统的互操作而言，各种格式间的转换和匹配是一个极大的困难，这就需要进行 OAI 技术构架。对此，OAI 制定了相应的元数据采集标准 OAI-PMH（Open Archive Initiative Protocol for Metadata Harvesting）。该协议标准作为元数据采集标准，从数据提供方采集的只是元数据信息，并不包括内容，这说明 OAI 的技术框架在设计之初就是本着简单易用原则进行的。

　　如图 8-12 所示，OAI 定义了两种类型的参与者：数据提供者与服务提供者。数据提供者负责元数据的生成和发布，通过将元数据进行结构化组织使之符合 OAI 协议；服务提供者通过元数据采集机制从数据提供者和其他服务提供者那里采集数据。服务提供者采集到元数据后，通过向用户提供统一的查询界面来实现增值服务，其中最基本的增值服务是对所有元数据根据同一分类体系进行分类。OAI 对数据提供者提供的元数据格式做了一定的规定：要求能提供 Dublin Core 格式的元数据，同时根据服务提供者的要求提供其他格式的元数据。一个数据提供者可以向多个服务提供者提供元数据，一个服务提供者可以从多个数据提供者那里采集元数据。在信息保障平台中，一个系统既可以是数据提供者，也可以是服务提供者，即在为服务提供者提供元数据的同时还从其他服务提供者那里采集元数据以提供增值服务。

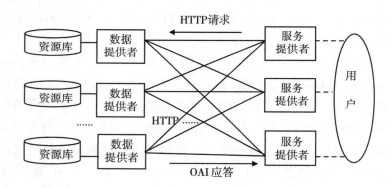

图 8-12　OAI-PMH 技术框架

　　OpenURL 是一种开放链接的框架，OpenURL 的两个核心特征是开放和上下文关联（Open and Context-sensitive）。这是针对目前互联网上单纯的 URL 链接的不足而形成的。OPENRUL 提出了一种开放链接的框架，在该框架中通过建立链接服务器提供链接服务。在服务实现中，公共的 OpenURL 语法允许信息源公开自己的链接接口，实现链接信息源和链接服务器之间的信息传输，从而实现异质数据库之间的互操作。因此，OpenURL 又可以看作异质系统之间互操作的详细规范。如图 8-13 所示，唯一标识符是 OpenURL 语法定义中的一个重要组成部分，通过链接源和链接目的数据库之间传递元数据，在链接的本地化使用上发挥作用①。

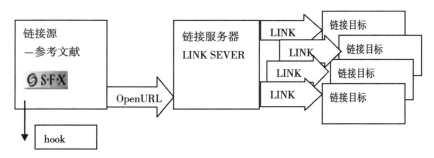

图 8-13　OpenURL 链接方式

信息平台中系统互操作需要相关协议的一致应用。由于每一种协议都有自己的应用范围和功能，因此，信息保障平台建设需要综合考虑和权衡。Z39.50 协议主要应用于图书馆的联机书目检索，因为它体系过于复杂，影响了在信息系统中的广泛应用。然而，信息系统为实现与图书馆资源的兼容，有必要进一步解决利用 Z39.50 协议解决系统互操作问题。WHOIS++、CIP 和 LDAP 协议主要是目录索引访问协议，在分布索引、互操作、跨平台等要求较高的项目中，目录起到十分重要的作用。OAI 协议主要用于元数据的采集和交换，由于 OAI 协议简单灵活，它越来越受到关注。OpenURL 利用链接信息源和链接服务器之间的信息传输来实现信息系统互操作，因而在跨系统平台建设中具有普遍意义。

8.4.2　信息系统软件操作协同

软件互操作技术的核心是通过克服不同软件构件所采用的实现语言、运行环境和基本模式的差异，实现信息系统相互通信和协作，以完成某一特定任务。

---

① 毛军．学科信息门户纵向整合机制［EB/OL］．［2013-10-15］．http：//www.maojun.com/doc/sbig-convergence.doc.

（1）外部协调（Mediator）或中间件（Middleware）操作协同

外部协调或中间件通过网关、封装件、中介系统、全局模式转换等，在各系统的外部提供转换和协调机制，实现信息交换与共享。中间件是处于客户机和服务器之间的一层具有特别功能的系统软件，对执行细节的封装是中间件的功能之一。它把应用程序与系统所依附软件的低层细节和复杂性隔离开来，使应用程序开发只处理某种类型的单个应用程序接口，而其他细节则由中间件来处理。它使最终用户和开发人员无需了解服务端的具体位置和执行细节；它定义了异构环境下对象透明的发送请求和接收响应的基本机制，是构造分布式对象应用，使应用程序在不同层次的异构环境下互操作的基础。外部协调或中间件具有良好的自治性，缺点是一旦增添服务，必须重建相应的包装层。美国斯坦福大学与 IBM 联合开发的 TSIMMIS（The Stanford-IBM Manager of Multiple Information Sources）项目是通过外部中介技术实现互操作的成功案例。

TSIMMIS 系统互操作应用了两类组件：包装器（Wrapper）和外部中介（Mediator）。它在每一信息源之上都有一个包装器，负责封装信息源，将信息源的特定数据对象逻辑转换成一个通用数据模型，继而将通用模型提出的查询转换为本地可以执行的操作。外部中介是信息源中数据的一个视图，本身并没有数据，只负责全局查询处理和优化，用户可以从外部中介进行查询；外部中介从包装器或其他外部中介获取信息，通过集成不同来源的信息，把结果信息提供给用户或其他外部中介。中间件和包装器的定义采用了一种基于逻辑的视图定义语言（Mediator Specification Language，MSL），因此中间件和包装器都可以接受 MSL 的查询。MSL 对中间件和包装器的定义实际上是一组逻辑规则。用户的查询可以用 MSL 表达或者一种半结构化查询语言（LOREL）表达。

（2）基于软件代理的互操作技术

软件代理的起源于人工智能。Agent 是通过模拟人的智能活动，能够自主运行和提供相应服务的程序，其实质是一种具有控制功能的实体[①]。它接收信息，然后根据自己的知识规则和控制逻辑

---

① 申传斌. 基于数字图书馆的互操作机制［J］. 现代图书情报技术，2003（6）：19-22，26.

对信息进行处理，最后把信息发送出去。它的另一个作用是充当中间件处理部件，代表一个具有特定接口的实体，对外提供公共接口，这是解决异构系统互操作的关键。Agent 具有以下功能：可以在没有人或其他 Agent 直接干涉的情况下持续运行；能够感知所处的环境，从而对环境中发生的相关事件做出适时反应；具有合作求解和管理通信的能力；具有利用获得的环境信息调整修改自己行为的能力。在 Web 中 Agent 处于中介地位。它接收信息并对其加工，以对方用户能理解的方式发送出去，同时可以适时调节双方的通信。

（3）分布式对象请求和基于描述的互操作

分布式对象请求在于，通过面向对象的请求接受，将程序数据进行描述和封装在具有函数接口的对象之中，然后按标准请求关系在对象间进行远程程序调用，如公共对象请求代理体系结构（CORBA）等。基于分布式对象计算的 CORBA，是由对象管理组织（OMG）制定的一个规范，用于解决分布式处理环境中软硬件系统之间的互操作的一种解决方案，其目的是使对象和分布式系统技术集成为一个可相互操作的统一结构。由于对象已对内部操作细节作了封装，同时向外界提供了精确的定义，所以客户机能在不知道软件和硬件平台以及网络位置的情况下透明地获取信息。通过 CORBA 可实现多语言、分布式数字信息环境、异构硬件平台、异构操作系统和异构网络条件下的互操作。

利用描述的方法实现信息系统互操作，既不要求修改现有信息系统的体系结构，也不需要各信息系统遵从某种互操作协议，只要求使用开放描述语言描述各自的元数据、访问方法和服务等，然后将这些描述信息登记到一个中心注册服务器中，供系统间调用。这一方式的代表如美国 Old Dominion 大学数字图书馆的基于数据驱动的互操作体系结构①。

---

① 张付志，刘明业，等. 数字图书馆互操作综述 ［J］. 情报学报，2004（4）：191-197.

8.4.3　跨系统平台服务中的语义协同

语义上的异构是跨系统信息平台中各系统服务面临的最大挑战之一，也是难点所在。语义协同问题是要解决一个信息服务系统"读懂"另一个信息服务系统内容的问题，因此属于信息服务系统之间共享内容和进行交流的基本问题。实现信息系统的语义协同主要通过两个途径：元数据和共享本体。

（1）基于数据的语义组织

元数据（Metadata）是关于数据的数据，是对数据进行组织和处理的基础，是互联网上组织信息与资源发现的重要工具。元数据功能包括对资源的描述、管理和定位，以及对资源的评估。对终端用户而言，元数据意味着全面描述和识别每一个信息内容片段，从而能够高效发现、选择、查找、组合和重利用信息资源，将信息资源定位到合适的使用场景。

元数据描述对象可以是任意层次的数据对象，包括传统的内容对象（图书、期刊等），以及内容对象组合（例如由若干文本、图像和音像）、内容对象资源集合（图书馆网站等）、资源集合组织对象（分类表、叙词表、语义网络等）、信息系统管理对象（使用控制、知识产权管理、长期保存等）和信息系统本身。对于信息平台资源集合的不同抽象内容或者关注的不同方面，有着不同的元数据描述规范。在不同元数据格式描述的信息资源体系之间进行检索和利用时，就存在元数据的互操作问题。

元数据的互操作是指多个不同元数据格式的释读、转换和由多个元数据格式描述的数字化信息资源体系之间的透明索取。针对元数据的互操作有多种解决方案，其中包括元数据映射转换、开放描述、注册登记等。

①元数据映射或转换。元数据的映射或转换是元数据开放共享、联合运作的必要条件，以映射转换后的共享元数据集合作为元数据集中整合的数据基础，从而实现跨系统的集中检索。元数据映射（Metadata Mapping）或转换（Metadata Cross Walking），是指元数据格式间的元素直接关联或转换，其实质是为一种元数据格式的

元素和修饰词在另一种元数据格式中找到功能或含义相同的元素和修饰词。元数据映射或转换从语义角度提供元数据的互操作，以实现跨资源库的统一检索。目前已有大量的映射程序存在，供若干流行元数据格式之间进行相互转换，例如 DC 与 USMARC、DC 与 EDA、DC 与 GILS、GILS 与 USMARC 等的转换。

元数据映射或转换的基本技术主要有两种，第一种是一对一的映射或转换，例如 DC 与 USMARC 的映射或转换。这种技术的优点在于其能较好地保证映射关系对应的准确，不足之处是在元数据格式数量较多时，转换模板的数量也呈指数增长，所以这种技术一般较适用于使用面较窄的领域。第二种是通过中介格式进行转换，即选择一种格式作为映射中心，其他格式都向这一格式映射，这样便可以降低转换复杂性；参与映射的格式越多，这种技术的优势就越明显，然而其效率要受中介格式精细程度的影响，即被转换格式中的许多特殊元素可能难以体现在中介格式中。图 8-14 说明了元数据映射或转换的框架①。

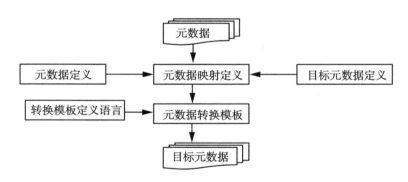

图 8-14　元数据映射转换框架

开发一种能够满足各方面需要的统一标准元数据格式是解决元数据互操作的有效途径，但在信息资源和应用之间存在复杂差异的

---

① 张晓林．元数据研究与应用 [M]．北京：北京图书馆出版社，2002：243.

现实环境中其技术实现具有难度。针对这一问题，建立基于 DC 扩展的元数据格式是必要的。DC 的发展，可以建立与多种元数据格式间的映射关系，例如 DC 与 MARC、MPEG-7、INDECS、LOM 建立的映射关系。而且，由于映射的通用性，可以作为各种元数据格式间互操作的媒介，例如 OAI 就采用了 DC 作为各种元数据格式互相映射的媒介来实现互操作。以 DC 作为基本元数据格式，扩展建立应用格式已成为一种有效保证元数据互操作的方式。基于此，美国 NSDL、加拿大 CCOP、美国 DLESE、英国 e-GMF、澳大利亚 AGLS、欧盟 MIReG 等许多数字图书馆项目都通过 DC 扩展，建立了自己的专门格式。

②元数据开放描述。解决元数据互操作性的另一技术路径是建立一个标准的资源描述框架（Resource Description Framework，RDF），用以描述元数据格式，只要系统能够解析这个标准描述框架，就能解读相应的 Metadata 格式。实际上，XML 和 RDF 从不同角度起着类似的作用。

可扩展标记语言（eXtensible Markup Language，XML）是由 W3C 发布的一种标准。它是 SGML 的一个简化集，将 SGML 丰富功能和 HTML 的易用性结合到应用中，以一种开放的自我描述方式定义数据结构，在描述数据内容的同时突出对结构的描述，从而体现数据之间的关系。XML 既是一种语义、结构化标记语言，又是一种元标记语言。XML 包括 3 个元素：文档定义（DTD）\ 模式（Schema）；可扩展样式语言（XSL）；可扩展链接语言（Xlink）。DTD 规定了 XML 文件的逻辑结构，定义了 XML 文件中的元素、元素属性以及元素与元素属性的关系；XSL 定义了 XML 的表现方式，使数据内容与数据的表现方式独立；Xlink 进一步扩展了目前 WEB 上已有的简单链接。XML 通过其标准的 DTD/Schema 定义方式，允许所有能够解读 XML 语句的系统辨识 XML-DTD/Schema 定义的 Metadata 格式，从而解决不同格式的释读问题。

资源描述框架（RDF）是表达含义、用于支持语义网的语言。它是为互联网开发的一个支持 XML 资源描述的框架或元数据，提供一个支持 XML 数据交换的三元结构。RDF 使用 XML 作为句法，因而在任何基于 XML 的系统平台上都可被方便地解析，这就构造了一个统一的人\机可读的元数据标记和交换机制，从而从句法和结构角度提供了元数据的互操作方法。实际上，RDF 本身并不直接定义具体元数据，而是通过资源、属性、值的三元组提供元数据的基本使用模式，继而通过 XML Namespace 机制引用已有元数据格式中的元素定义，从而直接使用合适的元素作为属性名来描述相应资源。

在基于信息平台的跨系统信息服务中，需要将信息资源对象集合为一个整体进行描述。其中，对信息资源集合进行描述的元数据方案，就是资源集合元数据方案。相对于对单个数字对象的元数据描述，基于信息资源集合的元数据描述方案对跨系统的协同服务更有意义。基于资源集合描述所提供的整体信息描述，为协同服务提供了一个基于语义的自动导航（语义路由）工具，这样更有助于解决多个不同资源库的跨库检索或异构系统的互操作问题。目前国际上已有比较成熟的资源和服务描述规范，比较有影响的资源描述规范如 DC Collection、RSLP Collection Description、IESR 等。

③元数据注册登记。元数据注册登记（MR）通过建立一个公开网站，提供各种元数据格式的权威定义和用法。在网站中，其他用户可以申请注册新的元数据格式，增加或修改元素的定义，注册新的规范词表、编码方案等，在元数据格式规范处理的基础上形成元数据格式、元素、修饰词的检索机制。注册登记的每一种元数据格式、规范词表和编码方案都可以称为一个命名空间（Namespace）。各实施单位可以使用注册表（Registry）登记的一个或多个命名空间（Namespace），也可以根据本地需要增减、组合元素和修饰词，同时调整元素的定义和用法。这样不仅避免了开发元数据的重复劳动，而且便于元数据的互操作。因此，注册表（Registry）是元数据共建共享的一种重要机制。已经建立开放登记机制的如英国 JISC 支持的 DESIRE MR、Schemas Registry、ROADS MR 等。

元数据注册登记系统类似开发一个元数据记录的共享集，各个用户都可以向其添加记录，共同建设元数据集。无论采用何种途径和方法实现元数据互操作，都必须联合各方制定一个互操作战略，共同创建通用的元数据记录集合或元数据模板。只有采用合作方式开发的元数据集，才能最大限度地管理网络上的资源，实现信息系统间的互操作。

利用元数据的开放描述和注册登记方法实现信息平台中的系统协同服务，既不要求修改现有信息系统的体系结构，也不要求各信息系统遵从某种互操作协议，只要求使用开放描述语言描述各自的资源元数据、访问方法和服务，最后将这些描述信息登记到一个中心注册服务器中，就可以实现相互操作①。

科技信息资源与服务集成平台是基于信息服务系统的开放描述和注册登记实现跨系统的资源共享和协同服务的典型应用。集成揭示系统平台的建设可以以国家科技图书文献中心（NSTL）、国家图书馆、中国高等教育文献保障系统（CALLS）和国家科学数字图书馆（CSDL）系统现有的资源与服务为基础，通过部署跨系统、跨地域的访问接口，建立开放元数据的登记注册系统和分布式检索系统，完成资源的提供、发布和获取，实现信息的集成揭示和组织。集成揭示与组织系统按照分布式模式进行建设，由多个独立的子系统结合，共同实现资源从提供到发布，直到获取的完整流程。平台中的每个系统按照通用规范提供访问接口，使得系统之间能够跨平台地进行交互，同时能够为其他任何符合规范的外部系统提供服务。

开放式资源和服务登记系统（Open Framework of Services Registry，OFSR）是平台中不可缺少的部分（见图 8-15）。平台通过制定开放式资源和服务描述规范，在建立分类系统的基础上，开发基于 UDDI 的登记注册系统②。

---

①　张付志，刘明业，等．数字图书馆互操作综述［J］．情报学报，2004（4）：191-197.

②　孙坦．基于开源软件构建数字图书馆开放式资源与服务登记系统［EB/OL］．［2013-02-10］．http://oss2006.las.ac.cn/infoglueDeliverWorking/digitalAssets/131_6.pdf.

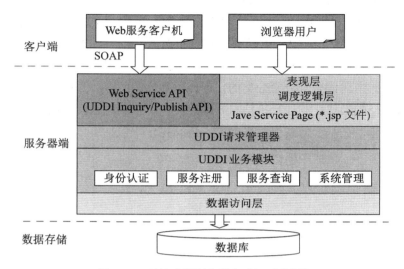

图 8-15　开放式资源和服务登记系统框架

（2）基于知识本体的服务协同

基于本体的信息平台服务协同，在于如何理解所获取的信息和解决不同部门、不同个人之间对信息理解的差异问题。解决的手段是通过在不同部门、不同个人之间建立共识的本体，使部门与部门和个人与个人之间的异构信息达到一定程度的共识。由于元数据方案只能提供资源的平面描述，不能提供它与所指代的对象之间的联系，更不能表达资源与资源以及相关事件之间的复杂关系，因此需要在元数据之上再建立某些机制，而知识本体的本质正是实现领域知识的共识和重用。因此，标准化和形式化的知识本体能够为信息系统之间的语义互操作提供很好的工具。

知识本体（Ontology）是共享概念模型明确的形式化规范说明。如果把每一个知识领域抽象成一套概念体系，再具体化为一个词来表示，包括每一个词的明确定义，词与词之间的代、属、分、参关系，以及一些公理性知识的陈述，便能够在知识领域专家之间达成某种共识，即能共享这套词表和词表规划。由此出发所构成的概念模型即为该知识领域的一个"知识本体"；为了便于计算机理解和处理，需要用一定的编码语言（例如 RDF/OWL）表达这一体系（词表、词表关系、关系约束、公理、推理规则等）。由此可见，知识本体已成为一种提取、理解和处理领域知识的工具，可以应用于具体的学科和专业领域。实际上图书馆很早就开始了类似的工作，主题词表、分面分类的发展即是初始的萌芽，目前已能够通过严格的形式化和计算机信息处理能力，实现信息系统之间的语义互操作。在基于信息保障平台的本体互操作中包括本体的表示、转换与集成、本体的应用等。

9 面向用户的协同服务融合与拓展

跨系统信息保障平台建设不仅在于进行信息资源的跨系统共享和服务的协同组织，以实现面向用户的跨系统信息组织与保障，而且在于基于平台的服务内容深化与业务发展。因此，应在基于平台的信息资源整合与服务共享基础上，进行整体化的服务业务推进。在知识创新需求导向下，面向用户的虚拟学习与咨询服务，跨系统个性化定制服务，知识链接、嵌入、融汇服务，以及云计算环境下的平台服务等，是值得重点关注的。

9.1 跨系统协同信息服务与用户互动的实现

随着信息服务的发展，用户的个性化需求、多样化需求日益凸显面向跨系统知识创新的协同信息服务不仅需要服务机构和系统的跨系统协同，而且需要在跨系统融合服务中实现与用户的互动。从服务实现上看，用户互动是服务实施与业务推进中的基本前提。

9.1.1 跨系统协同信息服务的用户导向

跨系统协同服务应以用户的跨系统信息需求为导向，这种导向不仅是用户信息需求表达层面上的导向，而且是信息资源集成利用和知识研究实施环节中的实际需求导向，这就需要从用户体验和系统融合角度分析用户需求，按知识创新环节进行整体化信息服务组织。"用户导向"要求在信息资源整合与服务集成管理中，体现用户需求的核心作用，其基本作用的发挥在于：

①在面向用户的跨系统信息资源组织与服务推进中，实现信息共享基础上的面向用户的多角度信息组织，即组织资源提供服务时，重视用户因素，通过定制描述，明确需求与服务构架，以此为基础构建信息资源整合与集成服务模型，在原型化实现中进行信息资源的整合。

②跨系统协同环境下的信息共享与资源建设，信息资源覆盖面的完整性和来源的充分性是毋庸置疑的，然而完整、充分的信息资源却导致了信息的冗余，用户面对海量信息将无所适从，这就需要从用户信息利用环节出发进行信息资源整合基础上的有序化，提高信息的可获取性和针对性。

③知识创新信息需求强调服务与创新活动的融合，对于用户而言，其信息获取和利用应畅通无阻，以方便使用，这也是知识信息资源集成管理与服务追求的目标之一，在跨系统协同信息服务中，理应坚持易用性原则，提供便捷的信息获取、增值利用途径。

④跨系统协同服务并不是异构系统之间简单的界面整合，也不是跨系统信息集中向用户的推送，而是基于异构和多元系统的信息集中和重组，这意味着跨系统协同服务是对价值链中各系统资源和服务的有机整合，所整合的大系统面对分布式用户信息需求和不同层次的多元化信息服务要求。

⑤跨系统信息集成和协同服务的开展建立在通用标准基础上，然而系统之间的技术结构差异和服务水准差异是客观存在的，任何企图统一各系统的标准是难以实现的，这就需要实现基于不同标准的信息管理与服务衔接，在强调标准化管理的同时允许一定范围内的差异，即实现动态标准管理。

⑥跨系统协同信息服务所面临的安全问题涉及面广，不仅包括通用网络安全、资源组织安全、计算服务安全，而且包括不同用户利用信息和服务中因外界影响所引发的安全问题，同时用户不恰当的行为方式有可能为计算机病毒传播和黑客攻击提供机会，这就需要从资源组织、服务、用户角度进行综合管理。

⑦跨系统信息协同服务随着信息网络、信息技术的发展而发展，同时用户协同创新过程中的组织模式正处于不断演化之中，这就导致用户组织形式的变革和新的服务引发，因此在协同服务中应融合最新的技术，将信息资源服务、信息处理服务和知识挖掘服务相结合，推进服务业务创新。

9.1.2 基于用户交互的服务体系建设

网络交互环境下的信息利用，提出了基于交互服务的体系建设问题。用户作为信息服务的对象始终处于中心位置，作为资源组织与服务环境构成要素，其作用不容忽视。在交互式服务体系构建中，应围绕用户交互与体验进行，而这种交互又展示在用户认知和互动利用行为之中。

跨系统信息服务协同技术随着网络的发展而发展，目前集中面对的是 Web 2.0 环境和更新一代的技术环境。Web 2.0 环境中，可以通过 Web 2.0 的各种应用来分析用户认知行为。Web 2.0 的应用，体现了影响因素法则和环境效力法则的关联作用，其中任何变化都可能引发用户认知变化。按影响因素法则，用户的个性差异决定了不同的认知状态和信息需求状态，形成了个性化交互机制。环境效力是指事物本身的引动力，其演变不仅取决于事物本身，而且取决于环境。这说明，用户的交互行为受其自身和环境的影响，体现出一定环境下的个性行为。因此，在面向用户的服务中，应进行用户认知交互和环境交互体系的构建。

网络的发展带来了更为有效的跨系统沟通方式，为用户增加了很多可选择的空间。用户不仅可以在网络上发布信息并与其他用户讨论专业问题，还可以通过即时通信工具进行交流。基于网络的新型沟通渠道，使得信息的上传下达更为准确、及时，它不仅提高了用户之间面对面交流的机会，而且使得不同地点的用户可以成功地创设各种交流模式。这种交流极大地改变着用户的思维方式和行为模式，为用户创造了一种新的学习方式。

网络环境中的信息沟通以平等为基础，用户可以开放、自由地参与信息交互。一方面，用户所提供的信息可以得到其他用户的回应，可以通过网络沟通和互动展现自己和分享知识；另一方面，在参与信息交流与分享中，用户可以从其他用户那里获取更多的有用知识。正是这种平等沟通调动了用户的积极性，激发和唤起了用户的潜在需求。

在推进交互式服务沟通时，也应该肯定传统沟通渠道的有效性。目前，传统沟通渠道仍然是信息服务机构获取用户信息需求的重要渠道，针对不同情况在服务中可以采取不同的沟通方式，这是沟通的关键所在。只有将创新的沟通渠道和传统的沟通渠道有效地结合起来，才能发挥各自的优势，才能充分发挥沟通在互动中的作用。因此，沟通机制确立的意义在于建立一种长效机制，在沟通中挖掘用户的潜在需求。

网络时代沟通模式的变革对信息服务的作用巨大，因此，构建一个信息沟通互动平台，可以从技术上完善信息沟通机制和展示潜在需求。信息沟通平台应该具有信息需求发布功能和交互作用功能。用户进入这个平台可以了解最新服务信息，可以通过网络与其他用户沟通交流或者直接和服务人员同步互动，使用户不仅能获取所需求的信息，同时实现与服务机构或服务人员快捷交互，实现深层的知识分享与互动。

网络环境中的信息服务机构能否有效地应用反馈，不仅取决于控制系统能否及时准确地接收和处理用户需求信息，而且取决于是否建立高效的信息反馈服务机制。从表层上看，为用户提供了直接的需求服务，并不意味着该服务已经结束，类似于商品售后的"售后服务"，用户仍需与服务者沟通，以反馈信息服务的利用绩效和问题。在知识信息服务中，服务后服务主要体现在服务的用户评价和用户跟踪两个方面。对于交互式信息服务中的数字参考咨询服务，只有与用户加强各种形式的反馈，才能根据用户的需要变化改善服务。

跨系统服务中的用户沟通是交互服务的又一重要问题。跟踪在于借助网络手段的支持，从服务过程记录中，挖掘用户的相关信息，建立完整的用户档案，并在此基础上分析用户及需求变化，预测需求方向，以便向其推荐可能需要的最新信息，提供更为个性化的不断拓展和深化的增值服务。

跨系统信息服务中的信任包括对用户信息服务机构的信任、对服务系统环境的信任和对其用户的信任。跨系统服务中的制度信任即指对整个互联网环境的信任，包括两种情况：如果用户怀疑互联网技术，担心自己的隐私不能得到保护以及自身需求得不到满足，他们就不会借助于网络进行信息获取和交互利用；如果个人早先的网络信息服务经历不是很安全，他们便不会再选择网络信息服务方式。人际信任则是用户对信息服务机构可信度的一个评价。信息服务本身就是一个人际交互的过程，不同于普通的人际交往，用户在信息服务过程中处于劣势地位，只有充分了解信息机构的服务内容、服务水平以及竞争力等信息，才能做出能否信任信息服务机构的判断。随着服务的发展，个人信任愈来愈倾向于信任信息服务。通过理论和实证探索，可以归纳出制度—人际—个人三维信任模型，如图 9-1 所示。

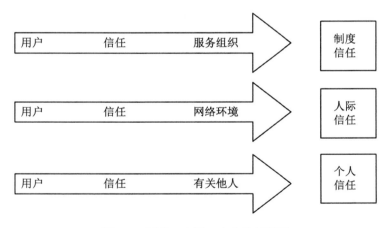

图 9-1 制度—人际—个人信任模型

图 9-1 显示了用户对服务组织、网络环境和有关他人的信任关系①。从理论上看，它是一种多维信任关系。用户影响包括用户自

---

① Tan，F. B. ，Sutherland，P. Online Consumer Trust：A Multi-Dimensional Model[J]. Journal of Electronic Commerce in Organizations，2004，2(3)：40-58.

身的影响以及用户和外界交互所形成的信任影响，互联网环境涉及网络信息服务环境，包括内容、技术和制度保障对用户信度的影响。这三个方面的因素相互影响，共同作用于用户跨系统的信息服务选择。

9.1.3　用户体验设计与基于用户体验的服务实现

用户体验发生在一定的环境中，而且是各种环境的内在作用和外在作用下的用户反应。在跨系统协同信息服务中，用户体验反映了个性化需求的特征表达，按不同的体验构建，以下两种模型应用具有普遍性。

（1）三维的用户体验设计

在用户体验模型设计中，往往限于个性化信息服务中的用户需求提炼和形式表达，目前则更侧重于内容和方式。用户体验设计首先寻求设计和描述用户寻求信息的过程，然后，再描述最为有效的表达这些行为的方式，如图 9-2 所示。

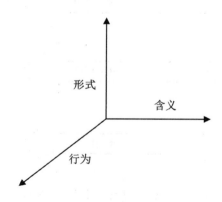

图 9-2　用户体验设计的三维模型

图 9-2 显示了用户体验设计的三个维度。其形式和含义体现在用户行为之中，因而必须将三者融为一体。模式设计关注的是操作，讲求的是效用。在模式设计中，最为重要的是明确用户需求，只有了解用户真正的需要才能设计出真正符合用户需要的系统，并

提供相应的服务。如何去理解用户最终的真正需求，甚至包括一些用户自己都没有明确和意识到的需求，是行为水平设计的第一步，而要做到这一点，必须真正理解用户的服务使用流程和使用感受，只有充分掌握用户的体验以及体验与服务表达的关系，才能实现面向用户的信息推送。跨网服务融合中，Web 2.0 的形成使得网站不仅关注网页，而且关注内容和用户操作。这就提出了多维体验的问题，要求在各个环节上都能方便用户操作。如何更快捷地为用户提供价值服务，是一个重要的问题。反思水平的设计所关注的则是形象和内容，强调给用户带来的情感、意识、理解和经历体验。一个成功的协同站点和服务，不但要给用户本能层次的冲击，还要让用户有归属感和服务的利用价值感。

（2）用户体验设计构架

跨系统协同信息服务的用户体验设计，应从各系统资源环境和用户环境出发，因而综合模型的采用是重要的。在高科技社会中，人们往往会去追求一种高科技与高情感的平衡。技术越进步，这种平衡愿望就越强烈。交互式信息服务中用户体验设计的本质是，满足用户的信息需求，改变用户的信息环境，提高信息服务质量，因此是以用户为根本任务目标的设计。基于以上目标，可以构建用户体验设计的综合模型，如图 9-3 所示。

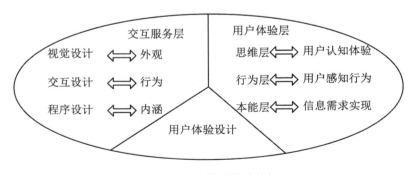

图 9-3　用户体验设计构架

用户体验综合设计环节如下：

服务层。根据交互设计的定义，可以把交互服务分为三个层次：外观（Appearance）、行为（Behavior）和内涵（Idea/Connotation），最外层的是外观，接着是行为，最后是内涵。应该说，任何交互服务都包含这三个层次，但根据信息需求的不同，各种交互服务在这三个层次上又有所侧重。

体验层。体验层设计也可以分为本能（Visceral）、行为（Behavioral）和反思（Reflective）设计，这三个方面具有递进关系。用户交互体验首先是感官体验，其次是行为体验，最后是对服务过程的认知。这里所隐含的意思是，如果交互界面第一感觉看上去不能满足用户的期望，很可能他就不再打算去使用这种服务，更不会去尝试交互服务的使用。因此，交互界面设计对交互体验起着重要作用。

对应于体验的三个层次，可以把交互服务的用户分为浏览者（Visitor）、参与者（Player）和探索者（Explorer）。交互式服务同时具有三个层面的用户，这种划分一方面可以反映用户的使用水平，另一方面可以从这三个层面用户的群交互反映服务对用户的吸引。对交互服务的同一用户来说，随着体验的递进，服务界面对用户的效用是递减的，服务内涵对用户的效用是递增的。因此对有内涵的服务，用户将从初次用户演变为经常用户，然后成为新服务利用的探索者。

对应于交互式服务的三个层次，可以将交互式服务的设计分为三种类型，即视觉设计（Visual Designer）、交互设计（Interaction Designer）和程序设计（Program Designer）。如果按工作内容排序，这三方面设计要由浅入深地进行。视觉设计师负责的是服务界面的设计，即服务界面看起来如何，要传达给用户何种感受；交互设计师负责的是交互行为的设计和创意，即用户如何与系统交互，以及系统如何响应用户的操作；程序设计师负责的是服务功能的实现和创意，即交互服务的运行机制是怎样的，如何使服务运行更有效率。

（3）基于用户体验的服务实现

成功的用户体验设计一般按流程进行，跨系统协同信息服务用户体验涉及的流程包括信息跨系统构建、用户界面体验设计、协同服务信息需求与功能体验设计等。流程设计模型所强调的是，体验设计的有序化，一般包括需求发现、体验构建和反馈控制，如表9-1所示。

表 9-1　　　　　　　　　　　**用户体验的设计流程**

需求发现	体验构建	反馈控制
背景分析	概念与原型	设计说明
用户采访	站点地图	过程反馈
用户角色及情节设定	互动模型	绩效控制
需求分析	要点提炼	认知反应
需求挖掘	用户界面的可视化设计	体验交互
需求体现	可用性测试	操作互动

如表9-1所示，需求发现是最基本的，包括背景分析、用户采访、用户角色及情节设定、需求分析、需求挖掘、需求体现；体验构建包括概念与原型、站点地图、互动模型、要点提炼、用户界面的可视化设计、可用性测试；反馈控制包括设计说明、过程反馈、绩效控制、认知反应、体验交互、操作互动。

从整体而言，跨系统知识信息服务重视资源共享和潜在的用户利益。服务目的是增强用户实力，实现规模效应，获得最佳效益。为了实现整体效益，应推进服务合作。

知识信息服务系统之间相互合作的方式和协同内容是多种多样的，可以从多角度或多层次实现跨系统协同信息服务[①]。因此，可以根据协同目的，进行服务模式的选择。一般来说，跨系统信息需求导向的协同信息服务业务可以从跨系统联合体组织角度和基于联合体的个性化服务角度进行。

---

① 陈朋．基于机构合作的信息集成服务——传统文献信息服务走出困境的突破口［J］．情报理论与实践，2004（2）：166-169.

9.2 基于平台的虚拟学习与协同参考咨询服务组织

学习型组织建设是国家创新发展的需要，从知识创新实现上看，知识创新与学习是密不可分的。创新中的学习过程体现在自主创新的知识发现、获取、交流和利用上。基于跨系统平台的信息服务应在一体化虚拟学习、虚拟参考咨询的实现和知识发现与挖掘上得到发展。

9.2.1 一体化虚拟学习协同服务

一体化虚拟学习协同服务架构如图 9-4 所示，其最大的特点是从用户的角度，将学习和研究与信息服务系统有机结合，把各项数字化资源和服务嵌入到用户具体的学习过程之中，从而实现学习资源和学习活动的连接。

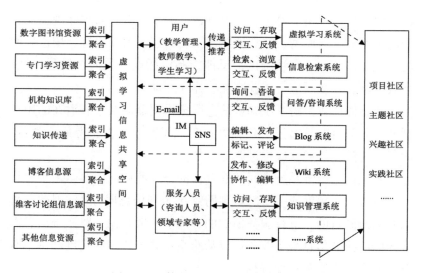

图 9-4 一体化虚拟学习协同服务架构

一体化虚拟学习协同服务包含三个方面的构成要素，即资源、虚拟服务团队和互动网络。构建一体化虚拟学习协同服务的前提是有效整合多种信息资源和学习资源，包括平台中的数字资源、学习知识库、在线学习内容等，这些资源是建构知识框架和学习情境的基础，这是自主学习和协作的条件①。从资源角度上看，信息平台在传统环境中承担着资源组织的角色，在虚拟学习环境下则是一体化学习系统的有机组成部分，需要解决的问题是资源组织方式以及与虚拟学习环境的融合。从资源的组织方式上看，在用户任务驱动的基础上，以满足用户学习需求为目标组织资源服务，同时利用中间件技术和资源链接技术形成与学习活动相耦合的资源体系。

跨系统信息保障平台中的学习资源与服务通过整合，形成一个虚拟的资源综合利用和协同保障平台，可以支持学习资源的利用和学习活动的进行。

在一体化虚拟学习协同服务平台运行中，可以通过服务团队对学习活动提供在线虚拟支持，如曼尼托巴大学（University of Manitoba）图书馆在虚拟学习共享空间环境下通过实时的在线互动平台（Live Chat），从不同方面为用户提供在线帮助，从而实现信息服务与学习支持的融合②。这一成功模式在平台服务中应该具有普遍性。

一体化虚拟学习协同服务支持学习资源的组织、发布和管理，支持嵌入学习系统。平台由此为用户提供了一个灵活、不受时空限制的在线学习环境，为研究人员和管理人员提供了一个高效获取知识和交流知识的空间。

①学习资源的集成与元数据仓储建立。一体化的虚拟资源协同服务中的内容资源来源于构成信息平台的系统，也可能来源于系统外的第三方机构（包括其他研究机构系统）。因此，应从用户的学习信息需要、行为和综合信息环境出发，进行学习资源的汇聚和面

　　①　任树怀，盛兴军. 大学图书馆学习共享空间：协同与交互式学习环境的构建［J］. 大学图书馆学报，2008（5）：25-29.

　　②　University of Manitoba Library ［EB/OL］.［2013-10-30］. http：// www. umanitoba. ca/virtual learning commons/pape/1514.

向用户的配置，以建立特色化、个性化的学习资源支持系统。

与此同时，新的技术应用使得资源载体形态和内容不断演化，在对传统信息资源、机构知识库资源链接的基础上，需要加强面向用户的资源收集、过滤和整合，如开放获取各种知识资源、博客资源、灰色资源等。一体化虚拟学习协同服务需要对不同种类、不同来源、不同载体形态、不同数据结构的资源进行集成，通过统一的界面向用户提供异构资源的获取和利用服务，以屏蔽用户访问资源的限制。在这一问题的解决过程中，元数据仓储建立是其中的关键。元数据仓库的建立需要一个合理的规划，平台中的各协同系统在元数据建设中应承担相应的责任。

②技术应用的互联。虚拟学习环境维护在学习协同服务中是重要的，任何一个学习系统都不可能游离于虚拟学习环境之外，因而应该与虚拟学习环境融合，以利用现有的资源条件更好地为在线学习服务。

一体化虚拟学习协同服务建立在系统互联的基础上，目前有多种技术解决方案。美国 Sakaibrary 项目利用 ExLibris Metalib/ SFX、Metasearch 跨库检索和全文链接技术进行数字图书馆和课程管理系统的资源整合，以此形成基于学习服务的跨系统信息平台。英国联合信息系统委员会（Joint Information System Committee，JISC）的一体化虚拟学习平台中，其服务通过资源目录系统（Resource List System）、开放链接标准（OpenURL）、电子资源 Java 获取技术（Java Access for Electronic Resource，JAFER）、可共享的内容对象参考模型（Shareable Content Object Reference Model，SCORM）等中间件来实现系统连接。在在线指导学习环境项目（Authenticated Networked Guided Environment for Learning，ANGEL）的推进中，开发了一种将数字资源整合到虚拟学习环境中的中介资源管理工具，以在一体化的虚拟学习服务中将各类资源加以选择、整理和揭示。图 9-5 展示了 DEVIL 项目的虚拟学习系统互联技术平台框架。

③学术交流平台建设。e-Learning 的学习方式正倾向于加强用户之间以及用户与服务人员之间的互动。因此，建立知识交流体系、搭建信息共享空间和知识交流的平台是一体化虚拟学习协同服

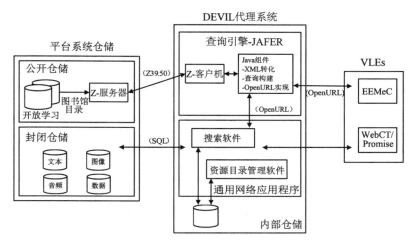

图 9-5　DEVIL 项目技术框架

务的重要内容。在交流平台建设中，应连接和支持多种形式的相互交流，包括 BBS、Wiki、Blog、即时通信（Instant Messaging，IM）、社会网络服务（Social Networking Services，SNS）等多种社会性软件的应用，以便沟通和交换学习经验、共享知识信息和资源；同时支持用户发布信息、组织网络研讨、组建虚拟社区、进行群体交流，包括开放会议平台、开放论坛平台、联机讨论组、即时消息系统、协同学习和研究等。

　　一体化虚拟学习协同服务实质上是支持用户在同一学习平台上获取信息资源、提高信息素养以及顺利进行学习交流。在一个集成学习环境和平台中，用户可以享受"一站式"服务，可以在专业人员的帮助下，分析和处理信息、存储和转化信息，实现知识获取和创新学习目标。可以说，一体化虚拟学习协同服务体现了传统信息服务模式向知识学习服务的转变。

　　一体化虚拟学习协同服务从基于资源的知识提供服务转变到学习驱动（Learning-oriented）服务。基于资源整合的教学环境，按学习活动的流程，平台提供全程的一站式学习服务，其功能主要包括：

基于学习内容协同管理的定制与推送服务。平台通过集成应用多种技术实现对各类型资源的收集、整合、集成、存储和提供的无缝链接，可以根据用户学习和研究过程中的信息需求和知识需求，提供个性化信息资源导航和知识推送服务。一体化虚拟学习协同服务包括以下几点：

①直接知识提供。通过直接上传资料或进行知识导航，对不同数据库中相同学科专业以及相关专业的数字资源进行抽取、整理，建立学科学习数据库，最终按用户的学习需求，从整合的学科信息资源中挖掘知识，进行面向用户的定向推送。

②间接知识提供。利用数据挖掘技术和知识链接技术对资源进行分解、链接，形成知识元，向用户提供知识元及其链接组织工具，使用户可以按照自己的需求动态生成知识。知识提供服务使用户在整合学习环境中完成知识获取、交流和创新。

③基于学习过程协同的知识交流服务。一方面，一体化虚拟学习协同服务作为一种开放服务模式，为科研人员提供了一种协同交流的环境。其目的在于，通过信息服务促进学习中的交流与互动。基于"感知—理解—应用"的学习过程，平台根据相应的"学习主题"，提供特定内容的检索分析、学习辅助和全程资源保障。另一方面，交流平台帮助用户探讨共同的问题，利用博客、论坛等交流工具，寻找学习研究兴趣相似的交流对象，形成讨论组，展开交流与合作。在虚拟学习环境中，学习活动面向问题和任务形成虚拟目标团队，其广泛性、虚拟性、动态性、临时性使产生的知识比以往更难以保存、传递和再利用。因此，需要通过拓宽交流渠道，帮助用户捕获隐性知识并使之显性化。

④基于学习活动的信息素质培养服务。在一体化虚拟学习环境中，学习活动的有效性极大地依赖于用户的信息素质与信息能力。因此，用户信息素质的培养和强化已成为服务的重要内容。其中，基于学习的信息素质培养包括信息意识、信息能力、信息道德的培养和训练。在信息素养提高中，仅靠信息服务人员的努力是不够的，需要建立基于平台的用户互动和用户与服务人员的合作。这种合作关系可以为信息素养的提高营造一个和谐的环境。

9.2.2　跨系统协同数字参考咨询服务

跨系统协同数字参考咨询服务是资源共享理念与数字参考咨询服务在网络环境下的结合、延伸和发展。基于信息保障平台的协同参考咨询将各系统参考咨询服务连成一体。这种互联不仅使用户可以跨系统地接受服务，而且扩大了咨询范围，使各系统的优势得以充分发挥。

（1）服务架构与实现流程

跨系统的协同数字参考咨询服务是一种充分利用跨系统平台来提供咨询的新型服务方式，基于平台的跨系统协同数字参考咨询架构如图 9-6 所示。

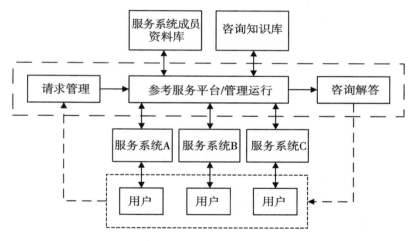

图 9-6　跨系统协同数字参考咨询服务架构

协同数字参考咨询平台包括以下 4 个部分：

①请求管理器。请求管理器是负责用户的提问输入、路由（Routing）和回答的软件系统，作用是分派用户咨询提问和协调成员单位的服务，它通过相应的调度机制将提问和回答有机地联系起来。

②成员资料库。成员资料库用来记录加入平台的成员系统特征

311

资料。成员资料包含服务范围、服务用户的类型、地理区域等，经平台管理中心审核后进行统一管理。这是咨询中分派咨询任务的依据之一。

③知识库。知识库用来存储各信息服务系统接受咨询提问的解答数据。知识库集中了参考咨询所需的推理规则，可供信息用户和咨询员随时检索和调用①。

④管理运行系统。相关的管理运行包括服务运行、服务管理、组织与人员管理、系统管理和业务规范管理等。

美国数字参考服务专家戴维·兰克斯（David Lankes）提出的数字参考服务的5个步骤对于跨系统协同数字参考咨询服务来说具有针对性，其流程如图9-7所示②。

提问接受。用户向某个成员系统发出请求时，成员系统将提问传送到服务平台，请求管理器收到提问后，将问题所涉及的知识与知识库中的咨询知识进行比较，如果二者一致，则自动将答案发送给用户方。如果不一致，则该提问由请求管理器直接受理。

优选安排。在优选安排中，请求管理器直接受理咨询提问，服务平台将对咨询任务进行分配、排序和转发，即将提问与服务系统成员资料进行匹配，最终选择合适的服务成员，安排咨询任务。

问题解答。咨询服务成员单位收到分派的咨询提问后，利用其专业知识和本地资源进行解答，如果在一定时间内，被分配的咨询提问没有被回答，或者提问在分派中出现故障，请求管理器将再次进行分配处理。

服务跟踪。一旦提问被答复，经用户反馈后，该咨询回答结果将存储在知识库中，请求管理器随之结束对提问的跟踪管理，同时提问成员会收到答复通知。

知识入库。最后，平台对答复结果进行编辑加工，增加关键

---

① 曾昭鸿．合作数字参考咨询服务：发展与思考［J］．情报杂志，2003（11）：71-72.

② 陈顺忠．虚拟参考咨询运行模式研究（下）［J］．图书馆杂志，2003（6）：27-29.

词、主题词的元数据标引，同时标记并审校事实性数据，使其进入供浏览和检索的知识库。

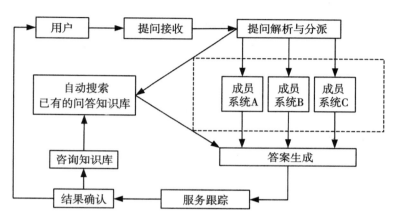

图 9-7 跨系统协同数字参考咨询服务流程

（2）协同参考咨询的实施

在分布式的合作咨询平台中，用户通过统一的界面进行提问，提问依据一定的原则分配为各成员系统进行解答。各成员系统之间通过平台协作，在网络带宽允许的情况下，可以进行咨询的实时交互。这种模式中，平台中心机构（或管理中心）的协同组织作用就显得十分重要，由此提出了优化组织和服务调度的问题。

调度是协同参考咨询服务平台运作的核心环节，直接关系到系统平台的效率和服务质量。其基本要求是在各信息服务系统之间合理地解析和分派咨询任务，当成员系统接收到超出其咨询范围的问题或者虽属于自己咨询范围但咨询超载时，调度中心按照一定规则将问题分配给其他最适合的成员来解答，以保证咨询服务的高质量和更短的响应时间①。

在基于平台的服务中，当用户登录提问后，系统的自动呼叫分配器（Automatic Call Distributor）将提问按照一定的路径传送给合

---

① 徐铭欣，王启燕，等．联合虚拟参考咨询系统的调度机制研究[J]．河南图书馆学刊，2008（2）：49-51.

适的咨询员，如果不能实时解答，用户将被列入队列，这相当于一个网络路由器的作用。其中，程序自动调度在功能模块上一般都包含以下部分①：

①路由转发。大多数的路由转发是将提问转发给下一个能够提供服务的咨询系统，因此能够自动平衡所有系统的服务量。另外，还存在基于经验模式的咨询提问转发优选组合的问题，因此路由智能化是一个必然的发展方向。

②队列管理。数字参考软件必须允许多用户同时访问，允许多位咨询员同时在线提供服务，因此服务软件必须支持多路排队的队列。这在由多个系统组成的平台化数字参考咨询中具有重要意义。

③信息处理。信息处理模块处理用户登录信息，如果用户被排入等候队列，那么系统将估算用户需要等待时间，继而提供交互服务。

④通知转发。这是服务平台允许某个咨询员把提问转发给平台内的其他咨询员，或者通知其他咨询员来接受某个提问的功能。这是一种所谓的"热度转发"（Warm Transfer），即在咨询员接收到转发提问的同时也能接收到关于该提问的文本信息。

上述几个功能模块从技术上解决了数字参考服务中提问转发的问题，不仅实现了提问在系统中的相互转发和咨询员之间的相互沟通，同时也考虑了用户在提问转发过程中的感受和必要的知情权。

咨询调度可分为实时调度和非实时调度。实时调度根据时间及咨询台的当前状态进行调度。在咨询调度中，系统内可以预先设好咨询时段，当用户进入平台需要获得咨询时，系统根据值班表自动转接各咨询系统，问答记录同时发送到本地临时库和平台临时库中。按咨询台状态调度，可以支持多个咨询台同时在线，实现咨询任务的分派优选。两种方式对用户都是透明的，如果这两种情况同时存在，用户可选择以下任何一种咨询方式：排队等候，发送提问表单，检索知识库等。

---

① 詹德优，杨帆. 数字参考服务提问接收与转发分析［J］. 高校图书馆工作，2004（6）：1-8.

非实时调度主要用于提问的自动分配处理。分两种方式处理：若提问者在填写提问时选择了咨询系统，平台将该提问直接发送至被选择的成员系统；若提问者未选择回答系统，平台将直接选择与提问相匹配的系统，然后按分值降序排列出合适的回答系统。在实际操作过程中，需要灵活采用多种调度方式，由系统自动完成咨询作业的调度。

9.3 跨系统个性化协同定制服务

基于信息保障平台的跨系统协同服务聚焦于信息服务系统间的数据转化、传输和整合，其优势是较低的成本和高效的定制服务组织方式。由于知识创新是多组织、多阶段和多项活动的交织，中间必然存在对多个系统的服务需求。由于这些需求是相互关联、难以分割的，所以可以通过跨系统平台，针对不同的服务对象，提供多样化、综合性的服务内容。

9.3.1 协同定制服务的服务架构

跨系统平台的协同定制服务在一个由分布、异构的信息服务系统组成的开放环境中，根据用户需求，发现、解析和调用所需要的资源和服务。按个性化的服务流程和业务逻辑，可以将这些服务灵活组织起来构成新服务。

跨系统协同定制服务的系统架构如图 9-8 所示，包括服务提供、服务注册、服务生成和服务应用等基本环节。服务提供者向服务注册机构进行服务注册，发布服务的接口信息，以描述服务对于外界环境的要求和对外界提供保证。跨系统的协同定制服务正从简单的功能封装向能够自主适应服务调用对象和网络应用环境的方向发展。

跨系统的协同信息定制服务的特点为：

①用户需求驱动的差异化服务。每一个用户都是具有个性特征的个体，其需求各不相同。跨系统的协同定制服务为它们"量身定做"或由用户定制所需的资源和服务，采用服务动态定制和组

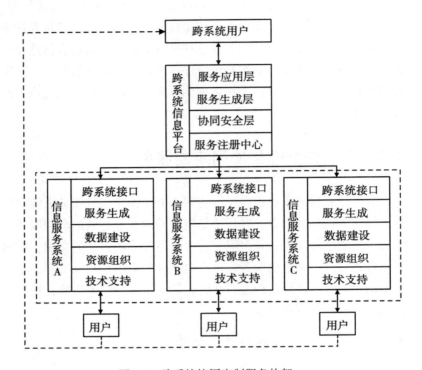

图 9-8 跨系统协同定制服务构架

合技术定制的方式提供有针对性的服务。其中，定制服务的核心是为不同的用户提供不同的服务。

②主动性的动态服务。各服务系统将自己的服务功能包装为 Web 服务进行发布，服务系统之间应用户的需求而结合成一种动态的合作关系。根据用户需求的变化，平台实现对服务过程的调整，进行服务内容和方式的动态更新，达到"用户需要什么，平台提供什么"的目的。

③以服务为中心的协同模式。在协同中，各信息服务系统的功能被封装为基于标准描述和供访问的服务。这些来自不同系统的服务，不需要关心对方的位置和实现技术，只需要以松散耦合的方式交互完成协同。所以只要服务的接口描述不变，服务的使用者和提供者双方就可以自由活动而互不影响。通过组合，服务可以按不同

的方式结合为不同的业务流程。当某个业务流程发生变化时,通过
组装服务的调整可以满足这种变化。

9.3.2 协同定制服务的实现流程

跨系统协同定制服务按照用户特定的业务逻辑,解析用户的服
务需求。服务系统利用流程组合语言描述服务逻辑、基本服务类型
及角色关系与交互机制,形成动态定制的服务组合流程,从而实现
个性化的服务流程和业务逻辑。用户通过客户端或者协同门户提交
请求,请求由一个或几个系统协同提供服务来完成,参与服务的资
源是动态变化的,且对用户透明。

如图 9-9 所示,跨系统协同定制服务实现流程包括:服务功能
分解(Function Decomposition)、服务描述(Service Description)、
服务注册(Service Register)过程。参与协同服务的信息服务系统
将业务元素分解为小粒度的原子系统,通过描述基本信息(包括
服务提供功能、约束条件、输入输出参数等),将其注册为基本服
务。通过服务注册,用户\系统能够找到共享的服务,从而实现协
同。系统将用户需求对应的任务进行分析,将一个复杂的任务分解
为一系列存在相互约束的子任务,以此完成任务分解(Task
Decomposition)。在任务分解的基础上,可根据业务流程调配基本
服务,然后确定服务执行顺序,进行服务流程编排,最后通过流程
化的服务组合实现用户请求到服务资源的映射。

动态服务组合是协同定制服务实现的关键。目前,动态服务组
合有基于流程驱动的方法、即时任务求解的方法等。

动态 Web 服务组合依赖于 Web 服务描述,目前存在的服务描
述可以分为两大类:句法层描述和语义层描述。

WSDL(Web Service Description Language)是一种基于句法层
描述的 Web 服务描述语言。它将 Web 服务描述定义为一组服务访
问点,客户端可以通过这些服务访问点对面向文档信息或面向过程
调用的服务进行访问(类似远程过程调用)。WSDL 首先对访问操
作和访问所使用的请求进行抽象描述,然后将其绑定到具体的传输
协议和消息格式上,以便最终定义具体部署的服务访问点。相关具

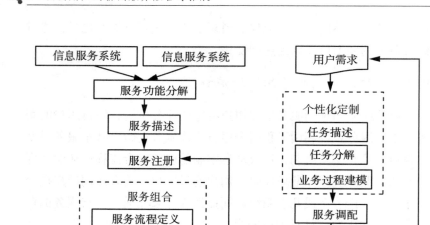

图 9-9　跨系统协同定制服务的实现流程

体部署的服务访问点通过组合成为抽象的 Web 服务。WSDL 作为最初的 Web 服务，只是从句法层对 Web 服务进行描述，而不支持丰富的语义描述。

OWL-S（Ontology Web Language for Services）是一种服务本体，由服务形式、服务基础和服务模型三部分组成，如图 9-10 所示。

服务形式（Service Profile）描述服务能做什么，用于自动服务发现；服务模型（Service Model）描述服务如何实现，即描述服务过程，用于服务组合和互操作；服务基础（Service Grounding）描述通过什么实现对服务的访问。基于 Web 服务的语义描述，服务发现、选择、组合、沟通和监测可得到最大程度的自动化实现。

服务组合（Service Composition）又称服务编排（Orchestrated/Aggregated），描述 Web 服务参与者之间跨机构的协作，即面向一

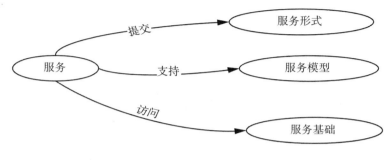

图 9-10　OWL-S 的上层本体

个临时的或持久的业务过程，将有关的 Web Service 进行合成。通过合成，可以提供复合功能，支撑 Web 服务的嵌入。根据用户动态定义的组合目标、语义描述和约束，以及可用资源和服务，在运行中可创建组合方案。

　　Web 服务组合方法包括业务流程驱动方法和及时任务求解方法：

　　①业务流程驱动的动态服务组合。这类服务组合的目标是实现流程的自动化处理，是工作流技术与 Web 服务技术结合的产物。它以业务流程为基础，通过为业务流程中的每一个环节（步骤）分别选择和绑定 Web 服务，从而形成一个流程式的服务组合。这类服务组合的内部结构、服务之间的交互关系和数据流受控于业务流程，其组合过程可以描述为：首先依托建模工具根据业务逻辑创建业务流程模型，此后分别为流程中的每一个活动从服务库中选取并绑定能执行该步骤所对应的服务，继而根据业务流程中的数据流设置服务之间的参数传递和参数映射。为了提高业务流程的灵活性，使得服务组合具有兼容性和动态性，需要通过服务模板、服务社区机制实现服务的动态选取和运行绑定。这类服务组合借助 BPEL4WS、XLANG、WSFL、BPML 和 WSCI 等业务流程的建模语言进行。

　　②即时任务求解的 Web 服务组合。即时任务求解服务组合的目标是面对用户提交的即时任务进行组合，它是根据完成任务的需

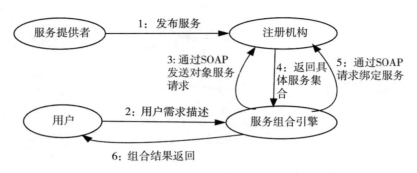

图 9-11 动态 Web 服务组合模型

要，即时从服务库中选取若干服务进行自动组装。这类服务组合以完成用户任务为目标，与第一类服务组合相比，一般不受业务流程逻辑的约束，服务组合过程自动化程度高。因此，所形成的组合服务是若干服务的一个临时联合体，一旦用户任务求解结束，这个临时联合体也随即解散。因此，即时任务求解的 Web 服务组合多用于一次性问题求解，如一次服务的联合计算、一次用户出行设计、行程安排等问题解决。即时任务求解的服务组合过程建立在服务和用户目标的形式化表达之上，通过任务规划、逻辑推理、搜索匹配来完成。

一般而言，即时任务求解的 Web 服务组合是为解决用户即时提交的一次任务，根据完成该任务的需要，动态地从服务库中自动选取若干服务所进行的自动组装。目前，这类服务组合主要包含两大类方法：基于 AI 的 Web 服务自动组合方法和基于图片搜索的 Web 服务自动组合方法。

9.3.3　个性化协同服务的优化

在分布、异构的资源与服务开放环境中，信息服务平台需要灵活地适应具体环境或具体业务流程，以便动态发现、调用和组合相关资源与服务。Web 服务技术为信息服务平台提供了一种在开放环境下发现和调用所需资源或服务的机制。然而，用户所需要的服务可能不能直接由某个 Web 服务来完成，这就需要利用 Web 服务组合技术，将若干 Web 服务按照一定逻辑组合成满足用户需要的服务。

在以信息服务描述与组合技术为基础的跨系统的协同定制服务中，英国伦敦帝国学院有关人员针对普适计算需要，提出了一个基于 Ontology 的 SOA 架构（OSOA）。OSOA 以 Web Service 作为总体架构建立服务发现机制，采用基于 Ontology 的 Semantic Service 增强 SOA 中的 Web Service，改进服务组合效果，从而实现以用户为中心，上下文敏感的、目标驱动的服务组合和互操作。中国科学院国家科学图书馆开展的开放式资源和服务登记就属于此类服务。

跨系统的个性化协同定制服务组织中，应注意以下方面的问题：

①对现有信息服务系统进行服务描述，建立信息服务系统的 UDDI①。服务描述是实现服务调用的基础，跨系统协同定制服务实现的基本前提是现有的服务系统基于 Web 的服务发布。所以，首先必须对现有信息服务系统进行 Web 服务包装，即借助标准的 Web 服务描述语言 WSDL 进行服务描述。其次要根据 UDDI 的相关技术标准和规范建立信息服务系统注册中心的 UDDI，以便用户能够将有关服务描述信息在相应的 UDDI 中注册登记，以进行公共查询和调用。

②对现有信息服务系统进行"合理拆分"。在信息服务系统协同定制过程中，依赖的并不是信息服务系统的整体集成，而是信息服务系统中符合用户需求的组件动态集成。所以，必须对现有信息服务系统进行"合理的拆分"。Web 服务组合粒度的可变性及逻辑构建机制，要求协同定制服务必须注意服务功能描述粒度。一般来说，描述粒度愈细，服务组合构建的灵活性就愈大。从便于信息服务系统动态定制服务构建的角度看，服务描述的粒度一般要细致到资源组件、应用组件、功能组件和管理组件。从目前 Web 技术的发展趋势来看，WSDL 已经成为服务描述的标准，几乎有影响力的

①　张晓青，相春艳. 基于 Web 服务组合的数字图书馆个性化动态定制服务构建［J］. 情报学报，2006（3）：337-341.

Web 组合语言（如 BPEIAWS 和 BPML、WSCI 等）都支持 WSDL。所以，信息服务系统进行"合理拆分"后的组件应采用 WSDL 对服务内容、操作类型、请求与应答消息流、系统绑定方式等进行规范描述。

③借助 Semantic Web 嵌入语义内容。语义内容的嵌入在于支持更加灵活的动态组合，目前的 Web 服务架构依靠 XML 来进行互操作。而 XML 只能确保句法上的互操作，突出的缺点是缺乏语义信息。因而不能促进消息内容的语义理解，使得 Web 服务之间不能理解彼此的消息，服务之间的互操作和服务组合往往是以一种机械的方式进行。利用 Semantic Web 服务技术，可以在 Web 服务组合机制中嵌入更丰富的语义内容，支持根据语义的分析、规划和组合。这是一种有效的解决方案，如 OSOA 架构，采用 OWL（Web Ontology Language）规范构建服务和用户本体，通过语法匹配转向语义匹配，提高服务动态发现和组合的质量①。

④注意服务组合中的服务验证。在组合服务中，需要跨领域组合服务。所以，应由提供者和请求者之间的一个双边的服务层协议（Service Level Agreement，SLA）来规定。目前 Web 服务组合技术对目标复杂性的支持还不够。组合的服务需要依赖于各个分布的、异构的服务才能实现协同运行。完成某一组合过程而涉及的服务可能处于不断变化中，同时用户的需求也可能发生变化，所以在服务协同中需要提供动态调整和可靠性保障机制来解决这种不确定性，以提高协同模型对变化的适应能力。

面向服务的架构将应用程序的不同功能单元接口和契约联系起来。接口可采用中立的方式进行定义，使之独立于实现服务的硬件平台、操作系统和语言。它的基本框架由三方面参与者和三类基本操作构成。三方面参与者分别为服务提供者、服务请求者和服务代理；三个基本操作分别为发布、查找和绑定。发布操作是为了使服

---

① Ni, Q., Sloman, M. An Ontology-enabled Service Oriented Architecture for Pervasive Computing ［C］. Information Technology：Coding and Computing, 2005：797-798.

务可以访问，发布服务描述以使服务使用者可以发现它；查找操作面向服务请求者的定位服务，通过查询服务注册中心来找到满足其标准的服务要求；绑定操作在查找服务描述之后，由服务使用者根据服务描述信息来调用服务。由此可见，跨系统协同服务的优化在于构架的优化。

　　一个典型的基于 SOA 技术构建的体系框架如图 9-12 所示。其中，Web-Services 是 SOA 的一种实现方式，它通过一系列标准和协议实现相关的服务描述、封装和调用。如使用 WSDL 语言对服务进行描述，对服务进行发布和查找通过 UDDI 来完成，在服务调用中通过 SOAP 协议来实现。在这个服务框架中，所有系统内部的应

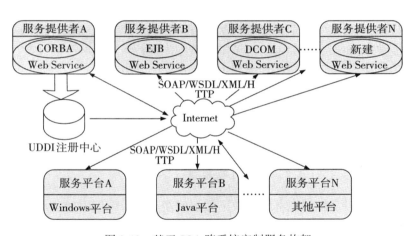

图 9-12　基于 SOA 跨系统定制服务构架

用系统在对外接口上都用统一的 Web-Services 对服务进行封装。Web Services 在 UDDI 注册中心登记，面向用户提供服务。用户通过 UDDI 注册中心发现符合自己要求的服务，找到服务提供者，并调用该服务。在 SOA 框架下，用户只需理解任意一种通用的服务组件接口和程序语言，就可以利用现有的平台上的 Web Services 操作进行个性化服务获取，同时对服务的调用通过 SOAP 远程调用实现。即便 Web Services 可能会产生接口或者其他功能上的更改，用户仍然可以通过 Web Services 的描述性文档及时发现其更改，从而

自动适应这些更改①。

在跨系统的协同定制服务中，服务组合、服务协同和服务管理至关重要。因此，在服务组合和服务协同功能的实现上，应按平台标准协议进行架构。在服务建立协同之后，应进一步保障服务的可靠性；当外界环境发生变化时，应进行服务注册、组合调用的相应变革，以适应用户的个性化动态需求环境。

9.4　基于信息保障平台的知识链接服务

信息保障平台知识链接服务在于支持用户对知识内容的发现、分析、交流和组织，从而实现知识的利用、传播和创造。需要解决的关键问题主要包括：对不同类型知识资源进行统一描述与表示，使之形成知识关联关系；协调不同数据库的技术和服务，实现数据库中的信息交互；构建基于知识交互关系的链接服务。

在知识链接服务中，系统构建主要关心分布环境下链接关系的构建与知识表达，以此出发进行基于平台的知识链接的关联组织。

9.4.1　基于引文的知识链接构架

基于引文的知识链接反映了知识创新与知识应用中的自然关联关系，以此为基础的链接构架具有针对性和实用性。如图 9-13 所示，基于引文的知识链接系统大致可以分为四层结构：第一层是资源/数据层，包括各类文献信息和引文信息、机构信息，以及各种数据库、数据仓库和其他文件系统；第二层是工具层，其作用是进行链接解析，包括各种词典、叙词表等知识组织工具，以及关联分析、序列模式分析等数据挖掘工具；第三层为链接层，作用是基于各种知识组织工具和规则来维护各知识单元之间的相互链接，同时根据用户需求生成知识地图等；第四层是服务层，进行知识检索、

---

① 姜国华，李晓林，季英珍. 基于 SOA 的框架模型研究 [J]. 电脑与信息技术，2007（12）：37-39.

知识评价、知识重组等操作，将处理的结果以便于用户浏览和理解的方式（如各类可视化工具）提供给用户。

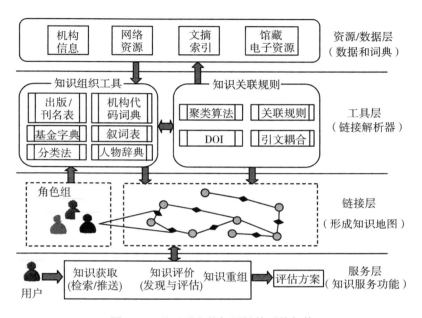

图 9-13　基于引文的知识链接系统架构

①资源/数据层。知识链接系统数据库结构分为来源文献库、被引文献库、作者库、机构库、基金项目库、期刊载文表、期刊引文表等。各个数据库之间通过"来源文献唯一标识"来链接相关的记录；数据规范、优化检索等操作则通过规范字典、类目主题字典、机构规范字典、基金项目规范词表等关联字典来进行。其中，关联字典设有规范词、非规范词、关联项、文献记录号、词频等字段等，能将相同的错误全部修正一致，从而提高链接和统计效率，满足各类检索、统计、链接的需要①。为了提高引文数据的质量，需要将每条参考文献与库中相应文献进行自动比对，逐一核查参考

①　曾建勋．中文知识链接门户的构筑［J］．情报学报，2006，25（1）：63-69.

文献数据的准确性和完整性。对于相同的文献记录，如对期刊，通过人工判读检查作者、题名、刊名、年卷期、起始页等项目是否正确和齐全，以提高引文数据的规范化程度，保证检索的关联度、查准率和链接率。

②工具层。知识链接系统的核心部件是链接解析器（Link Resolver），另有多个知识库和基础性工具为链接解析器提供一系列规则。知识库包括描述各种链接对象元数据的解析规则，以及一些具体的实现算法，如决策分析、神经网络、统计分析、距离聚类、关联分析、可视化等。基础性工作是抽取文本中的知识元构建知识元库，形成一对一或一对多的指向来揭示关联知识间的知识链接①。为了有效管理链接工具和提高链接知识的准确性，有必要建立知识库管理系统、模型库管理系统和数据管理系统。作者及其单位、文献来源等信息是知识链接的要素。通过相关语义场计算，比较知识特征（形式特征与内容特征）与词典中的标引词汇的相符性，可以进行多实体关联分析及多视角的实体分析。为了适应于数字环境下异构资源系统的发展，RDF 建立了表达语意和知识关系的模型，OpenURL 确立了动态的、基于用户环境和身份的链接关系，XLink 在支持多方向的扩展链接中，建立了多向的复杂链接关系，从而实现链源到链宿之间的相互链接②。

③链接层。链接层的核心是 Web 知识地图。Web 知识地图可以作为知识和知识源之间的中介工具使用，用于描述知识、知识属性及其关系。知识链接系统与 Web 知识地图和知识源是一个紧密关联的整体，共同构成基于知识链接的知识服务体系。在用户提出知识需求时，系统通过 Web 知识地图进行知识发现、提供知识注册；在获取相关知识资源的信息的基础上，通过 Web 知识服务来

---

① 张卫群. 知识服务中的知识源链接［J］. 情报探索，2006（12）：56-58.

② 贺德方. 知识链接发展的历史、未来和行动［J］. 现代图书情报技术，2005（3）：11-15.

利用知识资源。Web 知识地图所描述的知识信息包含三个部分①。知识白页，包括知识资源的地址、链接方法和已知的知识标志；知识黄页，包括基于标准分类法的知识资源类别；知识绿页，包括关于知识源提供知识的内容信息。根据不同需求，这三个部分从不同的角度对知识源中的知识进行描述。同时，Web 知识地图具有知识注册、知识过滤和筛选等功能，既实现对知识资源的注册，又过滤和筛选知识。

④用户/服务层。用户/服务层完成用户与系统的交互，接受用户提出的知识需求，如查找知识、共享知识或在线学习等，同时通过知识门户集成的各种服务反馈相应结果。知识链接系统所提供的典型的知识服务，有知识导航服务、知识检索服务、知识推送服务、知识重组服务和知识评价服务等。其中，知识导航服务是利用知识要素及其概念间的语义关系（知识分类体系和知识要素词表）为用户提供范畴分类信息，实现从学科知识的顶层逐层向下浏览；知识检索服务可以为用户提供已有的问题解决实例，重用已有的知识来解决新问题；知识推送服务按照用户知识兴趣或问题域，利用文本分类或文本特征相关方法进行知识推送；知识重组服务，在知识检索服务的基础上，通过获得与问题相匹配的知识，在相关知识客体中的知识要素和知识关联结构重组，为用户提供索引指南以及评价性或解释性的知识；知识评价服务支持用户从学科、地区、机构、人员、时间段等方面对引文资源、知识要素内容进行统计、聚类和趋势预测②。

9.4.2 知识链接的功能实现

基于引文的知识链接系统，结合 Web 的超链接特性与引文索引的优势，利用知识关联的相关标准与工具，构建知识信息资源整

---

① 潘星，王君，刘鲁．一种基于 Web 知识服务的知识管理系统架构［J］．计算机集成制造系统，2006（8）：1293-1299.

② 蒋永福，李景正．论知识组织方法［J］．中国图书馆学报，2001，27（1）：3-7.

合的逻辑平台，通过整合现有引文数据库中的数据，最终形成知识联网的链接服务平台基础。其中，引文数据库是知识链接的主要数据来源，为了获得高质量的引文数据，一方面要遵循全面、规范、准确的原则来加工数据，另一方面应整合现有的多个引文数据库，形成基于平台的引文数据库共用，以保证数据源的规范度和完整性。

基于引文的知识链接系统功能的实现包括：数据解析功能实现，知识关联功能实现，知识分析功能实现，知识评价功能实现，知识检索功能实现，知识链接展示功能实现。

①数据解析功能实现。为了提高数据知识解析的效率和质量，需要按照元数据标准进行数据选择和预处理，从而建立统一的数据视图。随后，按照抽取、转换、净化和加载4个步骤对引文数据进行逐条解析。抽取是指从源数据库中选择并提取所需要的字段；转换是将所有不同数据源的数据转换为统一的表达形式和名称；净化是指对所得数据进行纠错，以保证数据的正确；加载则是把经过净化的、符合规范的、正确的数据载入数据仓库中存储。

在解析过程中，需要利用规范表、机构要素表、类目主题表等数据表，对引文数据中的各个字段进行规范：归并相同的论文、机构来源，识别相同姓名的不同作者。因此，规范表、机构要素表要涵盖各种数据的表达和代码形式；机构要素表中还应厘清各类机构的隶属关系和名称变更等事项；对于相同姓名的不同作者，则需要结合类目主题表、作者机构等要素来加以判别。

②知识关联功能实现。经过数据解析之后，每一条数据都会被分配一个唯一的"来源文献唯一标识"。以此为基础，每一知识单元都可以通过引用、同被引、引文耦合、用户行为关联过滤、文本相似度等关联规则来建立与其他知识单元之间的关联关系，从而形成来源文献库与被引文献库和作者库中相关记录之间的链接，以满足各类检索、统计的需要。

利用特定的关联规则，应通过作者与所属机构、机构与其上下级机构、论文与所属主题、论文与同被引论文、论文与耦合文献等关系，建立关联链接。更进一步，可利用不同属性的共现，挖掘出更深层次的关联，如作者与关键词、机构与主题领域等；也可以通过对题名、关键词、摘要乃至全文进行共词分析来挖掘并建立文献主题结构关联；甚至还可以通过对文献进行共词分析和引文分析，实现两种方法的融合。

③知识分析功能实现。从不同角度建立了文献内外部特征之间的关联后，可以较为方便地开展各种统计分析。由于各种要素以及不同要素之间，如论文、论文作者、作者机构、学科主题、出版机构等，存在多种属性关系和内容共现关系，因此利用这些数据能够完成几乎所有的引文统计与分析，如引文结构统计、引用关系统计等。

例如对于期刊，常见的统计量有期刊载文量、期刊被引次数、被引半衰期、即年指标、影响因子、期刊自引率、核心作者、重点机构等；对于论文来说，可以对引文量、同被引论文、被引次数、历年被引量、耦合论文、主题领域等进行分析；对于作者，可以统计论文数量、作者单位、合著情况、总被引量、各种高被引指数（如 H 指数等）、主题分布等；对于机构，则可以分析高产作者、论文数量、被引情况、机构合作情况等。

④知识评价功能实现。随着文献内外部各种特征分析的实现，通过评价功能可以支持各项知识服务。评价对象可以是特定作者、特定机构、特定期刊、特定学科或者是特定项目的成果，还可以是针对上述对象的综合评价。在综合评价中，不但需要考虑各项指标的重要程度，还要考虑各分项指标之间的相互联系；不但要考虑各项指标的优点和局限性，还要考虑其在不同学科之间的适用性。

在知识服务中，知识评价模型的构建是重要环节。以对科技期刊的评价为例，科技部制订了"中国科技期刊评价监测指标体系"，中国科学技术信息研究所和中国科学院自然科学期刊编辑研究会也各自建立了一套评价体系。综合多种体系的各项评价指标，结合实际评价数据就能够建立综合评价模型，来确定各指标的权重并对评价矩阵进行计算。

⑤知识检索功能实现。当用户提交知识需求时，可以利用元搜索引擎的查询调度机制和搜索引擎代理将检索指令转化成各个数据

库能够接受的命令格式，自动查找相关论文的引文数据，继而对检索结果进行汇总、去重、排序。知识链接系统不但支持常规的检索入口，还支持引文检索并提供各种链接来获得相关文献。检索结果并不是关键词匹配的简单排列与堆积，而是以引文索引为主，多种文献内外部特征为辅的有机关联和综合。

基本的检索功能包括关联检索、专项检索和指标检索等①。所检索出的每条文献记录，除了提供作者、来源等常规信息之外，还注明该文的被引次数、参考文献、同被引文献、引文耦合和相关文献等项目的链接量。同时，在针对作者、期刊、来源等入口进行的专项检索中，可以同时提供相关的统计、分析信息，如在检索作者时提供该作者的被引情况、高被引指数（如 H 指数）、合著等。对特定指标的查询则更能够体现出知识链接系统的深入分析功能。

⑥知识展示功能实现。为了更加直观地显示知识链接关系，在集成现有引文数据的基础上，可实现结果的可视化展示。设计引文可视化系统的总体结构在于，使抽象的知识链接数据以可视化的形式表示出来，以揭示复杂的知识信息之间的逻辑关系，供用户进行浏览、分析。

在基于引文的知识链接网络中，可以将作者、论文等分别作为网络的节点，以此来构建时序网络图、耦合网络图等直观的引文分析图形。通过对信息的多维视图进行快速、一致性和交互性的存取，能够表现有实际意义的、任意两个分析单元值的共现关系。同时，除二维知识链接图形之外，还需要探索三维或更多维的可视化方法，以求在有限的图形中呈现更多的信息；另外，还应该在实现静态知识链接展示的基础上，探索更加便捷的动态性、交互性的展示方式。

9.4.3 知识元链接映射与基于本体的主题关联服务

知识链接服务需要直接面对用户环境，综合运用知识构建技

---

① 曾建勋．中文知识链接门户的构筑［J］．情报学报，2006，25（1）：63-69.

术，在分析知识要素的体系结构和展示方式基础上，实现知识层面的聚类分析、有序组织、导航检索、统计评价。这就需要在服务中深化知识揭示的内容，形成以用户为中心的知识关联组织与表达。其中知识元链接中的关系映射、基于本体的链接和基于主题图的链接是当前需要面对的问题。

（1）知识元链接中的实体映射

在知识链接中，实体映射模式需要采用相关的映射规则，建立映射模型，以一个实体对象作为映射源（Source），另一个实体对象作为映射目标（Target）。映射依据实体间的主要匹配关系进行实体含义完全相同的匹配、目标实体的上位匹配、目标实体的下位匹配、部分相同实体的近义匹配。由于相近程度量化的难度较大，在具体操作中可以定义近义匹配。

实体映射模式中，可以分为实体本身映射和实体关系映射。实体映射可以分为一对一的映射、一对多的映射和多对多的映射。实体一对一关系映射即二者语义完全一致；一对多关系，如汉语中的一个词语对应英语中的多个词语；多对一关系，如汉语中的多个词语与英语中的一个词语有映射关系；无对应关系，即汉语中没有与之对应的词语。实体关系反映的是实体之间的父/子联系，具有分类的含义，表现了实体的层次结构。实体关系的映射可以将整个层次结构映射为一张表，也可以只将位于层次结构中最底层的子类映射为独立的关系，而将父类中的属性复制到子类中，还可以将父类与子类各自映射成独立的表，父类所对应的表是主表，子类所对应的表是从表。子表不包含来自父类的属性。

实体不仅具有上下位、多层次关系，而且具有网状关系，因此在建立实体间映射关系时，只在距离最短、关系最近的实体间建立关系。如果需要，只要将词表的原词间关系导入映射信息即可确定新的映射关系。例如在图 9-14 的映射模式中，如果概念 a 与概念 A 精确匹配，则概念 b、c、d、e 将自动成为概念 A 的下位词。实体映射模式将利用计算机进行匹配推理运算，对实体语义距离进行考察，获得最短语义距离。自动显示三大类特征的词汇：一是词汇相同、关系相同；二是词汇相同、关系不同；三是词汇不同、关系相同。系统通过提供相同关系与不同程度的计算功能，按照相同程度从高到低地确定具体的映射匹配关系。

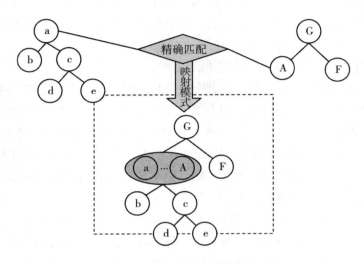

图 9-14　映射匹配模型图

目前实体映射模式主要应用于分类法映射、叙词表映射以及主题概念的语义关系映射。不同分类法之间的映射有两种模式：第一种，建立主要类目的对照，抽取所有映射分类法的主要大类，在这些大类之间建立相互的对照关系；第二种，将多个分类体系向一个通用体系转换，即选择一种通用分类法作为统一分类法或交换体系，将不同分类体系及其所含内容转换到统一分类体系的相应类目下。

（2）基于本体的主题关联服务

知识链接的实现模式之一是根据本体的思想建立表示知识关联的概念网（Concept Network，CN）。在 CN 模型中，节点代表概念，网的关联边代表概念之间的关联，概念之间的关联程度用关联度来表示，关联度越大，概念之间的联系越紧密。面向本体的概念网模型，其形式化描述为：CN = ｛O，C，A/B/P，R，S｝，其中，O代表本体，C 代表概念集，A/B/P 代表属性集或方法集或性质集，R 代表关系集，S 代表规则集。建立领域本体知识库，可以用 CN

模型对知识进行直观表示，有助于更好地理解和完成知识推理，从而满足用户进行检索和实现知识导航的需要①。

由于基于 RDF/OWL 的本体框架不支持知识的动态性、相对性和知识的细粒度，所以可以寻求本体基本元素和本体库之间的一个平衡点，即利用本体分子来完成关系表达。本体分子能完成四个层次的知识管理：元数据层、知识表示层、推理层和动态知识层。

元数据是描述数据的数据，处于模型的底层。元数据提供数字资源的描述基础，但元数据并不能完全解决信息系统的语义问题。由于要对本体分子进行基于语义的粒度切割，因此，本体分子的介入，正好能弥补这一缺陷。知识表示层可以通过本体中的类（Class）描述某一类事物，通过其中的实例（Instance）描述某一个具体事物，最后以三元组（Triple）的形式对知识与知识之间的关联进行阐述和表达。推理层在知识表示基础之上寻求一种基于本体的隐性知识智能推理机制，提供知识挖掘功能。基于本体的领域知识推理主要分为基于逻辑的领域知识检错推理和基于关系的领域知识发现推理。对本体描述的领域知识进行推理，可以检测知识逻辑体系错误，减少领域本体构建的工作量，减轻对领域专家的依赖，发现领域蕴含的隐性知识。

知识因子是组成知识单元的最细微的成分，知识关联是若干个知识因子间建立的联系。知识关联在新知识的产生中起重要作用，是知识有序化的必要条件。应用知识因子和知识关联的网状结构表示的知识单元，是知识链接服务拓展的基本内容。基于主题图的链接模型如图 9-15 所示。

图 9-15 中的知识因子表示从业务过程中提炼出的知识对象。知识关联即各节点之间的连线，说明了知识因子之间的联系。知识链接提供了知识的详细信息或知识本身的位置。将知识因子、知识关联、知识链接结合起来，构成了准确表达知识及其相关属性的主题关联图。

---

① 何飞，罗三定，沙莎. 基于领域本体的知识关联研究 [J]. 湖南城市学院学报（自然科学版），2005，14（1）：69-71.

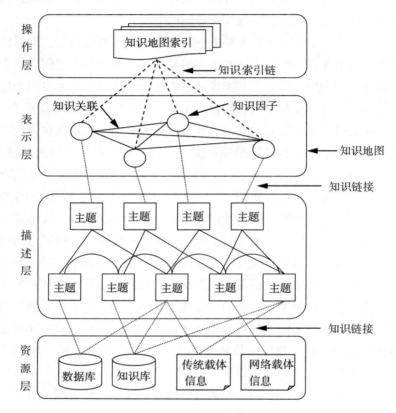

图 9-15　基于主题图的知识链接

　　值得指出的是，在知识链接服务中，知识映射和基于本体的主题关联组织，不仅展示了各种复杂关系，而且形成了主题链接、知识元链接、聚类链接、知识推理链接的服务基础。

　　（3）基于平台的知识链接门户服务

　　基于平台的知识链接门户服务围绕论文来源和引文关系分析展开，图 9-16 显示了中国科技信息研究所的平台服务。

　　知识链接平台所提供的知识服务是架构在知识资源组织层与协同应用层之上的，系统的知识服务只有以知识链接关系分析为基础才可能开展基本服务和延伸服务。从总体上看，服务包括以下几个方面：

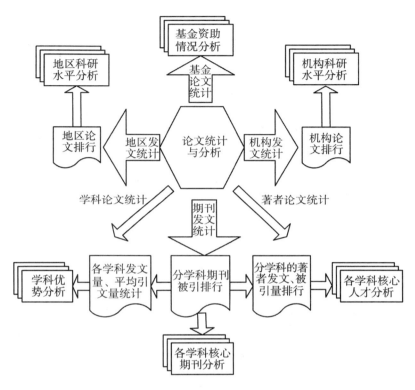

图 9-16 基于平台的知识链接关系

①关联检索。平台通过期刊论文引文间的关联关系，揭示内涵知识之间的逻辑关系，检索结果不是简单排列与堆积，而是在引文索引之上进行的有机联系①。在关联检索实现中，整个系统依据论文引文间引证关系，按照期刊、标题、作者、机构、关键词、来源、学科分类等入口，从论文、引文和期刊载体等方面进行检索。可以展示所检文献的参考文献数、被引文献数、同引文献数、同被引文献数，从而显示相关的文献列表。例如：点击被引文献数链，可以了解该文献被哪些文献所引用；点击参考文献数链，显示当前

① 曾建勋. 中文知识链接门户构筑 [J]. 情报学报, 2006, 25 (1): 63-69.

来源记录所引用的参考文献列表；点击同引文献数链，可以查看与当前检索记录共引同一篇或几篇参考文献的一组文献，即同引文献；只要任意点击文献记录注明的该篇论文文献数链，便可生成一组新的记录。因此，通过层层激活，可以挖掘研究文献之间的相关性，及时了解某一研究领域的发展和动态。

通过以上4种文献引文间的关联性，可以实现文献内容关联的深层揭示。通过 HTML 或 PDF 还可查看记录完整的文摘信息或获取原文。

②专项检索。整个系统除论文、引文检索外，还提供了期刊、作者、来源机构等专项检索入口，从而实现专项查询功能，如图9-17 所示。

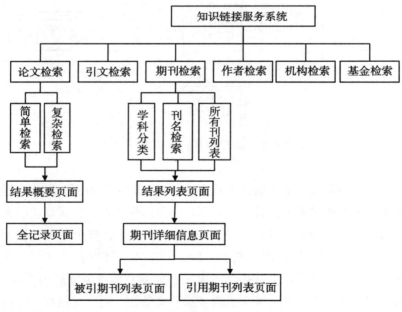

图 9-17 知识链接平台的专项检索功能

通过作者项检索，可以显示作者的所有单位，也可以按时间序列显示作者发表的文献记录，其记录包含了参考文献数、被引文献数和同引文献数、同被引文献数，因此还可以进行链接激活查询。

同时,可以按刊物、学科进行筛选,可以进行构成分析和对比分析,可以统计作者发表文献总数以及总被引数。

③指标查询。整个平台系统从期刊名称入手,按照期刊学科分类,分年度提供期刊文献计量指标,可以查询来源指标和引用指标,可以按年度分指标进行排列。其中,指标包括载文量、总被引频次、影响因子、即年指标、被引半衰期、平均引文数、项目论文比、自引率、扩散因子等。相关指标值通过链接可以激活,"总被引频次"会显示期刊被哪些文献所引用,可以为科研绩效评价提供科学的量化依据。

同时,平台还按学科专业提供高被引作者、高被引图书、高被引机构(如大学、研究院所等)以及高被引出版社名录,提供项目资助的发表文献及其被引次数的检索和期刊高被引排行。

④原文链接。随着学术期刊论文组织的数字化,即时提供全文已成为现实。基于中文引文的知识链接平台的全文链接是开放的、双向的。可以由引证枢纽将各种全文文献联系起来,实现不同出版社、数据库或不同平台上内容的关联链接。可以利用 OpenURL 参考链接系统,解决与文献馆藏目录系统的无缝链接,快捷而深入地提供一站式服务,最终实现以出版商及其全文数据库为基础的开放整合服务。

为了实现原文链接服务,在知识链接平台体系框架下,通过知识资源建设、标准规范制定、数据加工规范和关联检索,保证了知识链接原文获取的跨系统组织与传递。

知识链接平台通过知识链接技术使零散的文献知识转化为网络知识,其本质上就是一种以用户为中心的针对性服务。首先,知识链接门户系统重视用户参与服务,平台根据不同的用户对象设计了不同的入口。同时针对用户身份或主题内容进行分类整合,最终精准锁定服务对象。其次,知识链接门户平台提供多种应用接入方式,同时按业务应用系统和知识门户结构化数据、文档类的非结构化类型使知识链接显性化。

知识链接平台可以为用户提供多种知识采集途径,使用户可以通过简单的操作完成基于知识门户的知识内容采集与更新。

9.5 面向用户的嵌入式服务与融汇服务

面向用户的跨系统协同信息服务不应局限于基于平台的信息共享与服务集成，而应考虑在这些服务基础上实现协同信息服务的拓展。目前，应重点考虑将协同服务嵌入到 e-Science 中，满足自主创新的发展；与此同时，发展基于融汇（Mashup）的开放性服务调用。

9.5.1 面向 e-Science 的嵌入式协同服务

嵌入式服务，是指将信息服务嵌入到用户的业务活动中，使之成为一个有机组成部分的服务①。面向 e-Science 的嵌入式协同服务，是指将跨系统的协同信息服务嵌入到 e-Science 的各个环节，使之贯穿 e-Science 的全过程，即成为自主创新的一个组成部分。这是信息服务现在及未来发展的重要方向。

在 e-Science 环境下，科学研究发生了很大的变化，研究人员利用信息与科学研究的融合，提出了信息服务跨系统嵌入的要求。

e-Science 是信息时代科学研究环境构建和科学研究活动组织的体现，其实质是"科学研究的信息化"②。在融合环境下，科学研究经历了前所未有的变革，数据和信息处理已成为科学研究的重要组成部分，全球性、跨学科的大规模科研合作已成为现实，科学研究者之间的交流比以往任何时候都要频繁。

毫无疑问，e-Science 是一种有别传统的新的科学研究环境和过程，开放、共享和协同是其基本特征。显然，传统的信息服务模式已经不能适应这种变化，因此迫切需要确立以协同为基础的信息服务嵌入机制。

---

① 常唯. e-Science 与文献情报服务的变革［J］. 图书情报工作，2005（3）：27-30.

② 江绵恒. 科学研究的信息化：e-Science［EB/OL］.［2013-03-09］. http://unpan1. un. org/intradoc/groups/public/documents/apcity/unpan004319. pdf.

①e-Science 本质上要求实现信息资源高度共享。e-Science 环境中仪器、计算能力、实验数据在高度共享的同时，信息资源的高度共享也是必需的。对信息服务机构而言，面向 e-Science 的信息资源组织应立足于包括期刊、报告、标准、会议、专利、项目在内的多种信息的集成，以实现跨系统的集成化共享。

②e-Science 要求信息服务机构之间实现服务的协同共享。e-Science 跨区域、跨机构、跨学科的开放协同表明，信息服务机构不能局限于本机构，而应该与其他信息服务机构进行资源共享，在此基础上，开展协同服务，共同满足 e-Science 对信息服务的需求。

③e-Science 需要知识服务的延伸。e-Science 迫切需要信息服务机构之间开展以协同为基础的知识服务①。信息服务机构需要通过对数据进行知识搜寻、分析、重组，要求根据研究中遇到的问题，将其融入 e-Science 过程之中，以提供有效支持知识创新和应用的服务。

e-Science 服务可以分为 5 个阶段，分别是数据获取/建模（Data Acquisition and Modeling）、合作研究（Collaborative Research）、数据分析/建模/可视化（Data Analysis，Modeling and Visualization）、传播与共享（Dissemination and Share）和存档②。基于跨系统协同的嵌入服务面向 e-Science 工作流进行组织，服务主要包括：

（1）信息提供

信息提供服务对应 e-Science 工作流的第一个阶段。在此阶段，研究者需要各种相关数据和知识以启动研究，这些数据和知识包括全文资料、知识元信息、链接信息、相关研究进展、实验数据等。在信息提供中，通过相关数据库和资料库的查询，查找相关信息；与此同时，对相关文献资料进行汇总，挖掘其中隐含的知识，予以内容提供。

---

① 张红丽，吴新年. e-Science 环境下面向用户科研过程的知识服务研究［J］. 情报资料工作，2009（3）：80-84.

② Dutton，W. H.，Jeffreys，P. W.，Goldin，I. World Wide Research：Reshaping the Sciences and Humanities［M］. Cambridge：MIT Press，2010：67-72.

（2）合作研究支持

合作研究支持服务对应 e-Science 工作流的第二阶段。在此阶段，研究者希望能够和其他研究者进行交互和协同研究。支持合作研究的服务在于为研究者提供虚拟的资源集成和交流平台，通过合作研究支持服务，其最终实现研究者之间的有效合作和信息协同共享。

（3）数据分析和可视化服务

数据分析和可视化服务对应 e-Science 工作流的第三阶段。数据分析和可视化服务在于为研究结果提供查证服务。在验证中，需要数据描述结合研究结果进行可视化展示。如利用 BLAST（Basic Local Alignment Search Tool）对物质的 DNA 与公开数据库进行相似性序列比对；最终通过可视化工具对数据结果进行展示，以直观反映其内在规律。

（4）科学交流服务

科学交流服务对应 e-Science 工作流的第四阶段。在此阶段，研究者希望传播自己的研究成果以及与同行进行交流，因此科学交流服务在于为研究者的交流提供便利。其中，服务机构可以通过构建在线仓储为研究者提供快速交流成果的平台，如美国 ArXiv 就是一个在线的学科成果仓储，研究者可在第一时间将成果提交至该仓储，并给予研究者以发现优先权。在我国，中国科技论文在线的功能类似于 ArXiv。

（5）成果存储服务

成果存储服务对应 e-Science 工作流的第五阶段。研究完成后，研究者保存其研究成果的目的在于，保证科学研究的延续性。这个阶段的保存服务在于为研究产出提供适当的协同保存机制，以共同保存科研的智力产出。保存服务涉及诸多信息服务主体，如美国斯坦福大学 LOCKSS 系统，就是一个多主体参与的分布式合作保存平台，它实现了机构之间的利益平衡，已成为目前保存服务的成功案例。

基于跨系统协同的科研嵌入服务是一种有别于传统的信息服务，其实现一是依靠服务机构的协同，二是依靠服务的标准化。

要实现基于协同的科研嵌入服务，毋庸置疑的是，必须实现信息服务方式的转变。这种转变要求在信息服务中不仅实现基于协同平台的服务机构之间的合作，而且需要信息服务机构与科研机构之间的协同。图 9-18 展示了跨系统嵌入服务的总体结构。

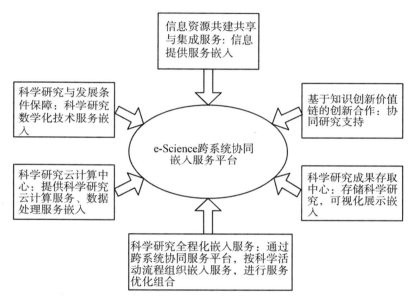

图 9-18　e-Science 跨系统协同嵌入服务平台运行

如图 9-18 所示，e-Science 环境下的跨系统嵌入服务由信息资源共建共享与集成服务系统、基于知识创新价值链的联盟系统、科学研究与发展条件保障系统、科学研究云计算中心和科学研究成果存取中心系统构成。这些系统的服务通过平台嵌入科学研究全过程。在基于平台连接的嵌入服务中，信息资源共建共享系统提供集成化信息服务，知识创新联盟协同服务嵌入协作创新的组织过程，条件保障系统嵌入科学数据采集和数字化处理，云计算中心嵌入数据处理和研究过程，科学研究成果信息通过公共存取嵌入知识传播与应用过程。在平台服务协同组织上，嵌入服务根据科学研究流程而展开。

9.5.2 基于融汇的协同服务

融汇（Mashup）作为一种新的服务集成方式，随着技术的成熟正不断发展，截至 2011 年，在 ProgrammableWeb. com 登记的API、Mashup 服务已达数千项。从实质上看，"融汇"是对服务的动态调用和组合，其灵活的组织形式和多重融合功能，决定了它的跨系统协同应用前景。

（1）融汇服务内容与组织形式

在基于融汇的协同信息服务组织中，融汇对象具有广泛性。平台中的各系统在 Web 上遵循开放接口规范的服务以及平台组织机构创建的服务都可以成为融汇的对象①。就服务方式而言，融汇服务采用以下形式：

①公共接口 API 方式。这种方式是由内容提供者发布自己的公共接口 API，融汇服务器通过 SOAP 或 XML-RPC 协议与内容提供者进行请求与响应通信，继而把数据传递到融汇服务器端，以便根据用户需要进行调用②。自 2005 年谷歌（Google）公司开放谷歌地图（Google Maps）的 API 以来，许多服务提供商网站相继公开了自己的 API，如雅虎（Yahoo）也开放了 Maps API，微软公开了 MSN 搜索 API 等③。同时，我国国家科学图书馆也开放了自己的 API。API 的开放使得 Web 开发人员可以在任何时候方便地调用所需要的 API，进行融汇和服务创新。

②Web Feed 方式。在集成融汇中，存在的文本集成问题，RSS的内容聚合，使平台不用开发自己的文件格式、传输协议和软件来实现内容的聚合，而只需将一系列的 RSS Feed 放在一起即可。其

---

① Piggy Bank-SIMILE ［EB/OL］. ［2013-03-09］. http：//simile. mit. edu/wiki/Piggy_Bank.

② 李峰，李春旺. Mashup 关键技术研究 ［J］. 现代图书情报技术，2009（1）：44-49.

③ Housingmaps 的集成融汇服务 ［EB/OL］. ［2013-03-09］. http：// www. housingmaps. com/.

中可采用的工具如 FeedBurner Networks 和 Yahoo! Pipes 等①。在集成环境下，用户只需在来源模块中输入 RSS 或 ATOM Feed，即可实现集成融汇。

③REST 协议方式。REST 可以完全通过 HTTP 协议实现，其性能、效率和易用性优于 SOAP 协议。REST 架构遵循 CRUD 原则，通过资源创建（Create）、读取（Read）、更新（Update）和删除（Delete）完成操作处理。REST 架构是针对 Web 应用而设计的，开发简单、耦合松散，且具有可伸缩性。因此，越来越多的信息服务商都提供 REST 支持，如亚马逊（Amazon）、易趣（eBay）、谷歌（Google）等。

④屏幕抓取（Scraping）方式。很多潜在内容的提供者很可能并没有对外提供 API。因此，可使用屏幕抓取技术来实现从构成平台的各系统站点上提取内容以创建融汇服务。在这种情况中，屏幕抓取（Scraping）意味着使用软件工具可以从中提取出通过编程进行使用和操作的语义数据结构表示。

在融汇服务中，按融汇对象区分为外层融汇、数据融汇和流程融汇②。

外层融汇。外层融汇将多种信息来源聚合在一起，通过对其位置、外观等属性的定义和统一外观方式的显示，使用户在一个页面内利用多个集成资源和服务。它不仅提高了工作效率，而且充分满足了用户的个性化需求。

数据融汇。数据融汇从多个开放数据源中获取相关数据，通过对分布数据的组合和捆绑，构建新的数据对象，然后以统一的外观方式向用户显示。数据融汇旨在满足用户对于数据的复杂应用请

---

① Yahoo! Pipes［EB/OL］.［2013-03-09］. http：//pipes. yahoo. com/pipes/.

② Forrester Research. Enterprise Mashups to Hit $ 700 Million by 2013［EB/OL］.［2013-03-09］. http：//www. forrester. com/rb/search/results. jsp? N＝133001＋71019&No＝175.

求。数据融汇可以分为简单数据融汇和分析数据融汇两种类型①。其中，简单数据融汇是来自多个开放数据源的数据按照某一属性的组织排列；分析数据融汇不仅从多个开放数据源获取数据，而且利用一定的工具、算法将数据进行集成，以发现其中隐藏的知识，从而创建新的数据对象②。

流程融汇。流程融汇不仅需要数据汇聚和分析，而且还需对服务流程进行综合处理，以实现按一定流程的服务组合。对于流程融汇服务，可以定制组合页面，在页面上既可以使用户查询到所需信息的来源，又可以利用相应的工具处理信息，达到信息获取与处理融合利用的目的，同时用其他服务来计算成本等。

服务器端融汇和客户端融汇是两种融汇方式。

服务器端融汇，将融汇服务器充当客户端 Web 应用程序，通过与其他 Web 应用之间的代理实现服务融汇。服务器端融汇的方式如图 9-19 所示③。

服务器融汇过程的具体描述如下：用户在客户机内生成一个事件，事件在客户机内触发 JavaScript 函数；客户机向 Web 站点中的服务器发送 XmlHttpRequest 形式的 Ajax 请求；Servlet 等 Web 组件接收到请求并调用一个 Java 类或者多个 Java 类上的方法，以便与融汇中的其他 Web 站点发生交互；通过代理类处理请求，打开融汇站点；融汇站点以 HTTP GET 或 HTTP POST 的形式接收请求，处理请求并将数据返回到代理类；代理类接收响应并将其转换为用于客户机的适当数据格式；Servlet 将响应返回给客户机；在 XmlHttpRequest 中公开回调函数，通过操作表示页面的文档对象模型（Document Object Model，DOM）更新页面的客户机视图。

---

① 李春旺. 图书馆集成融汇服务研究［J］. 现代图书情报技术，2009（12）：1-6.

② iSpecies［EB/OL］.［2013-03-09］. http://ispecies. org/？q = Leo&submit = Go.

③ Ort E. , Brydon S. , Basler M. Mashup Styles，Part1：Server-Side Mashups［EB/OL］.［2013-03-09］. http://java. sun. com/developer/technical Articles/J2EE/mashup_1/.

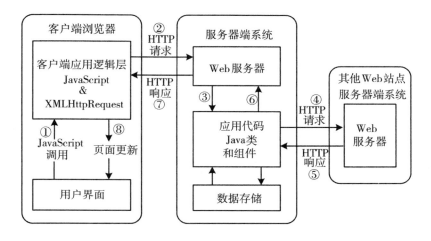

图 9-19　服务器端融汇方式

服务器端融汇的优点在于，由于融汇服务器承担了所有的代理任务，所以对客户端浏览器的要求并不高，开发人员不用考虑浏览器兼容的问题；缺点在于当访问量增加时，融汇服务器的工作量会大大增加，而且由于服务器做了所有的融合工作，对于用户来说，可扩展性将降低①。

客户端融汇是在客户端上实现的，浏览器在服务器装载预先定义好的 HTML+JavaScript 脚本代码，通过 Ajax 技术建立浏览器与融汇服务器之间的异步交互，融汇服务器负责转发浏览器的请求，最终在客户端发生融汇。客户端融汇的工作方式如图 9-20 所示②。

客户端融汇过程的具体描述如下：浏览器针对 Web 页面向 Web 站点中的服务器发送请求；Web 站点上的服务器将页面加载到客户机中，该页面通常包含来自融汇站点的 JavaScript 库；浏览

① 李峰，李春旺．Mashup 关键技术研究［J］．现代图书情报技术，2009（1）：44-49.

② Ort, E., Brydon, S., Basler, M. Mashup Styles, Part 2：Client-Side Mashups［EB/OL］．［2013-03-09］．http://java. sun. com/developer/technical Articles/J2EE/mashup_2/.

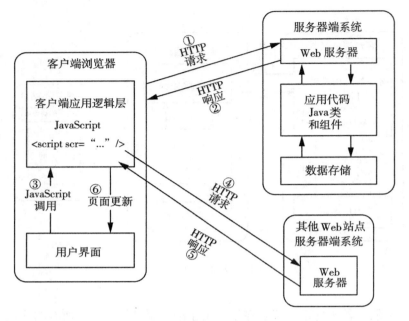

图 9-20　客户端融汇的工作方式

器调用由融汇站点提供的 JavaScript 库中的函数或者自定义 JavaScript 函数；根据所创建的元素向 Mashup 站点发出请求以便加载脚本；融汇站点加载脚本，通常由作为一个参数发送的对象（JavaScript Object Notation，JSON）来执行；回调函数通过操作表示页面的 DOM，以更新页面的客户机视图。

客户端融汇的优点在于，由于融汇发生在客户端，服务器的负担相对较小；同时对用户来说，可扩展性好。缺点是对客户端浏览器的要求较高，同时必须考虑浏览器兼容的问题。

（2）融汇服务的协同推进

为了推动图书馆对融汇的应用，英国图书馆自动化系统供应商 TALIS 公司主办了名为"Mashing up the Library Competition"的融汇设计竞赛①；OCLC 公司从 2005 年起也连续主办了三期名为

---

① 　Mashing Up The Library Competition ［EB/OL］. ［2013-03-09］. http：// www. talis. com/tdn/ competition.

"OCLC Research Software Contest" 的融汇设计竞赛①。此后，融汇服务得以较快发展。

在跨系统协同信息服务的融汇中，地图应用是最为成功的。目前，可用的地图 API 有 Google Maps API、Yahoo Maps API 等，这些地图 API 主要用来定位参与跨系统协同信息服务的机构并获取相关服务信息。

新西兰奥克兰（Auckland）大学的 Stuart Lewis 通过将 ROAR 和 OpenDOAR 采集到的数据与 Google Maps 进行融汇，创建了一个全球开放存取资源导航网站 Repository66。网站以地图方式揭示了 1 600 多个开放存取数据库以及2 700多万条开放数据在全球的分布，同时提供按照仓储软件、国家注册的资源统计服务，如图 9-21 所示②。

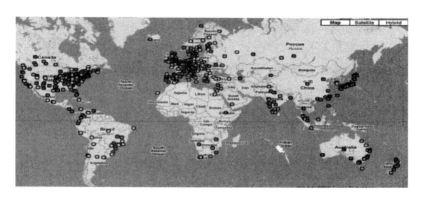

图 9-21 Repository66 仓储地图

利用融汇整合信息服务机构的数据资源和服务，是跨系统协同融汇信息服务发展的重要方面③。在科学技术领域，已经积累起庞大的数据，这些数据以不同的存储格式分布在不同网络环境的数据

---

① OCLC Research Software Contest［EB/OL］．［2013-03-09］．http：//www. oclc. org/.

② Repository Maps［EB/OL］.［2013-03-09］. http://maps. repository 66. org/.

③ Butler,D. Mashups Mix Data into Global Service［J］. Nature,2006,439（7032）:6-7.

库中，将这些数据和数据处理服务融合显然是重要的。对此，加拿大开发了一个生物信息融汇系统 Bio2RDF，该系统通过生物信息融汇，实现了来自公共生物数据库（如 Kegg、PDB、MGI、HGNC、NCBI）文献的 RDF 格式融汇提供①。

通过融汇可以有效整合信息服务机构与第三方机构的资源，可以让信息服务机构充分利用第三方机构的服务支持②。例如，加拿大安大略省剑桥公共图书馆提供了一个名为新书展示台的服务（Book Cover Carousel），实现了 Mash 融汇应用③。

中国科学院文献信息中心对相关服务项目进行了封装，目前已创建一系列融汇组件，包括文献检索服务、跨界检索服务、在线咨询服务、地图定位服务、百度百科查字典服务、服务系统介绍等。通过组件，用户可以方便地将其嵌入到 iGoogle 和 Netvibes 中④。随着跨系统平台服务的推进，有理由相信，融汇在跨系统协同服务上必然取得新的发展。

基于融汇的协同服务封装和调用是构建服务的关键。这种构架在于充分利用已有的 Web 资源与服务，通过融合创造新的服务，以支持服务面向用户工作流和用户环境的嵌入。

一个完整的融汇应用类似于 Web 服务架构的三元组织，包括内容提供者、融汇服务器和融汇应用者的交互融合。这三者的角色是：内容提供者负责提供融汇的信息内容，通过 Web 协议封装成标准的组件接口；融汇服务器负责将自有的资源和服务封装成标准组件，并管理这些组件，同时响应应用程序对于组件的开放调用；

---

① Belleau, F., Nolin, M., Tourigny, N. et al. Bio2RDF: Towards a Mashup to Build Bioinformatics Knowledge Systems [J]. Journal of Biomedical Informatics, 2008, 41(5): 706-716.

② 李春旺. 图书馆集成融汇服务研究 [J]. 现代图书情报技术, 2009 (12): 1-6.

③ Hot Titles Carousel [EB/OL]. [2013-03-09]. http://www.cambridgelibraries.ca/hot/carousel.cfm.

④ 国家科学图书馆融汇服务目录 [EB/OL]. [2013-03-09]. http://crossdomain.las.ac.cn/mashup/mashup.html.

融汇应用者选择相关组件并创建融汇应用。对基于平台的跨系统协同信息服务来说，内容提供者可以是任何一个参与协同的信息服务实体，这个实体将自身资源和服务封装成标准组件；融汇服务器获取并管理这些组件，同时响应应用程序对于这些组件的开放调用；融汇应用者可以是用户也可以是第三方信息服务机构，负责调用这些组件并建立融汇应用，同时负责与浏览器交互。通过三者充分协同，从而实现动态的协同服务。

基于融汇的协同服务应用的构建过程如图 9-22 所示①。其具体过程描述如下：

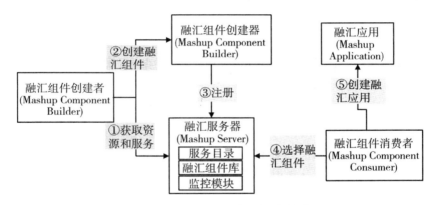

图 9-22　基于融汇的协同服务构建

①融汇组件资源获取。融汇组件创建者（Mashup Component Builder）通过 Web Feed、API 或 REST 协议等方式，从指定站点获取构建融汇应用所需的资源。其中，融汇组件创建者可以是平台机构，也可以是平台中的信息服务机构。

②创建融汇组件。融汇组件创建者利用融汇组件创建器（Mashup Component Builder，MCB）对获取的资源和服务进行融汇，生成新的融汇组件，包括 UI 组件（UI Componet）、服务组件

① Liu, X. Z., Hui, Y., Sun, W., Liang, H. Q. Towards Service Composition Based on Mashup［C］. IEEE Congress on Services，2007：332-339.

(Service Component) 和执行组件 (Action Component) 等。

③注册服务。融汇组件创建者将新构建的协同服务组件在融汇服务器上注册，以便于用户进行选择利用。融汇服务器一般由服务目录 (Service Catalogue)、融汇组件库 (Mashup Component Repository) 和监控模块 (Monitoring) 三部分组成。

④选择协同服务组件。融汇组件利用者 (Mashup Component Consumer) 根据需要选择多个融汇协同服务组件，其中，融汇组件利用者可以是用户或者是信息服务机构。

⑤创建新的融汇服务应用。借助融汇应用构建工具，融汇组件利用者可以将多个融汇组件进行适当组合，形成新的融汇协同服务应用并在融汇服务器上注册。

9.6 云计算环境下的平台信息服务拓展

随着互联网的发展，网络信息服务已无所不在。人们在感受现代化技术带来方便的同时，也出现了异构分布资源的处理问题。旨在解决这些困惑的"云计算"（Cloud Computing），作为一种新的共享基础架构，近几年得到了迅速发展。

9.6.1 云计算环境下的平台信息服务架构

通过云计算，可以将可扩展的信息技术应用向外部网络服务延伸，即通过高速互联网提供虚拟化的资源计算方式。这种模式将任务分布在可自我维护和管理的虚拟计算资源池上，使各种应用系统可以根据需要获取计算能力、存储空间和软硬件服务。云计算（Cloud Computing）是分布式处理（Distributed Computing）、并行处理（Parallel Computing）和网格计算（Grid Computing）的发展，在应用上呈现出虚拟化（Virtualization）、效用计算（Utility Computing）、基础设施即服务（IaaS）、平台即服务（PaaS）、软件即服务（SaaS）的趋势[1]。

---

① 张健. 云计算概念和影响力解析 [J]. 电信网技术，2009（1）：15-18.

云计算将巨大的系统池连接在一起提供各种服务，从而使用户可以很方便地将资源切换到具体的应用上，同时根据自己的需要访问计算机和存储系统。

云计算将计算任务分布在大量计算机构成的资源池上，使各种应用系统能够根据需要获取计算能力、存储空间和各种软件服务。这实质上是通过互联网访问应用和服务，而这些应用或服务通常不用运行在本地服务器上，而由第三方提供[①]。

云计算关注如何充分地利用互联网上的软件、硬件和数据能力，以及如何更好地使各个计算设备协同工作并发挥最大效用的能力。它采用共享基础架构的方法将巨大的系统池连接在一起为用户提供多种 IT 服务[②]。"云"是一个由并行的网格组成的巨大服务网络，其数据的处理及存储通过"云"端的服务器集群来完成。这些集群由大量的标准服务器组成，可以由一个大型的数据处理中心（平台）负责管理。数据中心按客户的需要分配计算资源，以达到与超级计算机同等的效果，图 9-23 展示了云计算体系结构的模型[③]。

如图 9-23 所示，云计算网络要素结构如下：

①用户交互界面（User Interaction Interface）：接受用户服务，通过终端设备向服务云提出请求。

②服务目录（Services Catalog）：向用户展示所有服务，用户可根据自身的需求选择相应的服务。

③系统管理（System Management）：用户管理计算机资源和服务，进行服务组织和调用。

④服务工具（Provisioning Tool）：用于处理终端服务请求，实现服务配置功能。

---

① 陈涛．云计算理论及技术研究［J］．重庆交通大学学报（社科版），2009（4）：104-106.

② 中国通信网．基于云计算的 AGPS 应用研究［EB/OL］．［2013-03-10］．http：//telecom.chinabyte.com/290/9129290.shtml.

③ 匡胜徽，李勃．云计算体系结构及应用实例分析［J］．计算机与数字工程，2010，38（3）：60-63，91.

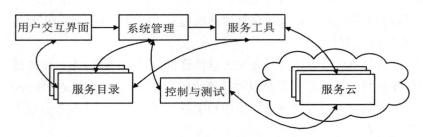

图 9-23　云计算体系模型

⑤监控与测试（Monitoring and Metering）：对面向用户的服务进行跟踪和测量，提交服务分析、统计结果。

⑥服务云（Servers）：虚拟服务的真实承担者。

在云计算网络结构模型中，前端的用户交互界面（User Interaction Interface）允许用户通过服务目录（Services Catalog）来选择所需的服务，当服务请求发送并验证通过后，由系统管理（System Management）来找到正确的资源，接着呼叫服务提供工具（Provisioning Tool）来挖掘服务云中的资源，最终由服务云完成面向用户的服务①。其服务组织流程如图 9-24 所示。

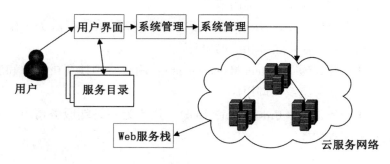

图 9-24　用户获取云服务的过程

---

① 云计算之家．云计算体系结构综述［EB/OL］．［2013-05-14］．http：//blog. chinaunix. net/u2/75125/showart_1734735. html.

引入云计算技术的信息保障平台的逻辑结构如图 9-25 所示。在跨系统平台信息服务网络中，各信息机构的服务资源组成"云服务"，对于处于任何时空位置的用户而言，信息保障平台系统都能够自动搜索各种资源并选择最佳路径向用户传送数据，当一台服务器联通受阻时，也能自动转向其他服务器。平台中的各模块均可实现高效的共享，资源访问者不需要知道资源分布在何处，只需使用统一的资源列表就可以任意访问。对于任意一个资源访问者，系统可以自动分析 IP、确定路由，寻找离它"最近"的资源，建立好连接，从而提供最快最好的访问接入，实现通过一次注册共享全部资源服务器的目的。因此，这种系统能充分利用"云"中的软硬件资源，实现跨系统的信息资源、计算资源的集中共享。

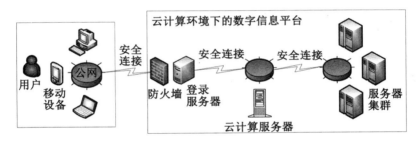

图 9-25 云计算环境下平台信息服务网络架构

云计算的出现对于用户来说，最终是要通过服务功能的改善来发挥平台整体化服务作用，其重点在于提升信息平台服务的效率，进行服务升级。

在跨系统信息保障平台建设中，各信息服务系统可以将系统提供共享的资源与服务以 Web 方式置入云平台中，让分布在各系统的用户分享[①]。由于基于 Web 的云服务是可操作的信息处理系统，所以在云服务平台中，不仅对人提供服务，同时也对机器提供服务，即提供接口。这种服务将数据资源、计算资源、服务资源和导

① 钱文静，邓仲华. 云计算与信息资源共享管理 [J]. 图书与情报，2009（4）：47-52，60.

航资源置于开放平台上，同时无缝地嵌入网络系统，通过资源描述机制，供其他系统利用。

基于云服务的跨系统信息保障平台建设是实施云计算网络的关键。就平台运行而言，需要制定服务协议，管理日常运营及推进服务的利用。云服务平台不仅具有技术支持的中心地位，而且需要一整套完整的管理与服务组织构架。在推进云服务中，既要保证服务的高质量，又要提供相应的安全性保障。由于云平台服务不仅是跨系统的信息提供，而且包括向用户提供信息处理服务、计算服务和工具服务，这就需要维护用户的利益，而确保信息转移、处理与利用安全尤为重要。

在云计算服务平台建设中，应加强基于平台的信息服务系统之间的协调，构建一种新的开放运行环境。一旦选择了云计算平台模式，就需要对原有的信息系统与服务进行重新部署，以此出发实现各服务机构的业务关联和流程重构①。因此，必须面对云计算可能导致的公共信息服务和商业服务之间的关系变化，寻求公共服务平台构建的合理模式，确立公共应用云计算的管理机制。

9.6.2 云计算环境下平台信息服务推进

云计算的优势在于，利用互联网的高速传输能力，将数据处理从个人计算机或服务器转移到互联网上的计算机集群中。在这种信息处理模式下，以信息资源深层开发和知识处理为内容的服务应不再局限于某一局部系统，而由一个大型的平台数据中心来组织，中心平台按用户的需要分配计算资源，使用户置身于超级计算环境中。

在云计算平台环境下，成千上万的用户可以不担心所使用的计算资源和接入的方式，只需要进行依靠网络连接起来的平台，计算服务就可以得到多种应用。

由于云计算服务有望从基础设施层面解决许多长期困扰信息服

---

① 胡小菁，范并思．云计算给图书馆带来的挑战［J］．大学图书馆学报，2009（4）：7-12.

务网络和服务平台运行的问题，可以预知，云计算服务平台将不断得到发展。这说明，信息保障平台的云计算应用已是一种不可回避的选择①。

2009年开始，OCLC致力于基于WorldCat书目数据的"Web级协作型图书馆管理服务"。这一云计算服务项目，预示着云计算在信息资源服务中广泛应用的开始。美国国会图书馆与DuraSpace公司，于2009年7月启动了"国家数字信息基础设施与保存计划"（National Digital Information Infrastructure and Preservation Program，NDIIPP），纽约公共图书馆和生物多样性历史文献图书馆（Biodiversity Heritage Library，BHL）也参与了项目的试验。该项目的目的是检测云技术在维持数字内容永久访问上的性能。在实施中，云计算通过网络平台利用远程计算机为用户提供本地化服务，以云服务为支撑，提供存储与访问，包括在多家云存储服务提供商之间实现互操作和内容复制与内容监控。这一试验对云计算在内容服务中的应用已产生多方面影响。

在基于云计算的信息平台服务中，印度的Web-Feat Express跨库检索系统，亚马逊API、谷歌图书API等进行了多方面的工作。

2008年开始，我国在科学计算、商务服务和知识服务中推进了云计算的应用。此时，国内电子商务云计算中心在南京建立，中国移动研究院也完成了云计算中心试验。国家"十二五"规划中，CALIS数字图书馆计划建立CALIS数字图书馆云服务平台（Nebula Platform），以此构建多级CALIS数字图书馆云服务中心，为高等学校和其他用户提供多种类型的数字图书馆服务，同时为图书馆提供本地化的数字图书馆云计算解决方案。

结合SaaS技术，CALIS数字图书馆云服务平台（Nebula Platform），以基础设施服务IaaS/HaaS和平台服务PaaS为基础，围绕4个方面进行组织：在全国高等教育信息保障中构建用于公共服务的云服务平台；平台以SaaS为中心提供服务支持；面向用户

---

① 田雪芹. 云计算环境下图书馆变革的进展与趋势［EB/OL］.［2013-07-13］. http：//www.edu.cn/.

的数字化服务平台作为本地应用基础平台来构建；CALIS 云服务平台在开放环境下与第三方公共云计算服务互联①。平台模型如图9-26所示。

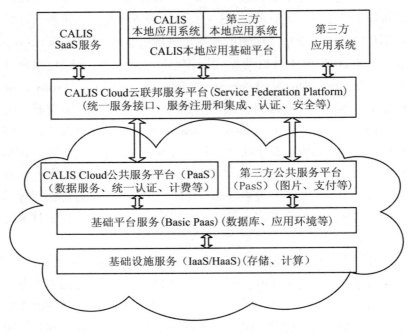

图 9-26　CALIS 云服务平台总体模型

在基于云计算平台的服务发展中，应围绕以下问题的解决进行组织：

①服务面向的广泛性。云计算作为一种新型的计算网络模式，利用高速互联网的传输能力将数据处理过程从个人计算机或服务器转移到互联网上的计算机集群中，从而带给用户前所未有的计算能力。云计算也使得网络上的某台计算机或者计算机集群能够同时为成百上千万的用户提供服务，因而基于云计算的信息保障平台具有

① 王文清，陈凌. CALIS 数字图书馆云服务平台模型［J］. 大学图书馆学报，2009（4）：13-18，32.

面向广域用户的跨系统服务扩展性。在信息保障平台的跨系统组织中，云计算可以快速完成配置，从而极大地方便了用户的跨系统服务利用。例如，微软的 Live Hotmail，作为一个运行在云计算环境中的平台，面对互联网上百万用户的需求，可以轻松地进行自我功能配置，具有广阔的服务拓展空间。从知识创新信息保障平台环境上看，云计算的实现，为平台服务的社会化发展提供了新的条件，决定了将信息保障与信息处理保障相融合的平台应用发展前景。

②云计算硬、软件共享。云计算技术的一个突出特点就是最小化终端设备的配置要求，它可以将个人电脑、服务器等直接连入云计算网络，用户只需要通过"云"网络就能访问这些资源，只要有应用需求都能通过网络调用资源和获取服务。从分布式资源、设施与服务利用上看，汇集于信息保障平台中的硬、软件资源可以实现更加广泛的跨系统共享。由此可见，云平台赋予了用户前所未有的信息硬、软件共享能力，为信息保障平台中的硬、软件使用提供了网络支持，因而在平台服务组织中应扩展硬、软件的共享范围。

③提高信息资源的利用率。云计算平台在实现的数据共享系统之间，应通过共享软件系统处理数据转化中的复杂协议问题，从而简化信息资源共享的互操作程序。事实上，在云计算网络应用模式中，数据可以只有一份，保存在云端，各系统只需要连接互联网，就可以同时访问和使用同一份数据，以此达到数据更深层次的共享目的。对于具有互联关系的信息服务机构，借助云计算平台，可以把最新的信息即时提供给平台用户，有利于机构信息资源更合理的调配和利用，从而提高信息资源的社会利用率。

④可靠和安全的数据存储。云计算平台应提供可靠、安全的数据存储，这样可以避免数据丢失。通过云计算模式，系统之间可以分享系统连接在一起而形成的基础设施，通过云计算技术，可以随时获得广泛分布的资源。在云计算平台中，相关的数据存储在"云"之中，用户可以在任何时间、任何地点以某种便捷、方便、安全的方式获得"云"中的相关信息或服务。虽然在"云"中有成千上万台计算机为其提供服务，但对于"云"外的用户来说，他看到的只是一个统一的接口界面，用户使用云服务就如通过互联

网使用本地计算机一样的方便①。

　　⑤有效的服务资源保障。在基于云计算的信息保障平台构建中，应考虑跨系统信息共享对计算资源的需求，通过集中建设云计算中心，实现基于平台的服务共用，从而避免各系统分散投入所导致的计算资源浪费②。因此，各系统可以充分发挥各自的优势进行数据资源的建设，而在数据处理与服务上充分利用平台设备，以提高硬、软件的利用率。值得指出的是，在平台建设中，应有合理的布局，进行硬件的集中配置和更新，与此同时，通过云计算平台，为各系统提供充分的信息处理与服务支持。

---

① 卢军.云计算离企业应用有多远？［J］.信息系统工程，2008（7）：31-33.

② 陈康，郑纬民.云计算：构建基于互联网的应用［N］.计算机世界，2008-05-12（36）.

10 国家创新发展中的跨系统协同服务评价

为了减少知识创新发展中的跨系统信息服务组织风险、降低服务成本、提高服务能力与效率，必须对知识创新中的协同信息服务制订科学合理的评价体系，以便通过适时评价，挖掘知识信息资源的协同利用效益和社会效益，促进跨系统协同信息服务的有序发展。

10.1 跨系统协同信息服务绩效分析

跨系统协同信息服务活动对社会的影响体现在两个方面：一方面，通过开展信息服务使整个社会的知识积累增加，其结果是社会知识结构得以优化；另一方面，信息服务协同业务得到发展，从而提升了在国家创新发展中的创新价值比。

在国家创新发展的建设中，跨系统协同信息服务有效推动了知识创新，保障了知识创新的来源，从而给创新价值链上的多元主体带来了核心竞争力的提升，在此基础上形成可持续发展的优势。从总体上看，跨系统协同信息服务绩效体现在社会效益和经济效益上。

10.1.1 跨系统协同信息服务的社会效益

跨系统协同信息服务的社会效益反映在服务的效用与成本相

对于独立系统的提升上，这是服务投入的增值体现。由于信息服务的特殊性，从用户受益角度出发，跨系统协同信息服务的社会效益，并不包含信息服务机构所追求的利润，而是体现在用户的绩效上。

跨系统协同信息服务机构在计划经济体制下多以免费方式开展服务，直至市场经济体制的建立和完善，一部分机构仍以公益性知识信息服务为主，其服务所产生的社会效益难以量化。然而，信息服务也可以被视为一种产品，我们称为信息服务产品，由于它具备了经济特性，同其他物质商品一样也具有价值和使用价值①。因此，用户利用知识信息服务所产生的经济效益也被视为知识信息服务的间接经济效益和直接社会效益。从效益测评上看，服务的社会效益包括信息服务的利用效果和服务带给用户的经济利益。

（1）服务的效用与用户利用效益

经济学对效益的定义是，某人从消费某物或劳务中所得到的好处或满足。信息服务的效用是指用户利用信息服务产品后获得的收益和自身需求的满足，它不完全等同于使用价值的发挥。跨系统协同信息服务的使用价值是其自然属性，是进行服务的前提，是信息服务机构投入具体劳动创造的客观价值体现。信息服务价值显然先于用户使用而存在，但是信息服务的效用只有在被用户利用后才能形成。由此可见，信息服务效益源于服务价值和用户的利用。这说明，信息服务效用的大小不仅取决于产品所固有的使用价值大小，而且取决于用户自身的素质及对服务的利用和吸收能力。

跨系统协同信息服务使用价值必须依附于一定的载体以及信息载体的协同共享和利用，通过服务交换过程，使用价值大多在不同的载体间发生转移，即从信息服务者到达所利用服务的用户。用户以多种形式获取信息服务，在服务利用过程中，形成用户效益。用户效益的社会化集成，便是信息服务的社会效益。

跨系统协同信息服务的效用还表现出一定的差异性，这种差异性不仅仅是指效用量的差异，还包括正效用、零效用和负效用

---

① 胡昌平，黄晓梅，等．信息服务管理［M］．北京：科学出版社，2003：71-92.

的作用差异。因此，服务社会效益的产生是有内、外作用条件限制的。

（2）信息服务成本与成本效益

从信息服务的协同组织和利用角度来看，服务成本包括两个部分：其一，生产成本，是指信息服务在生产和提供过程中所消耗的各种资源费用，包括物质材料、信息材料、劳动力及其他消耗费用；其二，用户成本，是指用户在获取和利用信息服务过程中所消耗的各种费用，包括原材料的消耗费用、利用信息服务所消耗的时间及设备成本等。

跨系统协同信息服务产品的效用分析应从社会需求和利用角度出发，以服务的使用价值的实现为前提考虑，如果仅从服务生产过程考虑则会忽略用户利益中心原则。由于国家创新中社会化跨系统组织层面上的信息服务所具有的公益性，决定了只有着手于用户效用的评价，才能客观地显现信息服务的成本效益。因此，在对服务进行评价的时候，应该注意到用户的服务使用成本，在保证服务利用效果时，力求将使用成本最小化。

基于以上两方面的认识，我们可以从如下几个方面来分析信息服务的社会效益的实现。

10.1.2 跨系统信息服务的协同效应与经济效益

对于创新主体来说，跨系统协同信息服务的效益体现在主体核心竞争力的形成以及各协同机构发展之上。科研机构、高等学校和科技中介服务机构作为知识创新的主要力量，积极围绕企业技术创新需求，提供知识创新成果，企业坚持技术创新的市场导向，有效整合产学研的力量，形成可持续发展的核心竞争力。同时，科研机构、高等学校、企业之间有机结合，共建开放、流动、竞争、协作的创新体制，信息服务则是国家创新发展的支撑性服务，其经济效益必然体现在知识创新的经济效益和知识创新经济发展上。知识创新对于企业核心竞争力的形成影响具体体现在 5 个方面，即技术创新、制度创新、管理创新、人力资源创新和可持续发展[1]。

---

① 刘晶晶，邢宝君. 知识创新提升企业核心竞争力的机制分析 [J]. 现代管理科学，2006（9）：18-19.

①知识创新中的跨系统协同信息服务是跨系统创新的基础。通过跨系统知识传递、利用和积累，这种积累对于用户的知识水平提高是重要的，例如对于企业的提高，体现在研发能力的提升上。在知识积累到一定的阶段，企业必然形成新的技术和知识优势，从而实现技术突破，为市场提供新的、差异性的产品，以此提升企业的核心竞争力。

②知识创新的内在要求是制度和管理创新。面对跨系统创新的制度创新，信息服务的效益，一是体现在制度和管理创新层面上，二是体现在基于制度和管理创新的经济发展上。在知识创新环境下，各类组织的管理理念、方法和手段等随之而改变，从而创造出一种更新、更有效的资源整合模式，形成一种系统化的经济发展能力。

③跨系统协同信息服务促使人力资源经济效益的发挥。用户通过跨系统协同信息服务，可以更好地融入知识系统中。对于企业来说，基于新的知识结构的员工，作为知识和能力的承载者，必然创造出更大的经济效益，而知识的获取必然借助于跨系统渠道，这说明跨系统服务为组织的生存和发展创造了新的机会。

④跨系统协同信息服务保证了知识创新的跨系统持续发展。首先，通过跨系统协同信息服务，可以科学地规划未来；其次，信息服务是组织核心竞争力可持续发展的根本保证，更是社会整体保持稳定和繁荣的基础。事实上，组织不仅看重现有效益的累积，更看重未来的效益持续。因而，通过创新知识服务，可以最大限度地挖掘发展潜力，实现其潜在获利机会。

10.1.3 跨系统协同服务的绩效形成

跨系统协同信息服务的社会效益和经济效益可以集中归纳入协同服务绩效。这意味着，服务的绩效有着内发原因，其外化的表现形式则是服务的社会效益和经济效益。基于这一认识，在服务绩效评价中，可以客观地提出社会效益与经济效益的测评指标。

单纯的绩效包含成绩和效果的意思。在经济活动中，是指社会经济活动的结果和成效；在人力资源管理方面，是指主体行为结果的投入产出比[①]。在当前的研究中，对绩效存在两方面的认识：一种是把绩效看作结果；另一种则认为绩效是行为。在绩效的二维模型中，行为绩效包括任务绩效和关系绩效两方面，其中，任务绩效指所规定的行为或与特定的工作熟练有关的行为，关系绩效指自发的行为或与非特定的工作熟练有关的行为。SCP 框架的基本含义是，市场结构决定企业在市场中的行为，而企业行为又决定市场运行的经济绩效[②]。

2000 年克兰菲尔德学院安迪·尼尔利（Andy Neely）等人构建了三维绩效棱柱模型（Performance Prism），如图 10-1 所示。模型中棱柱的 5 个方面分别代表组织绩效存在因果关系的 5 个关键要素：利益相关者的满意，利益相关者的贡献，组织战略的实现，业务流程的组织，组织能力的体现。绩效棱柱模型关心所有利益相关主体，关注利益相关主体的满意度。该模型在于以现存的绩效测量框架和方法为基础，通过绩效形成因素，进行绩效的分析和测评。

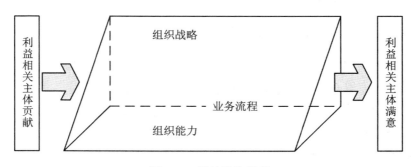

图 10-1　绩效棱柱模型

①　Armstrong，M.，Baron，A. Performance Management ［M］. London：The Cromwell Press，1998：15-16.

②　SCP 分析模型［EB/OL］.［2013-08-15］. http：//wiki. mbalib. com/wiki/SCP%E5%.

　　跨系统信息服务对社会群体的影响体现在两个方面：一方面，通过开展知识信息服务使整个社会的知识积累增加，知识结构得以优化；另一方面，通过知识信息服务，提升服务对象的创新发展能力。因此，可以将知识信息服务的绩效分解为两个方面来考虑，即知识信息服务的社会利益和知识信息服务的经济利益。

　　在跨系统信息服务绩效分析中，利用绩效棱柱模型，可以构建绩效评价内容，即知识信息服务的组织战略绩效评价、业务流程绩效评价、服务能力绩效评价、利益主体（用户）满意度评价和服务主体贡献评价。

10.2　跨系统协同信息服务绩效评价方法体系

　　跨系统协同信息服务绩效是服务价值的体现，按价值发挥的要素、过程和结果，存在着不同的评价方法。围绕服务的效益和服务业绩所采用的评价方法可区分为定性赋值评价和定量分析评价。用于服务绩效评价的方法主要有模糊评价法、关联度分析法、360°绩效评价法、量表评价法等。

10.2.1　服务绩效的模糊综合评价法

　　模糊数学试图利用数学工具解决模糊事务问题，美国加州大学控制论专家扎德（L. A. Zadeh）发表了《模糊集合论》，形成了模糊数学算法。模糊数学用于评价的基本思想是：由于评价对象的比较等级之间具有模糊性，因而引入模糊隶属度进行运算，更能反映被评对象的属性，使评价结果更具有合理性①。

　　模糊综合评价法（Fuzzy Synthetin Evaluation）是建立在模糊集理论基础上的分析方法，在于运用模糊数学方法分析和评价具有多元复杂关系的服务组织上，其基本思路是将评价对象分解成多个因素组成的模糊集合集，按内在作用机制设定各因素的评价

---

① 白云鹏，陈永健. 常用水环境质量评价方法分析 [J]. 河北水利，2007（6）：23-24.

等级，组成评价的模糊集合，最后根据各个因素在评价目标中的权重分配，计算求出评价值[①]。在知识信息服务绩效评价中，基本步骤为：

首先，建立因素集，即将绩效评价的内容对象归为评价因素，如将服务质量因素归为服务完整性、适用性、及时性、针对性。即形成因素集：服务质量 = {完整性、适用性、及时性、针对性}，表示为：

因素集 $U = \{u_1, u_2, \cdots, u_i\}$，$(i=1, 2, \cdots, n)$。

其次，构建判断集，即评价判断的标准区分，如：

将评判标准分为 1~5 个级别，由此建立评判集 $V = \{V_1, V_2, V_3, V_4, V_5\}$，它们分别表示绩效水平的不同状态。以此出发，按评价者对评价对象的判断结果构建关系矩阵，即 U 与 V 之间的关联矩阵。

设共有 n 位评价者，在 D_i 指标评判中，m 位评价者选择 j 级，记作 m_{ij}，$j \in U$，则评价者对 D_i 指标选择 j 级的概率为：$r_{ij} = m_{ij}/n$。

于是，可以得到对 D_i 指标评价的行向量[②]。设按 1~5 个等级进行评价，D_i 评价的行向量记为 $R_i = (r_{i1}, r_{i2}, \cdots, r_{i5})$，模糊评价矩阵 R 为：

$$R = \begin{bmatrix} r_{11} & r_{12} & \cdots & r_{1m} \\ r_{21} & r_{22} & \cdots & r_{2m} \\ \cdots & \cdots & r_{ij} & \cdots \\ r_{n1} & r_{n2} & \cdots & r_{nm} \end{bmatrix}$$

其中，r_{ij} 为对第 i 个因素做出第 j 评价级别的专家人数与参加评价的专家总人数之比。

最后，进行模糊综合评判，即根据模糊运算规划进行绩效因素的评判，以明确信息服务绩效在各方面的体现。

---

① 胡永宏，贺思辉. 综合评价方法［M］. 北京：科学出版社，2000：9.

② 刘晓华，王忠辉，王艳明. 企业统计能力模糊综合评价方法及应用［J］. 统计与决策，2009（24）：169-170.

由前面的模糊集合和模糊矩阵，可以建立如下的模糊综合评价模型：

$$B = W \times R$$

因此，模糊综合评判集为：

$$B = W \times R = (W_1 \quad W_2 \cdots W_n) \times \begin{pmatrix} r_{11} & \cdots & r_{1m} \\ \vdots & \ddots & \vdots \\ r_{n1} & \cdots & r_{nm} \end{pmatrix} = (b_1 \quad b_2 \cdots b_n)$$

在模糊运算的基础上，即可得出关于绩效评价的结论。所得出的结论由于客观地反映了评价者对相关问题的判断，因而具有统计上的意义。

模糊综合评价法是在模糊环境下，考虑多种因素的影响，基于某种目的对一事物做出的综合评价方法，通过定性指标的定量化判断，提供综合性评价结果。

10.2.2 关联度分析法

信息不完全确知的系统为灰色系统，灰色理论在于利用已知信息来确定系统的未知状态，其最大特点是对样本量没有严格要求①。

利用灰色关联度分析法对知识信息服务绩效的多个方面进行优劣排序的模型是：

$$R' = W \times E$$

其中 $R' = [r_1, r_2, \cdots, r_m]$，为 m 个被评价对象的综合评判向量结果；

$W = [w_1, w_2, \cdots, w_n]$，为 n 个评价指标的权重分配向量，且 $\sum_{i=1}^{n} w_i = 1$；

---

① 郭建博. 三种灰色关联度分析法比较研究 ［J］. 科技信息，2008（1）：4-5.

$$E = \begin{bmatrix} \xi_1(1) & \xi_2(1) & \cdots & \xi_m(1) \\ \xi_1(2) & \xi_2(2) & \cdots & \xi_m(2) \\ \vdots & \vdots & & \vdots \\ \xi_1(n) & \xi_2(n) & \cdots & \xi_m(n) \end{bmatrix}$$

$\xi_i(k)$ 为第 i 个被评价对象的第 k 个指标与最优指标的关联系数，可根据数值进行排序。

利用灰色关联度分析法对知识信息服务绩效评价的步骤为：

首先，确定理想指标集，如在知识信息服务中，按用户期望的结果，设定服务的理想绩效目标（效果），如信息需求满足度为 100%。值得指出的是，绩效中的各项理想化的指标，结合为指标集。在评价中，设 n 个指标评价的实际值为：

$$X_1 = (X_{11}, X_{12}, \cdots, X_{1m})$$
$$X_2 = (X_{21}, X_{22}, \cdots, X_{2m})$$
$$\vdots$$
$$X_n = (X_{n1}, X_{n2}, \cdots, X_{nm})$$

其平均值 X_0 设为理想值：

$$X_0 = (X_{01}, X_{02}, \cdots, X_{0n})$$

其中 $X_{0i}(i = 1, 2, \cdots, n)$ 为第 i 个指标在 m 个评价对象中的值。

据此对其进行无量纲处理，方法有以下两种：

$$x_i(k) = \frac{x_i(k) - \min\limits_{i} x_i(k)}{\max\limits_{i} x_i(k) - \min\limits_{i} x_i(k)} \quad i = 1,2,\cdots,m; k = 1,2,\cdots,n$$

$$x_i(k) = \frac{\max\limits_{i} x_i(k) - x_i(k)}{\max\limits_{i} x_i(k) - \min\limits_{i} x_i(k)} \quad i = 1,2,\cdots,m; k = 1,2,\cdots,n$$

第一种方法适用于指标值越大越好的情况，主要应用于效益指标集；后一种方法适用于指标值越小越好的情况，主要应用于成本指标集。

在评价中还需要计算无量纲值与理想指标值间的绝对差和指标值与理想值之间的关联系数。设 $\Delta_i(k)$ 为绝对差，$\xi_i(k)$ 为关联系数，有：

$$\Delta_i(k) = |X_{ki} - X_{0i}| \quad i = 1, 2, \cdots, m; \quad k = 1, 2, \cdots, n$$

$$\xi_i(k) = \frac{a + \rho b}{\Delta_i(k) + \rho b}$$

其中，$a = \min\limits_{1 \leqslant k \leqslant n} \min\limits_{1 \leqslant i \leqslant m} \{\Delta_i(k)\}$；$b = \max\limits_{1 \leqslant k \leqslant n} \max\limits_{1 \leqslant i \leqslant m} \{\Delta_i(k)\}$；$\rho$ 是分辨率，在 0~1 之间取值，一般取 0.5，得出如下关联系数矩阵，以表征结果：

$$E = \begin{bmatrix} \xi_1(1) & \xi_2(1) & \cdots & \xi_m(1) \\ \xi_1(2) & \xi_2(2) & \cdots & \xi_m(2) \\ \vdots & \vdots & & \vdots \\ \xi_1(n) & \xi_2(n) & \cdots & \xi_m(n) \end{bmatrix}$$

由于各个指标的重要程度具有差异，可应用指标的加权处理方式进行最终的关联度表达：

$$R' = (r_1, r_2, \cdots, r_m) = W \times E$$

式中 W 为权重向量，依据 R' 中的 $r_i(i = 1, 2, \cdots, m)$ 的大小，可对 m 个被评价对象进行优劣排序[①]。

10.2.3　全方位绩效评价法

美国英特尔公司首先提出了全方位绩效评价法，一般称为"360°绩效评价"或"360°绩效反馈"，在企业管理中对人员绩效和组织绩效进行了多方面评价。这种绩效评价方法是一种从员工、上司、部属、同事到顾客的全方位多角度绩效评价方法，包括沟通技巧、人际关系、领导能力、行政能力等。通过这样的评价方式，被评者不仅可以从上司、部属、同事甚至顾客处获得多种角度的反馈，也可以从这些不同的反馈中找出自己的不足、长处与发展需求。全方位绩效评价方法具有全面、客观和及时反馈的优势，因此

---

①　杜栋，庞庆华，吴炎. 现代综合评价方法与案例精选［M］. 北京：清华大学出版社，2008：112-116.

已在企业评价中广泛应用①。这种方法的不足在于：对领导者的权威提出了挑战，员工不太愿意袒露自己真实的想法，考评往往带有情感因素，员工很可能给予上级较高的评价等，因而评价的开展往往受制于主观因素。

绩效考核五星图模型根据全方位绩效评价法构建，反映全方位考评指标绩效。按绩效对象的考评和绩效过程的测评，区分为绩效考核五星图模式和绩效分析五星图模式，如图 10-2、图 10-3 所示。

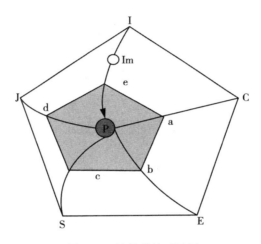

图 10-2　绩效考核五星图

在图 10-2 中，5 个考评渠道即被考评者本人（I）、上级（Superior，S）、下级（Junior，J）、同事（Colleague，C）、外部专家（Expert，E），分处于正五边形的五个顶点，其评分分别由各自完成，可获得相应的分值，如 Im 表示自评得分。绩效五星图的绘制按 S、C、J、E、I 相应的分值大小排序，取得综合结果。

绩效分析五星图中，绩效受到能力、激励和机会三因素共同影响。从综合角度上看，绩效是环境（Condition，C）、行为（Behavior，B）、能力（Skill，S）、机会（Opportunity，O）、激励

---

① 360 度绩效评估［EB/OL］.［2013-05-15］. http：//wiki. mbalib. com/wiki/360/.

（Inspire，I）五变量的函数，即绩效 $=f$（C，B，S，O，I）。同理，绩效分析五星图绘制对按序排列的各变量分值做出展示，如图 10-3 所示①。

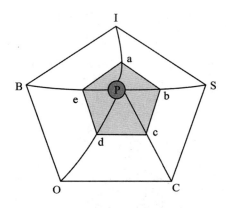

图 10-3　绩效分析五星图

绩效考核五星图模型针对全方位绩效评价法做了改进，其优势是二者的结合利用，既反映了评价对象的工作绩效，又反映了绩效形成过程的因素影响。"五星图"的不足之处在于，评价渠道可能的缺位和较高的评价成本。

在知识信息服务绩效评价中，所涉及的交互人员和环境，决定了分析的内容。通过全方位分析或五星图考评，可以较全面地反映绩效状态。

10.2.4　主成分分析法

在多元统计分析方法中，主成分分析法（Principal Component Analysis）是比较重要的一种②。主成分分析将研究对象的多个相关变量（指标），通过坐标旋转进行降维，从而形成相互独立的主

① 绩效考核五星图模型［EB/OL］.［2013-05-14］. http：//wiki. mbalib. com/wiki/.

② 何晓群. 现代统计分析方法和应用［M］. 北京：中国人民大学出版社，1998：89-97.

成分指标，然后通过相应的分析和权重计算，得到评价结果①。

主成分分析基本算法的步骤如下：

①采集 p 维随机向量 $x = (x_1, x_2, \cdots, x_p)^T$ 的 n 个样本 $x_i = (x_{i1}, x_{i2}, \cdots, x_{ip})^T$，$i = 1, 2, \cdots, n$，$n > p$，构造样本阵，对样本阵元进行如下标准化变换：

$$Z_{ij} = \frac{x_{ij} - \bar{x}_j}{s_j}, \ i = 1, 2, \cdots, n, j = 1, 2, \cdots, p$$

其中 $\bar{x}_j = \dfrac{\sum\limits_{i=1}^{n} x_{ij}}{n}$，$s_j^2 = \dfrac{\sum\limits_{i=1}^{n} (x_{ij} - \bar{x}_j)^2}{n - 1}$，得到标准化矩阵 Z。

② 对标准化矩阵 Z 求相关系数矩阵：

$$R = [r_{ij}]_{p \times p} = \frac{Z^T Z}{n - 1}, \ 其中，r_{ij} = \frac{\sum X_{kj} \cdot Y_{kj}}{n - 1}, \ i, j = 1, 2, \cdots, p。$$

③ 解样本相关矩阵 R 的特征方程 $|R - \lambda I_p| = 0$ 得到 p 个特征根，确定主成分：

按 $\dfrac{\sum\limits_{j=1}^{m} \lambda_j}{\sum\limits_{j=1}^{p} \lambda_j} \geqslant 0.85$ 确定 m 值，使信息的利用率达到 85% 以上，对每个 λ_j，$j = 1, 2, \cdots, m$，解方程组 $Rb = \lambda_j b$，得到单位特征向量 b_j^o。

④ 将标准化后的指标变量转换为主成分：

$$U_{ij} = z_i^T b_j^o, \ j = 1, 2, \cdots, m$$

U_1 称为第一主成分，U_2 称为第二主成分，U_p 称为第 p 主成分。

⑤ 对 m 个主成分进行综合评价：

将 m 个主成分进行加权求和即得到最终评价值，权数为主成

---

① 主成分分析法 [EB/OL]. [2013-05-14]. http://blog.sina.com.cn/s/blog_4ee92d4d01008wmu.html~type=v5_one&label=rela_prevarticle.

分的方差贡献率①。

主成分分析法的应用也有一定的限制，因为并不是所有高维的数据都适合主成分分析。首先，在数学上，要求随机变量 x_1，x_2，…，x_p 的协方差矩阵为 p 阶非负定矩阵；其次，指标数据需具有一定水平的相关性才适合做主成分分析；最后，主成分分析中因子负荷符号交替使得函数意义不明确，需要大量的统计数据，没有反映客观发展水平。

10.3 跨系统协同知识信息服务绩效评价模型构建

跨系统协同信息服务绩效的影响因素是多维的、动态的，涉及评价的要素结构复杂，只有从多层面多角度出发进行指标体系设计才能客观反映基本状况。在指标体系设计中，存在着基本原则指导下的指标设置和指标权重安排。

10.3.1 评价指标体系的设计原则

评价指标的设置和指标体系的构建是进行跨系统协同知识信息服务分析与绩效评价的一项重要性工作，分析与评价水平在很大程度上依赖于所制定的评价指标体系的科学性与合理化程度。完善的指标体系能帮助评价主体客观分析情况，作出正确决策，进而有效促进知识创新效益。跨系统协同信息服务绩效评价的一般评价指标体系的设计要遵循以下基本原则：

①时代性与前瞻性相结合原则。跨系统协同知识信息服务的工作是以用户需求为导向的，用户的知识信息需求、知识信息服务需求随着时代的进步而发生变化，在网络化、信息化的时代，用户的信息需求也呈现出极速增长的趋势。同时，跨系统协同知识信息服

---

① 主成分分析法［EB/OL］．［2013-05-15］．http：//wiki. mbalib. com/wiki/%E4%B8%BB%E6%88%90%E5%88%86%E5%88%86%E6%9E%90%E6%B3%95.

务是以网络技术、计算机信息处理技术为支撑的，因此，跨系统协同信息服务评价离不开信息技术环境和现代技术的应用。评价指标体系设计的前瞻性表现为，科学的绩效评价指标既能反映知识信息服务活动的现状，又能体现知识信息服务的未来发展。这是因为评价不仅面对现实，而且面向信息服务业的未来发展。因此，指标体系应是时代性与前瞻性相结合的评价体系。

②系统性与层次性相结合原则。评价是对服务所作出的全面测评、检查、分析和评审。跨系统协同信息服务的绩效评价必须要确定完整的指标体系，指标体系应能全面反映评价对象的本质特征和整体性能，同时又要考虑服务结构和层次。指标体系的构建应处理系统性与层次性之间的关系，系统上下层指标应有包含关系，同层次上的指标应能从不同方面反映系统的实际情况。指标之间相互具有独立性，同时也具有关联性。另外，在指标设置上应适当，在结果上应具有可比性和有效性，要求指标的科学性、先进性、全面性。总之，系统性原则必须能反映隶属关系和主次关系。同时，评价指标要有层次性，为衡量系统的效果和确定指标权重提供方便。

③目标与过程相结合原则。评价的目的是为了更好地实现提升绩效的目标，即通过评价促进业务发展，在评价过程中应能及时地发现和纠正错误，在指标体系构建上应能达到完善评价的目的，同时，又有利于评价的开展。因此，跨系统协同知识信息服务绩效评价的目标与过程是相连的，它们互为补充、相互结合，使评价得以进行，使知识信息服务的绩效评价的目标能够实现。这说明，绩效评价只是手段，不是目的，跨系统协同知识信息服务绩效评价的目的在于提高知识创新效益，通过评价而得出服务绩效如何及如何体现，从而有的放矢地改进服务效率与效益的问题。

④量化与模糊评价相结合原则。评价作为一项重要的管理技术，经过最初简单的、以定性方层为主的评价，到现在系统性、定性与定量相结合的评价发展过程。当前的定量评价，日益显示出在

评价中的优势。为了进行综合评价，必须将反映知识信息服务绩效的定性指标定量化，从而为采用定量评价方法奠定数据基础。这说明，一方面，要加强跨系统协同知识信息服务绩效评价中"定量"的作用；另一方面，信息服务的性质还要求我们必须有定性的一面，即对定性评价进行模糊定量转化。所以，在设定评价指标体系时应注意量化评价与模糊评价的结合。

⑤实时性可操作性结合原则。设立的指标体系应该实用，且有利于操作。既要从理论上顾及指标的完整性与科学性，又要考虑到它在现实中的可行性与适用性。由于跨系统协同知识信息服务绩效的隐含性、间接性的特点，决定了指标体系中定性内容的存在，所以，在设立评价指标体系时，要保证指标体系所选用的定量与定性指标符合实际，又要使全部数据及表述方式利于操作。

10.3.2 评价指标体系的设计依据

设计跨系统协同信息服务绩效评价的指标时要注意有评价的主体性，要用定性结合定量，既要体现服务过程，也要体现协同绩效。具体依据如下：

①主体性。跨系统协同知识信息服务评价的指标体系应建立在服务的关系之上，在这种服务与服务对象的关系中，服务人员是实施服务的主体，用户是接受服务的客体；而从评价的角度来说，用户（包括绩效相关用户和绩效非相关用户）是对服务进行评价的主体，服务人员则是接受评价的客体。因此，在跨系统协同知识信息服务评价指标的设计中必须遵循主体性思想，以跨系统协同知识信息服务的经济效益和社会效益作为评价的主要指标，同时充分认识服务人员和用户两方面的主体作用。

②定性结合定量。所谓定性就是在评价中确定事物的性质，定量则是确定事物的量。任何事物都有质的规定性和量的规定性。定性和定量二者缺一不可，不能偏废。在跨系统协同知识信息服务评价指标的具体操作中，对于无法量化的事物，可采取具体描述的方法，即把指标定得比较具体，使人能够理解、便于衡量，并用具体

的语言加以描述。采取描述与量化相结合的方法，把跨系统协同知识信息服务中的可测性目标与非可测性目标有机地统一起来，使跨系统协同知识信息服务的评价机制进一步完善。

③过程评价结合绩效体现。信息服务是一个由业务人员通过利用知识信息资源，采用一定的服务方式，在一定的协同服务平台满足用户知识信息需求的行为过程。这个过程是一个多种主观和客观因素参与的复杂过程，所以对跨系统协同知识信息服务评价指标的设计应把结果和过程结合起来，既要反映服务绩效，又要反映服务的全过程。通过分析去认识形成结果的原因。此外，跨系统协同知识信息服务的绩效（包括社会效益和经济效益）体现了知识信息服务的社会价值和经济价值，因此应该关注知识信息服务的绩效与投入比①。

10.3.3　评价指标体系的构建

根据跨系统协同信息服务绩效的体系分析和影响因素分析，可以从知识信息资源质量、服务人员与用户、服务手段和方式以及服务产出层面来构建知识信息服务绩效评价的指标体系。例如，文献信息服务评价，其指标体系可包括 4 个一级指标、9 个二级指标、30 个三级指标。三级指标中有定性指标 19 个、定量指标 11 个，如表 10-1 所示。

表 10-1　　　**协同信息服务绩效评价指标体系**

一级指标	二级指标	三级指标	指标属性
跨系统信息资源 B1	资源质量 C1	可靠性 D1	定性
		及时性 D2	定量
		广泛性 D3	定性

① 杜也力. 知识服务模式与创新 ［M］. 北京：北京图书馆出版社，2005：210-212.

续表

一级指标	二级指标	三级指标	指标属性
协同服务人员与用户 B2	知识结构 C2	专业知识 D4	定性
		计算机技术 D5	定性
		外语能力 D6	定性
	综合素质 C3	服务态度 D7	定性
		工作责任心 D8	定性
		道德品质 D9	定性
	业务能力 C4	挖掘潜在需求能力 D10	定性
		与用户互动能力 D11	定性
	用户个体特征 C5	表达需求能力 D12	定性
		利用工具能力 D13	定性
协同服务过程 B3	服务方式、手段 C6	多样性 D14	定性
		充分性 D15	定性
		及时性 D16	定量
		精练性 D17	定性
		准确性 D18	定性
		个性化 D19	定性
	服务性价比 C7	收费合理性 D20	定量
		服务易用性 D21	定性
协同服务产出 B4	社会影响力 C8	增加知识、信息总量 D22	定量
		提高经营决策管理水平 D23	定性
		减少投资 D24	定量
		节约劳力 D25	定量
	实际产值 C9	技术市场合同成交额 D26	定量
		高技术产品出口额 D27	定量
		新产品产值 D28	定量
		科技论文数量 D29	定量
		发明专利数 D30	定量

　　为了更清晰地体现一、二级指标的层次性与隶属关系，采用列表的形式对其逐项进行解释和说明，详情如表 10-2 所示。

表 10-2　　　　知识信息服务绩效评价一、二级指标解析

一级指标	说　明	二级指标	说　明
信息资源	"信息资源"是知识信息服务活动开展的基础，用户的需求是对信息的需求，在无法获取的情况下才产生对服务的需求	资源质量	质量的好坏是影响知识信息资源最重要的因素，它是资源收集、加工、整合、以印刷形式、多媒体形式、数据库形式存在的体现。所以，应该从知识信息资源的源头把好质量关
服务人员与用户	"服务人员与用户"是知识信息服务活动开展的保障，知识信息服务是基于用户需求的，没有需求就没有服务的产生，同时，大部分服务需要服务人员来参与传递	知识结构	服务人员的知识结构决定了其能否圆满地完成知识信息服务，开展服务需要首先对其了解、熟悉，才能较好地进行知识的传递
		综合素质	服务人员的综合素质影响着用户对服务过程的感受，满意的服务过程使用户产生进一步的服务需求
		业务能力	除了用户自身领悟到的潜在需求外，服务人员可以进行主动询问、提示，去挖掘需求，这需要良好的沟通技巧和对业务的熟悉
		用户个体特征	用户群体的知识结构、综合素质、所处环境等各不相同，因此迥异的个体特征也影响着服务的效果
服务过程	"服务过程"体现了知识信息服务活动的整体表现，它也是影响服务效果的因素之一	服务方式、手段	服务方式和手段是服务过程中的支撑条件，知识信息资源必须通过一定的载体来传递
		服务性价比	服务的性价比是影响用户决定使用服务的重要因素，性价比高的服务能吸引到更多的用户

续表

一级指标	说　明	二级指标	说　明
服务产出	"服务产出"是知识信息服务绩效最直接的体现，因此它也是知识信息服务绩效评价指标体系的部分	社会影响力	社会影响力是知识信息服务绩效对整个社会带来的整体实力的提升
		实际产值	实际产值代表了知识信息服务绩效的直观产出，它的各项数据能最直观地体现效益

　　三级指标是所设计的知识信息服务绩效评价体系的最末层指标，仍然通过列表的形式对其逐项进行解释和说明，详情如表10-3所示。

表 10-3　　　　知识信息服务绩效评价三级指标解析

一级指标	二级指标	三级指标	说　明
信息资源	资源质量	可靠性	可靠性表示资源应该真实有效，虚假的信息很可能带来负效应
		及时性	及时性表示资源应该更新迅速，信息越陈旧价值越低
		广泛性	广泛性代表了资源覆盖面是否广泛，是否满足各类用户的需求
	知识结构	专业知识	专业知识是指服务人员进行服务所需掌握的针对性的学科知识
		计算机技术	越来越多的知识信息服务以网络为平台，网络时代的知识信息服务离不开计算机操作
		外语能力	为了满足不同国家的用户和外文资源的需求，良好的外语能力必不可少

续表

一级指标	二级指标	三级指标	说　明
服务人员 与用户	综合素质	服务态度	服务态度是将知识信息服务进行下去的重要保障,良好的服务态度能吸引到更多的用户
		工作责任心	工作责任心代表服务人员对工作的热情、自我的认可,影响着服务工作的进程
		道德品质	道理品质是服务人员的根本本质,是一个人综合素质的体现
	业务能力	挖掘潜在需求能力	在许多情况下,用户的潜在需求未被认知,需要对其进行激励、开发
		与用户互动能力	良好的沟通、互动能使用户在服务过程中感受到轻松、愉快
	用户个体特征	表达需求能力	用户越能清楚地表达自己的需求,使服务人员较好地了解,服务效果越好
		利用工具能力	在服务后期,用户会对新的知识进行消化,利用工具能加强消化的效果
服务过程	服务方式、手段	多样性	多元化的服务方式能满足用户的不同需求
		充分性	充分的资源、对用户情况的掌握能更好地满足用户需求
		及时性	及时的服务能使用户在最短时间获取所需要的资源和服务
		精练性	精练性是指提供关键性的信息,提高资源利用效率
		准确性	准确性是服务的基本要求,不准确的信息是有害无益的
		个性化	个性化是指针对不同类型的用户提供不同的资源或服务
	服务性价比	收费合理性	服务的费用应在一定市场规则下制定,不能随心所欲
		服务易用性	服务易用性是指用户在急需服务时能方便、快捷地得到服务

续表

一级指标	二级指标	三级指标	说　明
服务产出	社会影响力	增加知识、信息总量	知识、信息总量是指整个社会知识积累的增加、知识水平的提高
		提高经营决策管理水平	通过知识信息服务，个人的知识能力得到提升，对其决策、管理水平也有了新的认识
		减少投资	知识能力的提升带来了技术创新，从而提高了生产力，高生产力能有效减少投资
		节约劳力	同样也能节约劳动力
	实际产值	技术市场合同成交额	技术创新能为企业带来新的收益，体现在合同成交额上
		高技术产品出口额	技术创新能带来产品的创新，体现在产品出口额上
		新产品产值	新产品在市场中占有竞争优势，体现在产值上
		科技论文数量	知识创新带动了科技论文产量的增加
		发明专利数	知识创新、技术创新带动了发明专利数量的增加

10.4　评价指标体系的权重确定

在建立跨系统协同信息服务绩效评价的指标体系后，下一步的工作就是对各层的各个指标设立权重。指标权重的设计不能凭主观想象去设置，而是要选取科学的方法，进行多方面、多层次的调查分析，然后综合得出。

10.4.1　评价指标体系权重确定中的赋值

权重也称加权、权数、权值、加权系数，服务绩效评价指标在跨系统协同信息服务绩效反映中，其重要程度各不相同，这就需要对其进行加权处理。指标体系相对应的权重组成了权重体系。

一组权重体系 v_i，$i = 1$，2，$\cdots$，n，必须满足下列条件：

$0 < v_i \leqslant 1$；$i = 1$，2，$\cdots$，n，（n 为权重指标的个数）；

设某一评价的一级指标数为 w_i，$i = 1$，2，$\cdots$，n，对应的权重为 v_i，$i = 1$，2，$\cdots$，n，则有：

$0 < v_i \leqslant 1$；$i = 1$，2，$\cdots$，n。

$\sum_{i=1}^{n} v_i = 1$。

如果该评价的二级指标体系为 $w_{ij}(i = 1$，2，$\cdots$，n；$j = 1$，2，$\cdots$，m），则其对应的权重体系 $v_{ij}(i = 1$，2，$\cdots$，n；$j = 1$，2，$\cdots$，m），应满足：

$0 < v_{ij} \leqslant 1$；

$\sum_{i=1}^{n} v_i = 1$；

$\sum_{i=1}^{n} \sum_{j=1}^{m} v_i v_{ij} = 1$。

对于三、四级指标可以依此类推。

最初的权重设置为人为主观定权，因其具有极大的随意性和盲目性而逐渐被人们放弃，进而出现了许多确定权重的理论与计算方法。根据计算权重时原始数据的来源不同，权重确定方法大致可归纳为以下两大类：一类是主观赋权法，其原始数据由专家根据经验判断得到；另一类为客观赋权法，其原始数据由各指标在评价中的实际数据形成[1]。主观赋权法主要有以下几种：一是经验定权法，该方法是人们最早使用的定权法，各评价者根据各评价指标在工作中的地位和重要性依据自己的经验和掌握的知识进行赋权，这种方法存在着很大的局限性；二是德尔菲法，它是经验定权法的进一步发展，其核心是通过匿名信的方式进行几轮咨询征求专家意见，然后对各种意见进行统计、分析、归纳和综合，通过数次信息反馈，使分散的意见逐步集中，最终对不同的重要性进行排序而得出

---

① Brown, B. Delphi Process：A Methodology Used for the Elicitation of Opinions of Experts［M］. The Rand Corporation，1987：392.

结论。

在这三种主观赋权法中，层次分析法是最成熟的，也是应用最广泛的理论。客观赋权法是根据各指标之间的相关关系或各项指标值的变异程度确定权重，避免人为因素带来的偏差，但却忽略了指标本身在实际运用中的重要程度，导致确定的指标权数与预期的不一致，甚至与实际不符的错误结论，主要有灰关联分析法、熵值法、坎蒂雷赋权法等。

10.4.2 权重赋值方法选择与利用

无论是主观赋权法还是客观赋权法，从本质上来看都属于科学的方法，但其权重结论都存在一定的偏差，应根据实际情况进行选择或者结合使用。结合跨系统协同知识信息服务绩效评价的指标体系分析，以层次分析法为例，归纳权重确定的基本步骤。

层次分析法（Analytic Hierarchy Process，AHP），是一种基于多层结构的关联分析方法，在绩效评价中将专家的知识经验和主观判断予以量化，采用数学方法计算权重，在目标因素结构复杂且缺乏必要数据的情况下使用更为方便①。

①利用层次分析法需要分析体系中各因素关系，建立其层次结构，在此基础上比较各因素对于上一层次的同一个因素的相对重要性，构造两两比较矩阵；通常按 1~9 比例标度对重要性程度赋值，如表 10-4 所示。

②检验两两比较矩阵的一致性。

③在符合一致性检验的前提下，计算与两两比较矩阵的最大特征值相对应的特征向量，然后采用适当的权重计算方法，确定每个因素对上一层次该因素的权重。

④计算各层元素对体系目标指标的综合权重。

---

① 周曦民，范希平，凌波，陈志刚．一种基于模糊层次分析法的外包系统信息安全评价模式的研究［J］．计算机应用与软件，2008（2）：253-255，268.

表 10-4　　　　　　　　　　　　**标度的含义**

标度	含义
1	表示两个元素相比，具有同等重要性
3	表示两个元素相比，前者比后者稍重要
5	表示两个元素相比，前者比后者明显重要
7	表示两个元素相比，前者比后者强烈重要
9	表示两个元素相比，前者比后者极端重要
2，4，6，8	表示上述相邻判断的中间值
倒数	若元素 i 与 j 的重要性之比为 a_{ij}，那么元素 j 与元素 i 重要性之比为 $a_{ji} = 1/a_{ij}$

　　层次分析法在跨系统信息服务绩效评价中，应根据协同层面和系统层面的不同要求进行权重分配和组织，以提高指标权重确定的信度和效度。

10.5　跨系统协同信息服务绩效评价的组织

　　在跨系统协同服务评价组织中，应明确评价的目标与原则，在保证评价科学性、客观性、方向性、可测性和针对性的前提下，进行评价的分类组织和程序化实施。

10.5.1　服务绩效评价的分类组织

　　评价的实施是由评价的功能取向、内容、标准、形式与方法决定的。从信息服务的组织与推进上看，可以从以下几方面进行组织：

　　（1）鉴定性评价和水平性评价

　　鉴定性评价又称合格性评价、验收性评价，是用来判断评价对象是否达到所规定的预期标准的一种评价。某一具体阶段的水平性检测可能只是针对某一方面的服务发展目标，鉴定性评价则必须全面反映评价对象的整体目标实现，而每一个阶段性的检测评价必须有利于这个整体目标要求的逐步实现。

水平性评价是指用来判断评价对象某一方面服务而进行的一种评价。显然，鉴定性评价和水平性评价具有不同的目的，鉴定性评价的基本含义是鉴别，即判断评价对象是否达到标准和预期的目标；而水平性评价的基本含义是区分，即对评价对象的水平高低做出判断。它们在评价内容、指标体系、评价方法、评价结果运用等方面均存在一定的差别。

（2）元评价

元评价（Metal Evaluation）是对评价所进行的再评价，这种评价产生于高教质量保证的需要，是对评价各个环节的客观公正性和合理性作出判断①。元评价对于保证评价的科学性、公正性等有极强的指导与约束作用。

以绩效为中心的跨系统协同信息服务评价系统由创新价值链上的多元评价机构组成。从宏观上看，体现了国家创新发展的需求。对全国性的跨系统信息服务组织，图10-4构造了以绩效为中心的跨系统协同知识信息服务评价系统模型。如图10-4所示，评价系统由四部分组成，即决策层、管理层、执行层、支持层。

①决策层。在现行管理体制基础上，采用政府调控下的共同监管评价制度，由政府部门协同推进知识信息服务评价工作，由协同知识信息服务评价机构对全国性知识信息协同服务保障组织进行评价，协调管理。

②管理层。知识信息协同服务评价机构在评价创新服务主体的知识信息服务中具有宏观指导作用，主要任务是评价决策，设立推进规范、公正的知识信息服务评价工作。

③执行层。执行层是协同服务评价的执行者，其执行可以是协同服务的组织部门和联盟部门，也可以是相关的主管部门、行业组织及第三方机构等，评价机构按照机构协作原则，对服务进行绩效评价。

---

① 宋恩梅．发挥信息管理者职能建立元评价机制［J］．中国高等教育评估，2004（2）：61-62．

④支持层。支持层是由支持评价的模型、标准、规则、方法构成的，可以通过知识信息库，处理创新价值链上的机构服务①。

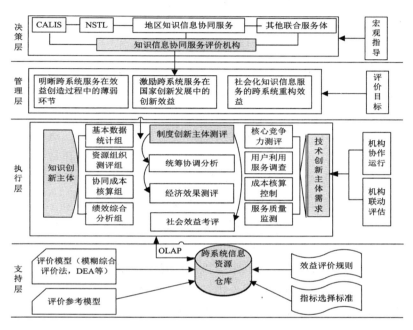

图 10-4 以绩效为中心的跨系统协同服务评价系统

10.5.2 跨系统协同信息服务绩效评价的实施步骤

无论是各地区开展的协同信息服务评价，还是国家组织的全局性评价，都要遵循规范化的评价程序。具体而言，协同信息服务绩效评价应包括以下几个环节：

①达成评估共识，确定评价目标。对跨系统协同知识信息服务进行评价是国家创新系统运行的要求，需要得到政府部门、创新主体的共识。首先，政府决策部门和所有创新参与者应对当前国家创新系统运行现状、信息资源开发利用和服务现状有总体上的认识，

---

① 梁孟华，李枫林．创新型国家的知识信息服务体系评价研究［J］．图书情报知识，2009（2）：29-30.

以明确国家创新中的跨系统协同信息服务发展要求，由此确定符合国家创新系统发展实际的跨系统协同知识信息服务评价目标。其次，所有评价参与者应了解与评价相关的信息服务关联要素，统一评价的投入、产出、效率、效果和效益评价内容；明确协同信息服务评价的方向，为评价工作的开展提供基本条件。

②分析评价的限制性条件。在进行实际评价操作时，不可避免地会受到一些条件的制约，如评价人员的业务能力、测评工具的选择、相关资料的详尽程度、数据采集的难度等。因此，在正式开展评价前，应对这些可能出现的问题和限制条件进行分析，逐一列出需要注意的事项并提出具体的解决措施，形成规范文件供评估人员参阅使用①。同时还应建立风险防范机制，对评价中突发的事件进行及时响应，从而使评价能够有序地进行。

③确立评价指标体系和评价方案。在确定总体评价目标的基础上，根据当前国家创新系统的运行和国家创新发展的实际需求，从跨系统协同知识信息服务的组织机理出发，依据具体的评价原则为总体评价目标的实现设立评价指标体系。指标体系既要包含明确的评价要素也要包含详细的测评标准。同时，需要判断所选择的指标是否可行。然后，按最终确定的指标体系，建立可操作的评价模型和相关细则，明确评价所需的各项数据和信息来源，确定相应的评价方法和评价技术，形成完整的评价方案并论证方案的可行性。

④投入评价所需的各项资源。国家层面的跨系统协同信息服务评价无疑是一项社会工程，需要各级政府、创新机构、社会组织、相关人员的积极参与和密切配合，同时还需要大量的物力、人力、财力的充分保障。因此，在确立评价框架和实施方案的基础上，应根据评价工作的具体需求，为跨系统协同信息服务绩效综合评价的开展配备相应的专家、技术、资金和设备，以确保评价的正常进行。

---

① Ching, S. H., Poon, P. W. T., Huang, K. L. Managing the Effectiveness of the Library Consortium: A Core Values Perspective on Taiwan E-book Net[J]. The Journal of Academic Librarianship, 2003, 29(5): 304-315.

⑤制定数据采集策略。信息资源协同配置涉及主体众多，需要采集的数据量也十分庞大，应采用多种形式进行数据收集汇总。为了保障数据采集的质量和数据的规范性、真实性，应制定有效的数据采集规范和不同评价指标所需的数据类别。在确定数据的可采集性和可操作性后，要针对不同的数据来源制定数据采集方案。有时一项数据的获取往往需要几个部门的通力协调，这就需要对每种数据的收集确定恰当的方法和手段，以保证采集数据的质量和有效性。同时，采集数据时需要进行数据的规范性描述。

⑥进行数据采集与汇总。在这一环节要实施数据采集的控制，包括质量控制、时间控制和效率控制，它直接关系到数据分析的准确性和评价结果的有效性。数据采集过程的实际操作往往十分繁琐，应确定数据采集和整理的负责人，协调好各项数据采集环节之间的关系，控制好数据采集的进度。对数据的整理应按照反映的不同问题，进行相应的统计计算或依照评价参考标准进行处理。数据汇总中应用的统计方法有标准差和方差、相关性分析等。

⑦形成评价报告并提交。跨系统协同信息服务绩效综合评价的最终目标是要提高服务效益，促进国家创新系统的可持续发展。在这一环节上应对评价结果进行深入分析，挖掘各评价指标中的隐含信息并揭示评价结果的内在关联。在此环节中，需要根据最终评价结果发现跨系统协同信息服务在保障国家创新系统运行过程中存在的问题，并制定相应的解决方案，在此基础上形成完整的评价报告并提交到相关部门，为推进跨系统协同知识信息服务提供支持。

11 结　　语

　　我国长期以来形成的国家创新体系由分工明确的科学院系统、社会科学院系统、国防科技系统、各部（委）属研究机构所组成的系统、高等学校系统以及各地的研究机构和各类企业构成。在以科学研究与发展为核心内容的知识创新中，除利用公共信息机构（主要是公共图书馆系统、综合性科技信息机构和社科信息机构）所提供的创新信息服务外，其创新信息保障主要依赖于各系统内的机构，由此决定了信息服务机构的系统和专业分工格局。然而，在信息化背景下的国家创新发展中，部门、系统的界限逐渐被打破，国家科学研究与发展机构与企业研究发展相结合，开始重构国家知识创新大系统。这意味着，在面向创新的信息服务组织上，理应打破系统间的障碍，使之向开放化、社会化、协调化方向发展。本书针对这一重大问题，从系统协同机制入手进行跨系统协同信息服务理论与应用研究，具有服务于国家创新发展的全局意义。

　　创新型国家建设在改变科技、经济和社会发挥发展模式的同时，对面向国家创新发展的信息服务提出了重组要求。信息服务的社会化、协调化因此引起了国际和各国的普遍关注。虽然国内外在信息资源整合、平台建设、共享服务和体制改革研究中，不断取得进展，然而当前研究成果大多偏重于应用协同技术解决系统内的资源建设与服务组织问题，未能揭示信息服务跨系统协同组织的整体运行机制。由此可见，国内外相关研究为本书奠定了基础，而现有研究的不足正是本书研究的切入点，由此提出了本书的基本研究任务与要求。

信息服务的跨系统协同组织直接关系到创新型国家的社会化、协调化、全程化信息服务的实现。当前，面向国家创新发展的信息资源集成需求和跨系统、全方位信息服务要求，在信息网络化、数字化技术环境下，需要克服信息资源整合和服务集成中的系统协作障碍，根据信息服务的转型发展规律，进行面向国家创新的信息服务跨系统平台建设，以便按知识创新价值链组织协同化的信息服务，从而为国家创新发展中的各类用户提供全方位的信息整合和全程化的跨系统集成服务。

本书研究不仅涉及制度层面上的面向国家创新主体信息需求的跨系统信息服务体制变革问题和组织层面上的机构建设问题，而且存在资源层面上的信息规划和协同服务的跨系统实施技术问题。这一客观现实决定了从制度、管理和技术层面展开的研究，因此体现了项目的多层面研究特色。由于本书研究关注"管理"与"技术"的结合，所形成的以需求为导向，基于现代信息技术平台的协同服务跨系统组织理论，适应了创新型国家信息服务的转型和发展。

本书的研究结论如下：

①在创新型国家建设中，我国的体制改革将进一步深化，自主创新目标、结构和运行机制的变革，导致了创新发展中用户信息需求的社会化，由此决定了跨系统信息需求形态和集成化需求导向下的服务组织形态。

②我国目前的信息服务，在运行上仍然存在着各系统自成体系、相对封闭的问题，这就需要在制度变革中进一步确立与我国自主创新相适应的社会化信息服务协同体制，在信息化环境和技术条件下进行创新型国家信息服务体制变革的目标选择与定位，创建信息服务社会化协同管理制度。

③科学研究与发展中的知识创新和制度、管理与服务创新，具有必然的内在联系，从创造、发明的价值实现到基于创新价值的企业发展，价值链上的系统、部门相互关联，由此决定了基于价值链的协同服务组织模式，在实施中需要按协同关系进行服务实施和基

于平台的业务拓展。

④跨系统协同信息服务是信息整合和共享服务的发展，它强调面向用户的原则和系统的协同组织原则，由于系统之间的差别和异构，需要在系统协议的基础上构建各系统互用的服务平台，作为系统之间的互操作"工具"，基于平台的服务推进至关重要。

⑤国家创新发展中的跨系统协同信息服务研究，不是一个单纯的理论问题，也不是单一的对策问题，而是基于协同服务理论的跨系统服务重构、变革和服务实现问题，在实施中应突出全国性跨行业系统的协同信息服务和地域性跨部门、系统的协同信息服务。

本书的创新之处在于，在信息资源共建共享、信息整合和服务研究基础上，针对因信息资源的分散分布和系统分离所导致的集成化和全方位服务障碍，通过协同关系的构建和机制变革研究，提出了面向创新发展的跨系统信息服务组织理论，体现了新的技术条件和信息环境下信息服务组织理论的发展。在信息重构和业务流程重组中，本书按国家创新发展价值链关系，进行了跨系统协同平台模型构建和协同的技术实现研究，体现了信息构建理论和技术的发展。与此同时，本书提出的跨系统协同服务中的信息组织技术的相互兼容、标准化管理的动态推进和系统互操作中的控制问题，反映了信息管理科学的前沿发展。

本书研究的思路与路线是：调查分析——揭示规律——形成理论——提供方案——进行实证——推进应用。随着知识创新的全球化发展和网络信息技术的不断进步，开放环境下的跨系统协同信息服务正处于新的变革之中，对于服务内容向知识层面的深化和跨系统服务嵌入问题，我们将在此基础上继续予以关注。

参考文献

[1] Dennen, V. P., Paulus, T. M. Researching Collaborative Knowledge Building in Formal Distance Learning Environments[C]. Proceedings of the 2005 Conference on Computer Support for Collaborative Learning, 2005: 96-104.

[2] John, C. H., Pouder, R. W. Technology Clusters Industry Cluster: Reosurces, Networks and Degional Advantages[J]. Crowth and Change, 2006, 37(2): 141-171.

[3] Webster, P. Interconnected and Innovative Libraries: Factors Tying Libraries More Closely Together[J]. Library Trends, 2006, 54(3): 382-393.

[4] Daniel, A. Revolutionizing Science and Engineering through Cyberinfrastructure: Report of the National Science Foundation Blue-Ribbon Advisory Panel on Cyberinfrastructure[R/OL]. [2013-10-20]. http: //dlist. sir. arizona. edu.

[5] Mathiassen, L., Sørensen C. Towards a Theory of Organizational Information Services[J]. Journal of Information Technology, 2008, 23(4): 313-330.

[6] Eid, A., Alamri, A. A Reference Model for Dynamic Web Service Composition Systems[J]. International Journal of Web and Grid Services, 2008, 4(2): 149-168.

[7] Agarwal, R., Selen, W. Dynamic Capability Building in Service Value Networks for Achieving Service Innovation[J]. Decision Sciences, 2009, 40(3): 431-433.

[8] Chituc, C. M., Azevedo, A., Toscano C. A Framework Proposal for Seamless Interoperability in a Collaborative Networked Environment[J]. Computers in Industry, 2009, 60(5): 317-338.

[9] Develop Systems that Support Digital Library[R/OL]. [2013-02-20]. http://www. library. fudan. edu. cn/old/news/zhangjia_ILS_repository.

[10] Ko, H. T., Lu, H. P. Measuring Innovation Competencies for Integrated Services in the Communications Industry[J]. Journal of Service Management, 2010, 21(2): 162 -190.

[11] Abel, F., Araújo, S., Gao, Q., Houben, G. J. Analyzing Cross-system User Modeling on the Social Web[J]. Web Engineering, 2011, 6575: 28-43.

[12] Scheithauer, G., Voigt, K., Winkler, M., Bicer, V., Strunk, A. Integrated Service Engineering Workbench: Service Engineering for Digital Ecosystems[J]. International Journal of Electronic Business, 2011, 9(5): 392-413.

[13] Rodriguez, A., Nieto, M. J. The Internationalization of Knowledge-Intensive Business Services: the Effect of Collaboration and the Mediating Role of Innovation[J]. Service Industries Journal, 2012, 32(7): 105-107.

[14] Ching, H. I. Visual Modeling for Web 2. 0 Applications Using Model Driven Architecture Approach [J]. Simulation Modelling Practice and Theory, 2013, 31: 63-76.

[15] Abel, F., Herder, E., Houben, G. J. Henze, N. Krause, D. Cross-system User Modeling and Personalization on the Social Web[J]. User Modeling and User-Adapted Interaction, 2013, 23 (2-3): 169-209.

[16] 曾民族. 知识技术及其应用[M]. 北京: 科学技术出版社,

2005.

[17] NSDL Library Architecture：An Overview［EB/OL］．［2013-09-11］．http：//nsdl. comm. nsdl. org/docs/nsdl＿arch＿overview. pdf.

[18] NSDL Orientation Handbook［EB/OL］．［2013-09-11］．http：//nsdl. comm. nsdl. org/docs/orientation_handbook. pdf.

[19] 科技部国际合作司. E-Science 研究在英国全面展开［J］．中国基础科学，2002(3)：45-49.

[20] 张新红，魏颖. 德国信息资源开发利用的经验与启示——"赴德信息资源开发与利用培训团"考察报告［J］．电子政务，2005(1)：110-121.

[21] 王能元，霍国庆. 企业信息资源的集成机制分析［J］．情报学报，2004(5)：531-536.

[22] 张晓林. 从数字图书馆到 E-Knowledge 机制［J］．中国图书馆学报，2005(4)：5-10.

[23] 张智雄，李春旺，等. 中国科学院国家科学图书馆跨系统信息资源共享服务机制的建设［J］．图书馆杂志，2006(10)：52-57.

[24] 张付志，胡媛媛. 下一代数字图书馆的体系结构及其信息访问技术研究［J］．情报学报，2006(5)：540-545.

[25] 李楠，吉久明. 任务流驱动的研发服务平台协同解决方案［J］．情报杂志，2007(2)：44-47.

[26] 刘敏，严隽薇. 基于面向服务架构的企业间业务协同服务平台及技术研究［J］．计算机集成制造系统，2008，14(2)：306-314.

[27] 刘昆雄，杨文奎. 面向创新型国家的知识信息服务系统协同运行研究［J］．图书馆学研究，2008(11)：70-73.

[28] 任树怀，盛兴军. 信息共享空间理论模型建构与动力机制研究［J］．中国图书馆学报，2008(4)：34-40.

[29] 胡潜. 信息资源整合平台的跨系统建设分析［J］．图书馆论坛，2008(3)：81-84.

[30]肖红，周朴雄. 簇群企业信息协同服务平台研究与设计[J]. 情报杂志，2009(5)：183-186.

[31]赵杨，胡潜，张耀坤. 创新型国家的信息服务体制与信息保障体系构建(4)——国家创新发展中的行业信息资源配置体系重构[J]. 图书情报工作，2010(6)：18-22.

[32]李春旺. 数字图书馆协同服务技术与实践——以国家科学图书馆为例[J]. 医学信息学杂志，2010(1)：16-20.

[33]赵国君. 行业信息资源共建共享的机制研究[J]. 现代情报，2011(12)：74-77.

[34]胡昌平. 创新型国家的知识信息服务体系研究[M]. 北京：经济科学出版社，2011：373.

[35]牛亚真，祝忠明. 个性化服务中跨系统用户建模方法研究综述[J]. 现代图书情报技术，2012(5)：1-6.

[36]国家科技图书文献中心[EB/OL]. [2013-03-10]. http：//www. nstl. gov. cn/index. html.

[37]张敏. 跨系统协同信息服务的定位及其构成要素分析[J]. 图书情报工作，2010(6)：64-68.

[38][美]德伯拉·艾米顿. 创新高速公路——构筑知识创新与知识共享的平台[M]. 北京：知识产权出版社，2005：27.

[39]胡昌平. 信息服务转型发展的思考[N]. 光明日报(理论版)，2008-6-10.

[40]Howard J. Knowledge Exchange Networks in Australia's Innovation System：Overview and Strategic Analysis a Report to Department of Education, Science and Training [EB/OL]. [2013-02-10]. http：//www. dest. gov. au/NR/rdonlyres/E929FA3D-0F29-40E4-A53B-65715083C54D/8489/KENReportFinal. pdf.

[41]Chesbrough, H. Open Innovation, the New Imperative for Creating and Profiting from Technology[M]. Boston：Havard Business School Press, 2003：183.

[42]Chesbrougy, H., Vanhaverbeke, W. Open Innovation：Researching a New Paradigm[M]. Oxford University Press, 2006：15.

［43］Papalambros, P. Y. Design Innovation［J］. Journal of Mechanical Design, 2008(4): 13.

［44］Hippel, E. V. Horizontal Innovation Networks—By and for Users［J］. Industrial and Corporate Change, 2007, 16(2): 293-315.

［45］Alexander, B. Web 2.0: A New Wave of Innovation for Teaching and Learning?［J］. Educause Review, 2006, 41(2): 32-44.

［46］Nalebuff, B. J., Adam, M. Co-opetition［M］. Harper Collins Publishers Ltd, 1996: 20.

［47］Hill, I. Alliance Management as a Source of Competitive Advantage［J］. Journal of Management, 2002, 28(3): 413-446.

［48］Rabelo, R J., Gusmeroli, S. A Service-Oriented Platform for Collaborative Networked Organizations［EB/OL］.［2013-09-30］. http://www.gsigma.ufsc.br/publications/files/2006_3PaperIFAC-Cuba-FinalVersion2.pdf.

［49］梁意敏. 打造双向创新链［D］. 广州: 暨南大学硕士学位论文, 2007: 34.

［50］高长元, 程璐. 基于灰色关联分析的高技术虚拟产业集群知识创新绩效模型研究［J］. 图书情报工作, 2010(9): 72-75.

［51］黄钢, 徐玖平, 李颖. 科技价值链及创新主体链接模式［J］. 中国软科学, 2006(6): 67-75.

［52］张晓林, 吴育华. 创新价值链及其有效运作的机制分析［J］. 大连理工大学学报(社会科学版), 2005(9): 24-26.

［53］顾晓敏. 突破政策瓶颈 形成"创新链环"［J］. 上海人大月刊, 2009(8): 20.

［54］王晰巍, 靖继鹏, 范晓春. 知识供应链的组织模型研究［J］. 图书情报知识, 2007(3): 83-87.

［55］王建华. 技术创新主体多元化及其互动合作模式［J］. 广西社会科学, 2007(6): 37-41.

［56］张继林. 价值网络下企业开放式技术创新过程模式及运营条件研究［D］. 天津: 天津财经大学博士论文, 2009: 62.

［57］孟琦，韩斌.企业战略联盟协同机制研究［M］.哈尔滨：哈尔滨工程大学出版社，2011：65-67.

［58］柳婷.芬兰信息通讯技术创新网络研究［D］.武汉：华中科技大学硕士学位论文，2008：53.

［59］创新网络：从公司外部寻找创意和构想［EB/OL］.［2013-03-12］.http：//mkt.icxo.com/htmlnews/2008/01/11/124 0632_1.htm.

［60］胡昌平，等.网络化企业管理［M］.武汉：武汉大学出版社，2007：120.

［61］饶扬德，等.创新协同与企业可持续成长［M］.北京：科学出版社，2012：83-84.

［62］Rui，M.J.，Liu，M.Y.A Literature Review about Integration of Industry Chain［J］.Industrial Economics Research，2006，（3）：54-56.

［63］孙新波.知识联盟激励协同机理及实证研究［M］.北京：科学出版社，2013：33-35.

［64］Shachaf，P.Cultural Diversity and Information and Communication Technology Impacts on Global Virtual Teams：An Exploratory Study［J］.Information & Management，2008，45（2）：131-142.

［65］Hansen，M.T.，Birkinshaw，J.The Innovation Value Chain［J］.Harvard Business Review，2007，85（6）：1-13.

［66］张少杰，等.面向知识联盟的网络化协同研发工作平台构建与知识协同管理［J］.情报科学，2013，31（8）：32-36.

［67］朱勤.国际竞争中企业市场势力与创新的互动——以我国电子信息业为例［M］.北京：经济科学出版社，2008：116.

［68］赵杨.国家创新系统中的信息资源协同配置研究［D］.武汉：武汉大学博士论文，2010：92.

［69］张哲.产业集群内企业的协同创新研究［M］.北京：人民交通出版社，2011：22-24.

［70］钟书华.创新集群：概念、特征及理论意义［J］.科学学研究，2008（2）：178-184.

［71］陈喜乐. 网络时代知识创新与信息传播［M］. 厦门：厦门大学
　　　出版社，2007：66.

［72］李翠娟，宣国良. 集群合作下的企业信息流动分析［J］. 情报科
　　　学，2006，24（5）：659-662.

［73］徐仕敏. 略论国家创新体系中的信息流动［J］. 图书情报工作，
　　　2001（4）：18-20，24.

［74］李征，冯荣凯，王伟光. 基于产业链的产学研合作创新模式研
　　　究［J］. 科技与经济，2008（2）：22-25.

［75］Sturdy, Andrew, Handley, Clark, K., Fincham, T., Robin.
　　　Re-thinking Potentials for Knowledge Flow［J］. Management Con-
　　　sultancy，2009，3（21）：73-93.

［76］高景祥. 面向创新活动的信息交流模式研究［J］. 情报资料工
　　　作，2008（4）：48-51.

［77］苏靖. 关于国家创新系统的基本理论、知识流动和研究方
　　　法［J］. 中国软科学，1999（1）：59-65.

［78］Information Environment［EB/OL］.［2013-04-15］. http：//us-
　　　military. about. com/od/glossarytermsi/g/i3089. htm.

［79］The University of Minnesota Libraries. A Multi-Dimensional Frame-
　　　work for Academic Support：A Final Report［EB/OL］.［2013-03-
　　　09］. http：//conservancy. umn. edu/bitstream/5540/1/UMN_
　　　Multi-dimensional_Framework_Final_Report. pdf.

［80］乔欢. 知识社区主要类型之一：进化中的数字图书馆［J］. 中国
　　　教育网络，2005（8）：26-27.

［81］Foster, I., Kesselman, C., Tueche, S. The Anatomy of the
　　　Grid：Enabling Scalable Virtual Organizations［J］. Interational J.
　　　Supercomputer Applications，2001，15（3）：200-222.

［82］乐庆玲，胡潜. 面向企业创新的行业信息服务体系变革［J］. 图
　　　书情报知识，2009（2）：33-37.

［83］胡昌平. 面向用户的信息资源整合与服务［M］. 武汉：武汉大
　　　学出版社，2007.

［84］蒋燕，胡日东. 中国产业结构的投入产出关联分析［J］. 上海经

济研究，2005(11)：46-51.

[85]胡昌平，向菲. 面向自主创新需求的信息服务业务推进[J]. 中国图书馆学报，2008，34(3)：57-62.

[86]邓胜利，胡昌平. 建设创新型国家的知识信息服务发展定位与系统重构[J]. 图书情报知识，2009(2)：17-21.

[87]Fairbank, J. E., Labianca, G., Steensma H. K., et al. Information Processing Design Choices, Strategy, and Risk Management Performance[J]. Journal of Management Information Systems, 2006, 23(1)：293-319.

[88]黎苑楚，楚陈宇，王少雨. 欧洲技术平台及其对我国的启示[J]. 全球科技经济瞭望，2006(11)：58-61.

[89]郝春云. 基于 J2EE 架构的信息服务系统性能管理方法研究——以 NSTL 网络服务系统为例[J]. 现代图书情报技术，2007，147(4)：66-69.

[90]国家科学图书馆介绍[EB/OL].[2013-03-08]. http：//www. las. ac. cn/subpage/subframe_detail. jsp? SubFrameID=1045.

[91]百度与中国科学院国家科学图书馆达成战略合作[EB/OL].[2013-03-08]. http：//www. nlc. gov. cn/GB/channel55/58/200607/13/368. html.

[92]吴振新，张智雄，张晓林，等. 用户驱动的国家科学图书馆网站建设[J]. 现代图书情报技术，2008，162(3)：1-6.

[93]中国高等教育文献保障体系(CALIS)[EB/OL].[2013-10-15]. http：//project. calis. edu. cn/calisnew/calis_index. asp? fid=1&class=1.

[94]陈凌. 中国高等教育文献保障体系[EB/OL].[2013-10-18]. http：//lib. npumd. cn/eSite/UploadFiles/2009/05/2009 0425. ppt.

[95]王文清. 构建高校数字图书馆综合服务门户(2)[EB/OL].[2013-10-20]. http：//www. calis. edu. cn/calisnew/calis_index. asp? fid=76&class=2.

[96]陈凌. 高校自主创新信息保障体系及其运行机制研究[D]. 吉

林：吉林大学博士学位论文，2009.

［97］黄长著，周文骏，等. 中国图书情报网络化研究［M］. 北京：北京图书馆出版社，2002：108.

［98］胡小明. 谈谈信息资源开发的机制问题［EB/OL］.［2013-10-15］. http：//www. echinagov. com/echinagov/redian/2006-4-8/4495. shtml.

［99］几个重要的信息系统发展阶段论模型简介［EB/OL］.［2013-05-20］. http：//www. ccw. com. cn/cio/research/qiye/htm2004/20041210_0951O. asp.

［100］霍忠文，李立. 把握"占有"重点"集成"［J］. 情报理论与实践，1999，22（5）：305-309.

［101］崔晶炜. 平台化：软件发展趋势所在［J］. 中国计算机用户，2004（3）：48.

［102］工业和信息化部. 关于充分发挥行业协会作用的指导意见［EB/OL］.［2013-03-31］. http：//www. gov. cn/gongbao/content/2009/content_1388683. htm.

［103］Beer，M.，Voelpel，S. C.，Leibold，M.，Tekie，E. B. Strategic Management as Organizational Learning：Developing Fit and Alignment through a Disciplined Process［J］. Long Range Planning，2005，38（5）：445-465.

［104］张智雄. NSTL 三期建设：面向开放模式的国家 STM 期刊保障和服务体系［EB/OL］.［2013-03-09］. http：//www. nlc. gov. cn/old2008/service/jiangzuozhanlan/zhanlan/gjqk/wenjian/ ISJR S0807. pdf.

［105］章红. 国内外信息资源共建共享模式探析及启示［J］. 图书馆理论与实践，2009（6）：20-23.

［106］胡昌平，曹宁，张敏. 创新型国家建设中的信息服务转型与发展对策［J］. 山西大学学报（哲学社会科学版），2008（1）：101-108.

［107］陈传夫，姚维保. 我国信息资源公共获取的差距、障碍与政府策略［J］. 图书馆论坛，2004（6）：54-57.

[108]王应宽. 促进中国科技文献信息开放存取的法律与制度研究[J]. 大学图书馆学报, 2008(5)：7-13.

[109]郑建程, 袁海波. NSTL外文科技期刊回溯数据库的国家保障策略[J]. 图书情报工作, 2010(13)：10-13.

[110]杨瑞龙. 现代契约观与利益相关者合作逻辑[J]. 山东社会科学, 2003(3)：9-10.

[111]韩东平, 张慧江. 基于原型化方法的利益相关者共同治理机制的设计[J]. 学术交流, 2005(5)：85-88.

[112]宋河发, 穆荣平, 任中保. 自主创新及创新自主性测度研究[J]. 中国软科学, 2006(6)：60-65.

[113]路甬祥. 创新与未来：面向知识经济时代的国家创新体系[M]. 北京：科学出版社, 1998：27.

[114]胡昌平, 漆贤军, 邓胜利. 创新型国家的信息服务体制与信息保障体系构建(1)——我国科技与产业创新信息需求分析[J]. 图书情报工作, 2010(6)：6-9.

[115] USA Library Consortium [EB/OL]. [2013-03-09]. http：// lists. webjunction. org/libweb/usa-consortia. html.

[116] McDonald J. Towards a Digital Information Strategy [EB/ OL]. [2013-03-09]. http：//www. collectionscanada. gc. ca/ obj/012018/f2/012018-3200-e. pdf.

[117]Brown, B., Found, C., McConnell, M. Federal Science eLibrary Pilot：Seamless, Equitable Desktop Access for Canadian Government Researchers[J]. The Electronic Library, 2007, 25 (1)：8-17.

[118]高波, 孙琼. 加拿大图书馆信息资源共享模式研究[J]. 图书馆论坛, 2008(12)：127-130.

[119]朱前东, 高波. 德国的图书馆信息资源共享模式[J]. 大学图书馆学报, 2008(5)：43-48.

[120]黄宁燕, 孙玉明. 法国科技创新分析[J]. 全球科技经济瞭望, 2008(12)：26-29.

[121]钱丹丹, 高波. 北欧四国的图书馆信息资源共享模式[J]. 大

学图书馆学报，2008(5)：49-54.

[122]FinELib Strategy 2007-2015[EB/OL].[2013-03-09]. http：//www. kansalliskirjasto. fi/attachments/5l4xoyz0b/5z9PU ha2h/Files/CurrentFile/Finel_konsor_eng4_LOPULLINEN. pdf.

[123]The Council for Finnish University Libraries. Strategy of the Council for Finnish University libraries 2007-2012[EB/OL].[2013-03-09]. http：//www. kansalliskirjasto. fi/attachments/5kYo VlEft/5HK9QVycv/Files/CurrentFile/strategiasisus_EN. pdf.

[124]AMKIT Consortium. Cooperation Strategy of the Libraries of the Universities of Applied Sciences 2007—2010[EB/OL].[2011-03-09]. http：//www. amkit. fi/download. php? f5c192ab20 5366b16fb7919f26a4bc6e.

[125]Developing the UK's e-Infrastructure for Science and Innovation [EB/OL].[2013-03-09]. http：//www. nesc. ac. uk/documents/OSI/index. html.

[126]龚惠平. 俄罗斯国家创新体系的新发展[J]. 全球科技经济瞭望，2006(12)：28-32.

[127]乌云其其格，张新民. 面向产业与创新的日本科技信息机构[J]. 中国信息导报，2006(4)：42-44.

[128]Miura K. Overview of Japanese Science Grid Project NAREGI[J]. Progress in Informatics，2006(3)：67-75.

[129]Government of Japan. Science and Technology Basic Plan[EB/OL].[2013-03-09]. http：//www8. cao. go. jp/cstp/english/basic/3rd-BasicPlan_06-10. pdf.

[130]刘可静. 西方信息共享的理念及其法律保障体系[J]. 图书情报工作，2007(3)：56-59.

[131]周明明. ICOLC 应对经济危机的策略及其对我国图书馆联盟的启示[J]. 科技情报开发与经济，2010(5)：85-87.

[132]Fischer G. Cultures of Participation：Opportunities and Challenges for the Future of Digital Libraries[EB/OL].[2013-03-09]. http：//www. jcdl2009. org/files/gerhard-slides-jcdl-final. pdf.

[133]汪凤桂，庄汝华.企业战略管理的外部环境和内部条件分析[J].广东农工商管理干部学院学报，2000(2)：34-37.

[134]促进科技资源开放共享，湖北夯实科技基础条件平台[EB/OL].［2013-03-09］.http：//www.most.gov.cn/dfkjgznew/200606/t20060601_33715.htm.

[135]Davis R. Pan-European Metadata for Cultural Content［EB/OL].［2013-03-09］.http：//www.europeanalocal.eu/eng/content/download/999/9446/.../1/.../Europeana，+ePSIplus+Thematic+Meeting，+Madrid+12+September+2008.ppt.

[136]Stanford University Libraries & Academic Information Resources［EB/OL].［2013-03-09］.http：//www-sul.stanford.edu/.

[137]Geringer J. M. Strategic Determinants of Partner Selection Criteria in International Joint Ventures［J］.Journal of International Business Studies，1991(1)：41-62.

[138]袁磊.战略联盟合作伙伴的选择分析[J].企业管理，2001(7)：23-27.

[139]Brouthers，K. D.，Brouthers，L . F.，Wilkinson，T. J. Strategic Alliances：Choose Your Partners［J］.Long Range Planning，1995，28(3)：2-25.

[140]迈克尔·波特.竞争优势[M].北京：华夏出版社，1997：322-332.

[141]张敏.面向知识创新的跨系统协同信息服务研究[D].武汉：武汉大学博士学位论文，2009：53.

[142]邹志勇.企业集团协同能力研究［M］.济南：齐鲁书社，2009：103.

[143]张东生，杜宏巍.基于战略协同的子公司战略研究方法[J].商业研究，2006(1)：43-44.

[144]顾保国.企业集团协同经济研究[D].上海：复旦大学博士学位论文，2003：134-136.

[145]胡潜.创新型国家建设中的公共信息服务发展战略分析[J].中国图书馆学报，2009，35(108)：22-26.

[146] Panteli, N., Sockalingam, S. Trust and Conflict within Virtual Inter-organizational Alliances: A Framework for Facilitating Knowledge Sharing[J]. Decision Support Systems, 2005, 39 (4): 599-617.

[147] Lin, L. H., Lu, I. Y. Adoption of Virtual Organization by Taiwanese Electronics Firms: An Empirical Study of Organization Structure Innovation[J]. Journal of Organizational Change Management, 2005, 18(2): 184-200.

[148] Kahn, K. B. Interdepartmental Integration: A Definition with Implications for Product Development Performance[J]. Journal of Product Innovation Management, 1996, 13(2): 137-151.

[149] 吴新年, 祝忠明, 张志强. 区域科技信息集成服务平台建设研究[J]. 图书馆理论与实践, 2008(5): 94-97.

[150] 张娟娟, 张伟. 代表委员热议我国区域经济发展寻找定位优势[EB/OL]. [2013-03-20]. http://news. qq. com/a/20090 316/000019. htm.

[151] 周朴雄, 余以胜. 面向知识联盟知识创新过程的信息资源组织研究[J]. 情报杂志, 2008(9): 63-65.

[152] 彭正银等. 基于任务复杂性的企业网络组织协同行为研究[M]. 北京: 经济科学出版社, 2011: 76-77.

[153] 马费成. 信息资源开发与管理[M]. 北京: 电子工业出版社, 2004: 253-254.

[154] 张智雄, 林颖等. 新型机构信息环境的建设思路及框架[J]. 现代图书情报技术, 2006(3): 1-6.

[155] 沈固朝. 竞争情报的理论与实践[M]. 北京: 科学出版社, 2008: 216-241.

[156] Web Services and Service-Oriented Architectures[EB/OL]. [2013-06-05]. http://www. service-architecture. com.

[157] Channabasavaiah K., Tuggle E., Holley K. Migrating to a Service-Oriented Architecture [EB/OL]. [2013-02-15]. http:// www-128. ibm. corn/developerworks/webservices/library/ws-mi-

gratesoa/.

[158] Hamid B. M. Oasis ebSOA An Introduction to Service Oriented Architecture［EB/OL］.［2013-02-15］. http：//www. oasis-open. ors/committees/download. php/7124/ebSOA. introduction. pdf.

[159] 张宏伟，张振海. CNKI 网格资源共享平台——基于知识网格的门户式数字图书馆解决方案[J]. 现代情报技术，2005(4)：6-9.

[160] 胡昌平. 现代信息管理机制研究[M]. 武汉：武汉大学出版社，2004(7)：363-364.

[161] 刘兹恒，楼丽萍. 用户信息在图书馆工作中的应用[J]. 图书馆杂志，2002(12)：17-20，48.

[162] 胡昌平. 信息服务与用户[M]. 武汉：武汉大学出版社，2008，15.

[163] 宋媛媛，孙坦. 个性化推荐系统中的用户模型问题[J]. 图书馆杂志，2004(12)：53-56.

[164] 赵水森. 基于因特网的个性化信息服务研究[J]. 中国图书馆学报，2003(4)：20-24.

[165] 王丹丹. 面向跨系统个性化服务的用户建模方法研究[J]. 情报杂志，2012，31(6)：156-161.

[166] Henczel S. Creating User Profiles to Improve Information Quality[J]. Online，2004，28(3)：30-33.

[167] 江淇，李广建. 用户建模中的可重用性问题研究[J]. 现代图书情报技术，2005(12)：7-12.

[168] 宋志正. 支持跨系统个性化服务的用户模型研究[D]. 秦皇岛：燕山大学硕士学位论文，2007：21.

[169] GALILEO Access Policies and Information 1.1［EB/OL］.［2013-02-10］. http：//www. usg. edu/galileo/about/policies/accesspol. phtml.

[170] 汤庸，冀高峰，朱君. 协同软件技术及应用[M]. 北京：机械工业出版社，2007：51.

[171] 中华人民共和国国家统计局，科学技术部. 中国科技统计年

鉴 2009[M]. 北京：中国统计出版社，2009.

[172]孙巍. 基于非参数投入前沿面的 Malmquist 生产率指数研究[J]. 中国管理科学，2000，8(1)：22-26.

[173]魏权龄. 数据包络分析[M]. 北京：科学出版社，2004：2.

[174]杨顺元，吴育华. 基于 Malmquist 指数的我国邮政业经济增长的分析[J]. 西安电子科技大学学报(社会科学版)，2007，17(3)：93-98.

[175]汪同三，张守一. 21 世纪数量经济学(第一卷)[M]. 北京：中国水利水电出版社，2009：260.

[176]霍国庆. 我国信息资源配置的模式分析(一)[J]. 图书情报工作，2000(5)：32-37.

[177]李春卉，曾炜. 知识管理的前沿技术——知识网格[J]. 情报理论与实践，2006(3)：371-373.

[178]UK GovTalk：e-Government Interoperability Framework Version 6.1[EB/OL]. [2013-02-15]. http：//www. govetalk. gov. uk/ schemasstandards/egif_document. asp? docnum =949.

[179]国家中长期科学和技术发展规划纲要[EB/OL]. [2013-01-17]. http：//www. gov. cn/ivzg/2006-0209/content. 183787. htm.

[180]胡潜，张敏. 学位论文资源的跨系统共享与集成服务的推进[J]. 图书情报知识，2008(6)：75-79.

[181]郑志蕴，宋翰涛，等. 基于网络技术的数字图书馆互操作关键技术[J]. 北京理工大学学报，2005(12)：25.

[182]Kim, Y., Kim, H. S., Jeon, H., et al. Economic Evaluation Model for International Standardization of Technology[J]. IEEE Transactions on Instrumentation and Measurement, 2009, 58(3)：657-665.

[183]吴剑琳. 建立虚拟企业合作伙伴信任关系的途径[J]. 经济管理，2007(17)：60-63.

[184]United States Intelligence Community. Information Sharing Strategy 2008 [EB/OL]. [2013-10-10]. http：//www. dni. gov/ reports/IC_Information_Sharing_Strategy. pdf.

[185] e-Infrastructure Programme [EB/OL]. [2013-01-12]. http：//
www. jisc. ac. uk/whatwedo/programmes/einfrastructure.

[186] 走向未来的企业应用集成：从信息、过程到服务 [EB/
OL]. [2013-02-20]. http：//www. cnblogs. com/dujun0618/
archive/2008/01/23/1050138. html.

[187] 牛德雄，武友新. 基于统一信息交换模型的信息交换研
究[J]. 计算机工程与应用，2005(21)：195-197，226.

[188] Liu, B., Liu, S. F. Value Chain Coordination with Contracts for
Virtual R&D Alliance towards Service [C]. The 3rd International
Conference on Wireless Communications, Networking and Mobile
Computing, 2007：3367-3370.

[189] 毛军. 学科信息门户纵向整合机制 [EB/OL]. [2013-10-15].
http：//www. maojun. com/doc/sbig-convergence. doc.

[190] 申传斌. 基于数字图书馆的互操作机制[J]. 现代图书情报技
术，2003(6)：19-22，26.

[191] 张付志，刘明业，等. 数字图书馆互操作综述[J]. 情报学报，
2004(4)：191-197.

[192] 张晓林. 元数据研究与应用[M]. 北京：北京图书馆出版社，
2002：243.

[193] 孙坦. 基于开源软件构建数字图书馆开放式资源与服务登记
系统 [EB/OL]. [2013-02-10]. http：//oss2006. las. ac. cn/
infoglueDeliverWorking/digitalAssets/131_6-. pdf.

[194] Tan, F. B., Sutherland, P. Online Consumer Trust：A Multi-
Dimensional Model [J]. Journal of Electronic Commerce in Organ-
izations, 2004, 2(3)：40-58.

[195] 陈朋. 基于机构合作的信息集成服务——传统文献信息服务
走出困境的突破口[J]. 情报理论与实践，2004(2)：166-
169.

[196] 任树怀，盛兴军. 大学图书馆学习共享空间：协同与交互式
学习环境的构建[J]. 大学图书馆学报，2008(5)：25-29.

[197] University of Manitoba Library [EB/OL]. [2013-10-30].

http：//www. umanitoba. ca/virtual learning commons/pape/
1514.

[198]曾昭鸿. 合作数字参考咨询服务：发展与思考[J]. 情报杂志，
2003(11)：71-72.

[199]陈顺忠. 虚拟参考咨询运行模式研究(下)[J]. 图书馆杂志，
2003(6)：27-29.

[200]徐铭欣，王启燕，等. 联合虚拟参考咨询系统的调度机制研
究[J]. 河南图书馆学刊，2008(2)：49-51.

[201]詹德优，杨帆. 数字参考服务提问接收与转发分析[J]. 高校
图书馆工作，2004(6)：1-8.

[202]张晓青，相春艳. 基于 Web 服务组合的数字图书馆个性化动
态定制服务构建[J]. 情报学报，2006(3)：337-341.

[203]Ni，Q.，Sloman，M. An Ontology-enabled Service Oriented Ar-
chitecture for Pervasive Computing[C]. Information Technology：
Coding and Computing，2005：797-798.

[204]姜国华，李晓林，季英珍. 基于 SOA 的框架模型研究[J]. 电
脑与信息技术，2007(12)：37-39.

[205]曾建勋. 中文知识链接门户的构筑[J]. 情报学报，2006，25
(1)：63-69.

[206]张卫群. 知识服务中的知识源链接[J]. 情报探索，2006
(12)：56-58.

[207]贺德方. 知识链接发展的历史、未来和行动[J]. 现代图书情
报技术，2005(3)：11-15.

[208]潘星，王君，刘鲁. 一种基于 Web 知识服务的知识管理系统
架构[J]. 计算机集成制造系统，2006(8)：1293-1299.

[209]蒋永福，李景正. 论知识组织方法[J]. 中国图书馆学报，
2001，27(1)：3-7.

[210]何飞，罗三定，沙莎. 基于领域本体的知识关联研究[J]. 湖
南城市学院学报(自然科学版)，2005，14(1)：69-71.

[211]常唯. e-Science 与文献情报服务的变革[J]. 图书情报工作，
2005(3)：27-30.

［212］江绵恒. 科学研究的信息化：e-Science［EB/OL］.［2013-03-09］. http：//unpan1. un. org/intradoc/groups/public/documents/apcity/unpan004319. pdf.

［213］张红丽，吴新年. e-Science 环境下面向用户科研过程的知识服务研究［J］. 情报资料工作，2009(3)：80-84.

［214］Dutton W. H., Jeffreys P. W., Goldin I. World Wide Research：Reshaping the Sciences and Humanities［M］. Cambridge：MIT Press，2010：67-72.

［215］Piggy Bank-SIMILE［EB/OL］.［2013-03-09］. http：//simile. mit. edu/wiki/Piggy_Bank.

［216］李峰，李春旺. Mashup 关键技术研究［J］. 现代图书情报技术，2009(1)：44-49.

［217］Housingmaps 的集成融汇服务［EB/OL］.［2013-03-09］. http：//www. housingmaps. com/.

［218］Yahoo! Pipes［EB/OL］.［2013-03-09］. http：//pipes. yahoo. com/pipes/.

［219］Forrester Research. Enterprise Mashups to Hit ＄700 Million by 2013［EB/OL］.［2013-03-09］. http：//www. forrester. com/rb/search/results. jsp？N＝133001+71019&No＝175.

［220］李春旺. 图书馆集成融汇服务研究［J］. 现代图书情报技术，2009(12)：1-6.

［221］iSpecies［EB/OL］.［2013-03-09］. http：//ispecies. org/？q＝Leo&submit＝Go.

［222］Ort E., Brydon S., Basler M. Mashup Styles, Part1：Server-Side Mashups［EB/OL］.［2013-03-09］. http：//java. sun. com/developer/technicalArticles/J2EE/mashup_1/.

［223］Ort E., Brydon S., Basler M. Mashup Styles, Part 2：Client-Side Mashups［EB/OL］.［2013-03-09］. http：//java. sun. com/developer/technicalArticles/J2EE/mashup_2/.

［224］Mashing Up The Library Competition［EB/OL］.［2013-03-09］. http：//www. talis. com/tdn/competition.

［225］OCLC Research Software Contest［EB/OL］．［2013-03-09］． http：//www. oclc. org/.

［226］Repository Maps［EB/OL］．［2013-03-09］．http：//maps. repository66. org/.

［227］Butler D. Mashups Mix Data into Global Service［J］．Nature， 2006，439(7032)：6-7.

［228］Belleau F.，Nolin M.，Tourigny N.，et al. Bio2RDF：Towards a Mashup to Build Bioinformatics Knowledge Systems［J］．Journal of Biomedical Informatics，2008，41(5)：706-716.

［229］Hot Titles Carousel［EB/OL］．［2013-03-09］．http：//www. cambridgelibraries. ca/hot/carousel. cfm.

［230］国家科学图书馆融汇服务目录［EB/OL］．［2013-03-09］． http：//crossdomain. las. ac. cn/mashup/mashup. html.

［231］Liu，X. Z.，Hui，Y.，Sun，W.，Liang，H. Q. Towards Serv-ice Composition Based on Mashup［C］．IEEE Congress on Serv-ices，2007：332-339.

［232］张健.云计算概念和影响力解析［J］.电信网技术，2009(1)： 15-18.

［233］陈涛.云计算理论及技术研究［J］.重庆交通大学学报(社会科学版)，2009(4)：104-106.

［234］中国通信网.基于云计算的 AGPS 应用研究［EB/OL］．［2013-03-10］．http：//telecom. chinabyte. com/290/9129290. shtml.

［235］匡胜徽，李勃.云计算体系结构及应用实例分析［J］.计算机与数字工程，2010，38(3)：60-63，91.

［236］云计算之家.云计算体系结构综述［EB/OL］．［2013-05-14］． http：//blog. chinaunix. net/u2/75125/showart_ 1734735. html.

［237］钱文静，邓仲华.云计算与信息资源共享管理［J］.图书与情报，2009(4)：47-52，60.

［238］胡小菁，范并思.云计算给图书馆带来的挑战［J］.大学图书馆学报，2009(4)：7-12.

［239］田雪芹.云计算环境下图书馆变革的进展与趋势［EB/

OL]．［2013-07-13］．http：//www. edu. cn/.

[240]王文清，陈凌. CALIS 数字图书馆云服务平台模型[J]. 大学图书馆学报，2009(4)：13-18，32.

[241]卢军. 云计算离企业应用有多远？[J]. 信息系统工程，2008(7)：31-33.

[242]陈康，郑纬民. 云计算：构建基于互联网的应用[N]. 计算机世界，2008-05-12(36).

[243]胡昌平，黄晓梅，等. 信息服务管理[M]. 北京：科学出版社，2003：71-92.

[244]刘晶晶，邢宝君. 知识创新提升企业核心竞争力的机制分析[J]. 现代管理科学，2006，(9)：18-19.

[245]Armstrong, M., Baron, A. Performance Management[M]. London：The Cromwell Press，1998：15-16.

[246]SCP 分析模型[EB/OL]．［2013-08-15］．http：//wiki. mbalib. com/wiki/SCP%E5%.

[247]白云鹏，陈永健. 常用水环境质量评价方法分析[J]. 河北水利，2007(6)：23-24.

[248]胡永宏，贺思辉. 综合评价方法[M]. 北京：科学出版社，2000：9.

[249]刘晓华，王忠辉，王艳明. 企业统计能力模糊综合评价方法及应用[J]. 统计与决策，2009(24)：169-170.

[250]郭建博. 三种灰色关联度分析法比较研究[J]. 科技信息，2008(1)：4-5.

[251]杜栋，庞庆华，吴炎. 现代综合评价方法与案例精选[M]. 北京：清华大学出版社，2008：112-116.

[252]360°绩效评估[EB/OL]．［2013-05-15］．http：//wiki. mbalib. com/wiki/360/.

[253]绩效考核五星图模型[EB/OL]．［2013-05-14］．http：//wiki. mbalib. com/wiki/.

[254]何晓群. 现代统计分析方法和应用[M]. 北京：中国人民大学出版社，1998：89-97.

[255] 主成分分析法[EB/OL]. [2013-05-14]. http：//blog. sina. com. cn/s/blog_4ee92d4d010 08wmu. html ~ type = v5_ one&label = rela_prevarticle.

[256] 杜也力. 知识服务模式与创新[M]. 北京：北京图书馆出版社，2005：210-212.

[257] Brown, B. Delphi Process：A Methodology Used for the Elicitation of Opinions of Experts[M]. The Rand Corporation, 1987：392.

[258] 周曦民，范希平，凌波，陈志刚. 一种基于模糊层次分析法的外包系统信息安全评价模式的研究[J]. 计算机应用与软件，2008(2)：253-255，268.

[259] 宋恩梅. 发挥信息管理者职能建立元评价机制[J]. 中国高等教育评估，2004(2)：61-62.

[260] 梁孟华，李枫林. 创新型国家的知识信息服务体系评价研究[J]. 图书情报知识，2009(2)：29-30.

[261] Ching, S. H., Poon, P. W. T., Huang, K. L. Managing the Effectiveness of the Library Consortium：A Core Values Perspective on Taiwan E-book Net[J]. The Journal of Academic Librarianship, 2003, 29(5)：304-315.